高等职业教育“十四五”规划教材
辽宁省高水平特色专业群建设项目成果教材

微生物肥料与农药生产应用技术

孙　巍　李慧敏　主编

中国农业大学出版社
·北京·

内 容 简 介

本书主要内容分为两篇，上篇微生物肥料，包括微生物肥料概述、固氮菌、根瘤菌、解磷菌、解钾菌、有机物料腐熟剂共6个项目；下篇微生物农药，包括微生物农药概述、苏云金芽孢杆菌、绿僵菌、木霉菌、井冈霉素共5个项目。本书可供高等职业院校农业生物技术、现代农业技术、生态农业技术、智慧农业技术等课程的教学使用，还可供农业生物技术人员和生产者参考使用。

图书在版编目(CIP)数据

微生物肥料与农药生产应用技术/孙巍，李慧敏主编．—北京：中国农业大学出版社，2021.4
ISBN 978-7-5655-2546-9

Ⅰ.①微… Ⅱ.①孙… ②李… Ⅲ.①细菌肥料 ②农药－生产工艺 Ⅳ.①TQ446 ②TQ450.6

中国版本图书馆CIP数据核字(2021)第086075号

书　名　微生物肥料与农药生产应用技术
作　者　孙　巍　李慧敏　主编

策划编辑　张　玉　　张　蕊
责任编辑　张　玉　贺晓丽
封面设计　郑　川
出版发行　中国农业大学出版社
社　址　北京市海淀区圆明园西路2号
邮政编码　100193
电　话　发行部 010-62733489，1190
读者服务部 010-62732336
编辑部 010-62732617，2618
出 版 部 010-62733440
网　址　http://www.caupress.cn
E-mail　cbsszs@cau.edu.cn
经　销　新华书店
印　刷　北京溢漾印刷有限公司
版　次　2021年6月第1版　2021年6月第1次印刷
规　格　787×1 092　16开本　14印张　350千字
定　价　42.00元

图书如有质量问题本社发行部负责调换

辽宁省高水平特色专业群建设项目成果教材

编审委员会

本书编写人员

主　编　孙　巍（辽宁职业学院）

　　　　　李慧敏（辽宁职业学院）

副主编　陈尔冉（铁岭市农业科学院）

参　编　周　巍（辽宁职业学院）

　　　　　焦　颖（辽宁职业学院）

　　　　　陈　珣（辽宁省农业科学院）

　　　　　宋瑞勇（北京华瑞康田生物科技有限公司）

总　序

《国家职业教育改革实施方案》指出，坚持以习近平新时代中国特色社会主义思想为指导，把职业教育摆在教育改革创新和经济社会发展中更加突出的位置。把发展高等职业教育作为优化高等教育结构和培养大国工匠、能工巧匠的重要方式。以学习者的职业道德、技术技能水平和就业质量，以及产教融合、校企合作水平为核心，建立职业教育质量评价体系。促进产教融合校企“双元”育人，坚持知行合一、工学结合。《职业教育提质培优行动计划（2020—2023年）》进一步指出，努力构建职业教育“三全育人”新格局，将思政教育全面融入人才培养方案和专业课程。大力加强职业教育教材建设，对接主流生产技术，注重吸收行业发展的新知识、新技术、新工艺、新方法，校企合作开发专业课教材。根据职业院校学生特点创新教材形态，推行科学严谨、深入浅出、图文并茂、形式多样的活页式、工作手册式、融媒体教材。引导地方建设国家规划教材领域以外的区域特色教材，在国家和省级规划教材不能满足的情况下，鼓励职业学校编写反映自身特色的校本专业教材。

辽宁职业学院园艺学院在共享国家骨干校建设成果的基础上，突出园艺技术辽宁省职业教育高水平特色专业群项目建设优势，以协同创新、协同育人为引领，深化产教融合，创新实施“双创引领，双线并行，双元共育，德技双馨”人才培养模式，构建了“人文素养与职业素质课程、专业核心课程、专业拓展课程”一体化课程体系；以岗位素质要求为引领，与行业、企业共建共享在线开放课程，培育“名师引领、素质优良、结构合理、专兼结合”特色鲜明的教学团队，从专业、课程、教师、学生不同层面建立完整且相对独立的质量保证机制。通过传统文化树人工程、专业文化育人工程、工匠精神培育工程、创客精英孵化工程，实现立德树人、全员育人、全过程育人、全方位育人。辽宁职业学院园艺学院经过数十年的持续探索和努力，在国家和辽宁省的大力支持下，在高等职业教育发展方面积累了一些经验、培养了一批人才、取得了一批成果。为在新的起点上，进一步深化教育教学改革，为提高人才培养质量奠定更好基础，发挥教材在人才培养和推广教改成果上的基础作用，我们组织开展了辽宁职业学院园艺技术高水平特色专业群建设成果系列教材建设工作。

辽宁省高水平特色专群建设项目成果教材以习近平新时代中国特色社会主义思想为指导，以全面推动习近平新时代中国特色社会主义思想进教材、进课堂、进头脑为宗旨，全面贯彻党的教育方针，落实立德树人根本任务，积极培育和践行社会主义核心价值观，体现中华优秀传统文化和社会主义先进文化，弘扬劳动光荣、技能宝贵、创造伟大的时代风尚。突出职业教育类型特点，全面体现统筹推进“三教”改革和产教融合教育成果。在此基础上，本系列教材还具有以下 4 个方面的特点：

1. 强化价值引领。将工匠精神、创新精神、质量意识、环境意识等有机融入具体教学项目，努力体现“课程思政”与专业教学的有机融合，突出人才培养的思想性和价值引领，为乡村振兴、区域经济社会发展蓄积高素质人才资源。

2. 校企双元合作。教材建设实行校企双元合作的方式，企业参与人员根据生产实际需求提出人才培养有关具体要求，学校编写人员根据企业提出的具体要求，按照教学规律对技术内容进行转化和合理编排，努力实现人才供需双方在人才培养目标和培养方式上的高度契合。

3. 体现学生本位。系统梳理岗位任务，通过任务单元的设计和工作任务的布置强化学生的问题意识、责任意识和质量意识；通过方案的设计与实施强化学生对技术知识的理解和工作过程的体验；通过对工作结果的检查和评价强化学生运用知识分析问题和解决问题的能力，促进学生实现知识和技能的有效迁移，体现以学生为中心的培养理念。

4. 创新教材形态。教学资源实现线上线下有机衔接，通过二维码将纸质教材、精品在线课程网站线上线下教学资源有机衔接，有效弥补纸质教材难以承载的内容，实现教学内容的及时更新，助力教学教改，方便学生学习和个性化教学的推进。

系列教材凝聚了校企双方参与编写工作人员的智慧与心血，也体现了出版人的辛勤付出，希望系列教材的出版能够进一步推进辽宁职业学院教育教学改革和发展，促进辽宁职业学院国家骨干校示范引领和辐射作用的发挥，为推动高等职业教育高质量发展做出贡献。

2020 年 5 月

前　言

人类先后经历了石器时代的原始农业、铁器时代的耕种农业和工业时代的化学农业。不可否认，化学农业提高了农作物产量和劳动生产率，缓解了人口急速增长与粮食供给之间的矛盾，创造了我国用占世界7%的耕地养活了占世界22%的人口的奇迹。但是，长期过度使用化肥、农药，也导致了诸如土壤肥力退化、农作物病虫害加重、生态条件恶化、农产品质量下降、耕种成本增加等一系列问题，直接危及粮食、食品和生态“三大安全”，严重制约农业的可持续发展。研发绿色环保的肥料和农药，推广安全高效施肥用药，大力发展绿色农业，开辟可持续发展道路已刻不容缓。如今我国正式步入微生物农业新时代，即微生物资源产业化的新型农业时代。微生物资源在农业中开发应用潜力巨大：(1)微生物肥料含有活性菌群，使其具有活化养分、调解促生、拮抗病菌、降解污染、改善土壤环境等化学肥料所不具备的特殊作用。(2)微生物农药利用自身的生理构造及活性物质有针对性地杀虫、杀菌、除草，具有选择性高、对人畜无害、环境友好、作用对象不易产生抗药性等优点，被视为替代部分化学农药的最好选择。党的十九大把“农业绿色发展”作为农业发展的重中之重，着力创新推进农业绿色发展的体制机制，加快建立以绿色生态为导向的农业补贴制度，农业绿色发展理念逐步深入人心。农业农村部也在持续推进“化肥农药双减”政策，发展微生物肥料和微生物农药将成为实现化肥和农药零增长的重要措施，也代表了肥料和植物保护行业发展的新方向。

本教材在内容选取上紧密围绕微生物肥料和微生物农药职业岗位所需的知识、能力和素质要求，以能力培养为指导思想，将理论与实践有机结合。教学内容组织上力求通俗易懂，形式多样，简洁实用，把传统模式与项目化模式相结合，适应高职学生的学习特点，可供农业生物技术、现代农业技术、生态农业技术、绿色食品生产技术、智慧农业技术等农林类高职院校教学使用，还可供农业生物技术人员和生产者参考使用。

本教材具有如下特点：

1. 突出能力培养，体现职教特色。以国家标准、行业标准和地方标准为依据，按照职业岗位能力架构教材体系，突出能力培养，组织相关理论知识，形成一个完整的“项目”或“任务”。

2. 丰富的课程资源，方便师生使用。本教材叙述深入浅出，图文并茂，网络课程资源种类繁多、内容丰富，能够实现教师“教”有准备，学生“学”有资源，“学”有兴趣，“做”有保障。

教材编写分工如下：

孙巍撰写了项目1、项目2、项目3、项目7、项目10及全书统稿、修改和图表的设计安排等工作；李慧敏撰写了项目4和项目5；陈尔冉撰写了项目6；陈珣撰写了项目8的概述、任务8.1

和任务 8.2;宋瑞勇撰写了项目 8 任务 8.3;焦颖撰写了项目 9;周巍撰写了项目 11、附录 1、附录 2 和附录 3。

在编写过程中,本书参考了许多优秀教材和网络资源,并得到了许多专家的指导和支持,在此一并表示感谢!

由于编写水平及时间有限,本教材疏漏和不妥之处在所难免,敬请专家同行和广大读者批评指正!

编　者

2020 年 9 月

目 录

上 篇

微生物肥料

项目1

微生物肥料概述

【知识目标】

1. 掌握微生物肥料的概念、分类及特点。
2. 了解微生物肥料的发展现状。

【技能目标】

1. 能识别不同类型微生物肥料产品。
2. 能根据微生物肥料产品特点,结合生产需要,合理选择微生物肥料产品。

【德育目标】

树立“尊重自然、顺应自然、保护自然”的农业绿色发展理念。

肥料是作物的“粮食”,在作物生产中发挥着不可替代的支撑作用。联合国粮农组织(FAO)1880年在亚太地区31个国家通过大量田间试验得出结论:施肥可以提高粮食单产55%,提高粮食总产出31%。数据显示,1979—2013年35年间,我国化肥用量由1 086万t增至5 912万t,年均增长率为5.1%,粮食作物单位面积施肥量在284～363 kg/hm^2,严重超出了世界平均水平。化肥的不合理使用,已经造成了土壤污染、大气污染和水体污染。

当今是一个生态文明的时代,追求人与自然和谐发展是当今社会发展的主旋律。2018年,党的十九大报告指出,“三农”问题是关系到国计民生的根本性问题,并首次将“乡村振兴”提高到战略层面。此战略为我国“三农”的发展设定了一个更高的目标,它的实施必将为我国农业、农村、农民的发展注入强大的活力。“美丽乡村”的提出更是要加强农村生态建设。农业供给侧改革的一个重要任务就是要推行绿色生产方式,增强农业可持续发展能力。国家“十二五”规划指出,要加快发展现代农业,完善现代农业产业体系,发展高产、优质、高效、生态、安全农业,解决农业源污染。农业部(现为农业农村部)提出将化肥施用增长率控制在1%以内,到2020年能够实现零增长。数据显示:1949—2000年,我国化肥施用量与粮食产量同步增长,但2000年以后,化肥施用量的持续增加并没有提高粮食产量。2030年,我国粮食需求将达到7.5亿t,目前我国粮食产量为6亿t,即存在1.5亿t的粮食缺口,提高单产是保障粮食安全的主要途径。如何在减少化肥施用的同时能够保证作物的产量甚至提高作物的产量是现代农业首先要解决的问题。

微生物肥料的开发和应用对于我国农业的可持续发展具有特别重要的意义。它在提高与保持土壤肥力、转化营养元素、提高化肥利用率、促进作物生长、拮抗土传病害、净化环境与平衡生态系统等方面起着重要的作用。目前,人们开始追求生活品质,对绿色农作物青睐有加,因此对微生物肥料的需求也将增加,这为开发微生物肥料提供了良好的发展机遇。目前微生物肥料逐步成为我国国家生态示范区、绿色和有机农产品基地肥料的主力军,正在农业生产中产生出越来越显著的经济效益、社会效益和生态效益。

一、微生物肥料的概念和特点

(一)微生物肥料的概念

我国土壤微生物学的奠基人、中国科学院院士、华中农业大学教授陈华癸指出,微生物肥料是指一类含活性微生物的特定制品,应用于农业生产,能获得特定的肥料效应。在其效应产生的过程中,制品中活性微生物发挥着关键作用。

根据国家标准 GB 20287—2006《农用微生物菌剂》规定,微生物肥料是指含有特定微生物活体的制品,应用于农业生产,通过所含微生物的生命活动,增加植物养分的供应量或促进植物生长,提高作物产量,改善农产品品质及农业生态环境。

(二)微生物肥料的特点

化学肥料通过其特定的物质成分来满足植物营养需求,而微生物肥料的作用是利用微生物的一系列生命活动来发挥其肥效功能。其主要特点如下:①含有一定数量的具有特定肥效功能的活菌;②能维持地力,改善土壤结构;③不污染环境,对人、畜和植物无毒害;④肥效缓慢、持久;⑤施用量小,成本低廉;⑥有些微生物肥料种类对作物有选择性;⑦施用效果常常受土壤环境条件影响;⑧肥料中的微生物对化学药物和射线敏感,不能与农药混合或同时施用,不能长时间暴露于日光照射下。

二、微生物肥料的种类

(一)微生物肥料的种类

我国微生物肥料种类繁多,截至目前还没有一套完整统一的分类系统,根据分类的依据不同,有以下几种分类方法:

(1)按照微生物肥料的有效菌和物质构成,根据我国微生物肥料的产品标准,通常将微生物肥料分为农用微生物菌剂、复合微生物肥料和生物有机肥三大类。①农用微生物菌剂是指由一种或多种目的微生物经过发酵工艺扩繁制成发酵液后,浓缩加工成的液体活体菌剂,或以草炭、蛭石等多孔载体物质作为吸附剂,吸附菌体而成的粉剂和颗粒菌剂制品。它具有直接或间接改良土壤、恢复地力、维持根际微生物区系平衡、降解有毒有害物质等功能,通过其中所含有效菌的生命活动,在应用中发挥增强植物养分供应、促进植物生长、改善农产品品质及农田生态环境等作用。②复合微生物肥料是指由有效菌与营养物质(氮磷钾等)复合而成,能提供、保持或改善植物营养,提高农作物产量或改善农产品品质的活体微生物制品。其特点是含功能菌、氮磷钾养分和有机载体,兼具微生物菌剂和化肥效应,可平衡肥料的速效养分与长效养分的供给需求。③生物有机肥是指由特定功能微生物与主要以畜禽粪便、农作物秸秆等动植物残体为原料经无害化处理、腐熟的有机物料复合而成的一类兼具微生物菌剂和有机肥效应的肥料产品。生物有机肥外型上为颗粒状，是一种环保肥料，适合在有机农业生产中使用。

(2)按照制品中特定微生物种类分类　①细菌类肥料，如根瘤菌肥、固氮菌肥等。②放线菌肥料，如抗生菌肥料。③真菌类肥料，如菌根菌肥料。④藻类肥料，如固氮蓝藻等。

(3)按制品内含微生物种类多少分类　单一微生物肥料和复合(混)微生物肥料。

(4)按照剂型不同分类　液体、固体粉末、固体颗粒等。

(5)按照其功能特性分类　根瘤菌剂、固氮菌剂、溶磷菌剂、硅酸盐菌剂、光合菌剂、有机物料腐熟剂、促生菌剂、复合菌剂、菌根菌剂和生物修复菌剂。

(二)常见微生物菌剂

1. 根瘤菌剂

根瘤菌剂是将豆科作物根瘤内的根瘤菌分离出来，加以选育繁殖制成的产品。它是迄今为止研究最早、应用最广泛、效果最稳定的微生物肥料。近年来，从花生、大豆、绿豆、牧草、羽扇豆、金合欢、紫穗槐等植物的根瘤菌中选育出许多优良菌种，并已生产出多种根瘤菌剂，主要有花生根瘤菌(*Bradyrhizobium* sp.)、大豆根瘤菌(*B. Japonicum*)、豌豆根瘤菌(*Rhizobium leguminosarum*)、苜蓿根瘤菌(*R. meliloti*)。根瘤菌与豆科植物共生，使植物根毛弯曲而形成根瘤来进行固氮作用。实践证明，根瘤菌的作用效果显著，但根瘤菌只与豆科植物结瘤共生，而且根瘤菌的菌株只能感染特定的豆科植物，共生关系具有专一性。

根瘤菌剂还包括复合根瘤菌剂，指以根瘤菌为主，加入少量能促进结瘤、固氮作用的芽孢杆菌、假单胞细菌或其他有益的促生微生物的根瘤菌肥料，称为复合根瘤菌剂。该菌剂适宜中性和微碱性土壤，多用于拌种，主要用于豆科作物接种，使豆科作物结瘤固氮。

2. 固氮菌剂

固氮菌剂是指以能自由生活的固氮微生物为菌种生产出来的菌剂。它含有大量好气性自生固氮菌，不与高等植物共生，能独立生存于土壤，固定空气中的 N_2，利用土壤中的有机质或分泌物作为碳源，将其转化为植物可利用的化合态氮素。按其菌种及特性分为：自生固氮菌和联合固氮菌。固氮菌剂适于中性或微碱性土壤，酸性土可用石灰调节酸碱度后施用；适用于各种作物，特别是禾本科作物和蔬菜中的叶菜类作物，常用作拌种，可作基肥、追肥；不宜与过酸、过碱肥料或杀菌农药混施。

3. 溶磷菌剂

溶磷菌剂是既能把土壤中缓效态的磷转化为能被作物直接吸收利用的有效态磷，又能分泌激素刺激作物生长的活体微生物制品。溶磷菌能利用微生物在繁殖和代谢过程中产生的乳酸、柠檬酸等低分子有机酸和植酸酶类物质，使固定在土壤中的无机磷酸盐溶解、有机磷酸盐矿化或将难溶性磷酸盐类变成可溶性磷，供植物吸收利用。如芽孢杆菌属(*Bacillus* sp.)、假单胞菌属(*Pseudomonas*)、AM 菌根菌、节杆菌属(*Arthrobacter* spp.)、氧化硫杆菌(*Thiobacillus thiooxidans*)。其中，发现最早、溶磷效果最好、应用最广泛的是解磷巨大芽孢杆菌(*Bacillus megaterium*)，可用于拌种，随用随拌；用作追肥时，宜在作物开花前施用。

根据其对磷的转化作用可分为两大类：无机磷菌剂和有机磷菌剂。无机磷菌剂是指能把土壤中惰性的、不能被作物直接吸收利用的无机态磷化物，溶解转化为作物可以吸收利用的有效态磷的活体微生物制品。有机磷菌剂是指在土壤中能分解卵磷脂、核酸、植素等有机态磷化物的有益微生物发酵制成的活体微生物制品。

4. 硅酸盐菌剂

硅酸盐菌剂主要是利用硅酸盐细菌，如胶质芽孢杆菌等有效菌制成的活体微生物制品。硅酸盐细菌又称为钾细菌，是从土壤中分离出来的一种细菌，能够分解伊利石、钾长石、磷灰石等不溶性的硅铝酸盐无机矿物质，促进难溶性的K、P、Si等养分元素转化成可溶性养分，增加土壤中速效养分的含量，是目前微生物肥料中广泛应用的一种重要功能菌。大田试验证明，它能在种子或作物根系周围迅速增殖形成群体优势，抑制其他病原菌的生长，解钾的同时具有固氮和解磷功能，并可产生激素类物质，刺激作物生长。硅酸盐菌剂适于作基肥，与有机肥混施覆土；也可用于拌种，加适量水制成悬浊液喷在种子上拌匀；还可用于蘸根，蘸后立即栽植避免阳光直射。

5. 光合菌剂

光合菌剂主要是用光合细菌制成的活体微生物制品。光合细菌是指能利用小分子有机物合成作物所需的养分，并产生促长因子，激活植物细胞的活性，使植物提高光合作用的能力并增加产量的一类细菌。光合细菌具有固碳、固氮、氧化分解硫化物和胺类等有毒物质，改善水质，分解有机质，抗病的生理生态特性。光合细菌在农作物上施用具有独特功效，比其他微生物肥料更具有综合效应：不但能作种肥，固定 N_2 生成 NH_3，同时还能与其他根瘤菌联合固氮，甚至在黑暗条件下能分解许多有机化合物，促进土壤、肥料中某些养分有效化，从而改善土壤结构和养分状况；且富含生理活性物质，进行叶面喷施，可改善植物营养，增强植物生理功能和抗病能力，从而起到增产和改善农产品品质的作用。

6. 抗生菌剂

抗生菌剂是指利用能分泌抗菌物质和刺激素的微生物制成的肥料制品。抗生菌剂可提高土壤肥力，提高作物抗病、抗虫能力，刺激作物生长和增加作物抗旱、抗寒能力。使用的菌种通常是放线菌，如细黄链霉菌。施用时须配施有机肥和化肥，忌与硫铵、硝铵混用，但可交叉施用。

7. 菌根菌剂

菌根菌剂主要是由丛枝菌根真菌制成的活体微生物制品。菌根是土壤中某些真菌侵染植物根部，与其形成的菌—根共生体，与农业关系密切的是丛枝菌根真菌(AMF)。AMF是分布最广的类群，在诸如高原山地、寒带、热带森林、草原以及农田都有分布。AMF与植物的相互作用对植物、真菌和土壤都有好处。一方面，AMF从宿主植物体内获取能量支持自我生长，同时为植物体输送土壤中的C、N、P等营养元素，改善植物土壤养分吸收效率，并提高植物抗病、耐寒、耐旱、耐盐碱等功能，缓解土壤重金属带来的不利影响；另一方面，AMF从寄主植物中获得养分的同时，能够改善土壤结构、土壤团聚体等主要土壤特性，从而提高了土壤抗侵蚀能力，减少土壤养分的流失。

目前，国内外的研究者用各种方法人工培养大量接种AMF的植物根，然后用侵染了AMF的植物根段和有大量活孢子的根际土壤接种作物，获得了较好的增产效果。AMF接种剂主要接种于名贵花卉、苗木、药材和经济作物。由于其在低土壤养分条件下提高了农作物的产量以及退化土壤的开垦，AMF的应用在可持续农业和生态系统中发挥着重要作用。

8. 促生菌剂

促生菌剂主要是用促生菌制成的活体微生物制品。促生菌是自由生活在土壤或附生于植物根际的一类可促进植物生长、防治病害、增加作物产量的有益菌类。植物根际促生菌(PGPR),又名增产菌或多效菌剂。它的主要作用是分泌植物促生物质、促生豆科植物结瘤、促进植物出芽、对土传病害进行生物调控;可使寄主植物更好地摄取移动性弱的养分元素,扩大根的吸收面积,保护根部免受病原菌的侵袭,产生抑制其他微生物的类似抗生素的物质等。植物根际促生菌既可单独使用也可与其他微生物肥料复合使用,使促生与肥效作用更好地结合起来,以提高和加强应用效果。关于 PGPR 生防作用的报道很多,尤其以荧光假单胞菌中的某些菌株、芽孢杆菌属的某些菌种(株)效果最明显,用它们处理种子,对防治水稻纹枯病、稻瘟病、小麦全蚀病、猝倒病、棉花枯萎病及蔬菜的根腐病效果显著。

9. 有机物料腐熟剂

有机物料腐熟剂是指能加速各种有机物料(包括农作物秸杆、畜禽粪便、生活垃圾及城市污泥等)分解、腐熟的微生物活体制剂。按腐熟的对象可分为农作物秸秆腐熟剂和畜禽粪便腐熟剂,其中前者要求纤维素酶活性≥30.0 U/g (mL),注重降解纤维素的效果;后者要求蛋白酶活性≥15.0 U/g (mL),注重降解蛋白质的效果。按产品的形态不同,可分为液体剂、粉剂、颗粒剂 3 种剂型。其中液态产品要求有效活菌数≥1.0 亿个/mL;粉剂、颗粒剂产品要求有效活菌数≥0.50 亿个/g。

三、微生物肥料的主要功效及作用机理

(一)活化并促进植物营养元素的吸收

1. 促进氮磷钾元素的吸收

根瘤菌类、自生和联合固氮菌类微生物肥料可以固定空气中的氮素,增加植物的氮素营养。解磷巨大芽孢杆菌、荧光假单胞菌、AMF 等可以溶解土壤中难溶性磷酸盐,提高磷的有效性。硅酸盐细菌类肥料能对土壤中云母、长石、磷灰石等含钾、磷的矿物进行分解,使难溶钾转化为有效钾。

2. 促进微量营养的吸收

这方面的研究目前多集中在微生物对铁素营养的影响,认为植物铁素营养的吸收转运得益于细菌胞膜上的各种铁载体蛋白。如荧光假单胞菌、恶臭假单胞菌均能促进 Fe^{3+} 与荧光菌素结合而被植物吸收利用。

目前,许多研究报道菌根真菌肥料能增加宿主对 Zn、Cu、Ca、Mg、Mn、Fe 的吸收,这已是不争的事实。有研究表明氧化酶细菌使单质硫氧化,土壤 pH 降低,促进了欧洲油菜对 Fe、S、Mn 元素的吸收。

3. 促进有机质的吸收

土壤中大量微生物的活动使土壤有机质转化形成腐殖质,促进土壤团粒结构的形成,提高土壤肥力,改善土壤理化性状,增强土壤保肥、保水能力,从而提高作物的产量和品质。

(二)分泌多种生理活性物质刺激调节植物生长

目前,有关微生物肥料促进植物生长机理的研究表明,活体微生物代谢产生的植物激素、酸性物质以及维生素都能不同程度地刺激调节植物的生长。

1. 植物激素

许多研究表明植物生长发育过程中共生微生物的产物——植物激素起到一定作用。植物

激素类物质主要有生长素(IAA)、赤霉素(GA_3,GA_1)、细胞分裂素(CTK)、脱落酸(ABA)、乙烯和酚类化合物及其衍生物等。它们的作用不是孤立的,而是相互协调、相互制约的。其中,ABA 和酚类化合物相当于抑制剂,是植物调节内生生长素的手段之一。目前,对根际促生细菌产生 IAA 的作用及机制的研究较为深入,而对 GA、CTK、ABA、乙烯的研究报道还相当少,有待进一步深入研究。

2. 酸性物质

各种微生物肥料通过自身代谢产生的许多有机酸除了有螯合作用和酸溶作用外,其本身就是一种生理活性物质,可促进作物生长。有研究表明 1∶1 的琥珀酸与乳酸混合,在浓度为 10×10^{-6} 时,使得植物根生长量增加 40%。有人对硅酸盐细菌 K1 的研究结果表明,该细菌产生的柠檬酸在达到 100 μg/g 时,可促进水培玉米的生长。

(三)产生抑病作用间接促进植物生长

微生物肥料(包括 PGPR 制剂)能产生铁载体、抗生素、系统防卫酶和氰化物(HCN)等多种物质抑制细菌或真菌性病害,有的也能诱导系统产生抗性间接达到促进植物生长的作用。

1. 产生多种抑病物质

(1)抗生素　已报道且被分离出的植物根际促生菌产生的抗生素有 20 种左右。目前,对多种抗生素的合成基因以及基因调控系统的研究已取得较大进展,很多抗生素基因已被克隆或用于转基因菌株获得抑病作用。

(2)铁载体　铁载体是低分子量的水溶性 Fe^{3+} 的特异性配位体,其功能是向细胞提供铁素养分。荧光假单胞菌 BIO 产生的铁载体与抑病促生作用有关,而在高铁浓度下,其抑病作用会丧失。多数微生物对铁的浓度要求是 $10^{-8}\sim10^{-6}$ mol/L,而自然状态的 Fe^{3+} 浓度很低,不能被微生物直接利用,所以载体结合根际有限的 Fe^{3+},限制了病原菌对 Fe^{3+} 的利用,最终抑制了病原菌生长。

(3)多种酶　一些植物促生细菌能产生几丁质酶和 β-1,3-葡聚糖酶,可水解病原真菌细胞壁的主要成分几丁质和 β-1,3-葡聚糖。

(4)氰化物(HCN)　根际促生细菌产生的 HCN,被认为有抑病作用。一些荧光假单胞菌产生的 HCN 能抑制烟草的黑根腐病。多数研究者提出 HCN 的抑病机理可能是直接拮抗根部病原菌而不损害植物或可诱发植物抗性机制。

2. 诱导系统抗性

诱导抗性是植物被环境中的非生物或生物因子激活产生的系统抗性,包括病原体激发产生的系统获得性抗性。

现已报道很多促生细菌能产生与系统抗性有关的物质如水杨酸、细菌细胞表面组成物质(脂多糖类、胞外多聚糖类、低聚糖类),能相互作用,能诱导植物对病原菌的抗性;植物促生菌能有效地减轻黄瓜、西红柿的炭疽病,减轻黄瓜叶病毒。

(四)提高植物的抗逆性

由于微生物肥料的施用,其所含的菌种能诱导作物产生超氧化物歧化酶,在植物遭受病害、虫害、干旱、衰老等逆境时,消除因逆境而产生的自由基来提高作物的抗旱性、抗盐碱性、抗极端温度、湿度和 pH、抗重金属毒害等能力,提高宿主植物的逆境生存能力。

四、我国微生物肥料的发展现状

(一)微生物肥料的研发应用历程

我国微生物肥料的研究应用起步于20世纪40年代,张宪武先生、陈华癸院士和樊庆笙先生等老一辈奠基人最早研究应用根瘤菌制剂。20世纪50年代,从苏联引进自生固氮菌、磷细菌和硅酸盐细菌剂,当时俗称细菌肥料,应用最为广泛的是根瘤菌剂。到20世纪60年代,研发应用放线菌剂,研究应用5406抗生菌肥料和固氮蓝绿藻肥。20世纪70—80年代,开始研发应用由土壤真菌制成的孢囊——丛枝菌根(也称为AM菌根),能显著改善植物磷素营养条件,提高水分利用率。20世纪80年代中期,相继研发应用联合固氮菌和复合菌剂作为拌种剂。20世纪90年代以后,研发应用复合微生物菌剂、生物有机肥、复合微生物肥料,微生物肥料产业逐步兴起。

我国微生物肥料的研发、生产和应用经历了三次大的起伏,目前,正处于第四次发展崛起期。当时起伏的主要原因是没有将微生物肥料纳入行业管理,缺乏法定的行业标准,导致每次发展兴起的时间都不长。

(二)微生物肥料行业标准的建立与发展

1994年5月,农业部在微生物肥料领域颁布了第一个标准NY 227—1994《微生物肥料》,对微生物肥料的技术要求和检测方法做出了具体规定,填补了国内空白。随后,农业部将微生物肥料纳入"一肥两剂"(肥料、土壤调节剂、植物生长调节剂)的检验登记管理,专门成立了农业部微生物肥料质量监督检验中心,1996年4月正式开展业务,标志着我国微生物肥料的生产管理开始走向规范化、制度化。

近20年来,经各方面努力,我国逐步构建起有中国特色的微生物肥料标准体系,由通用标准、菌种安全标准、产品标准、方法标准和技术规程5个层面的24个标准构成,其标准名录见表1-1概述。微生物肥料标准体系框架的构建,实现了标准内涵从数量评价为主到质量、数量兼顾的转变,将菌种的功能性指标、酶活性指标和内源活性物质指标等纳入到标准中;确定了微生物肥料使用菌种和产品安全性评价的主要技术参数及指标,安全分级目录收录的菌种从40种增加至110多种。其应用将促进产品质量安全的提高,更好地推动我国微生物肥料行业的快速健康发展,标志着我国微生物肥料的生产管理走上了规范化、标准化、制度化的道路。

表1-1 我国微生物肥料行业标准

类别	标准名称	标准号
通用标准	1. 微生物肥料术语	NY/T 1113—2006
	2. 农用微生物产品标识要求	NY 885—2004
菌种安全标准	3. 硅酸盐细菌菌种	NY 882—2004
	4. 微生物肥料生物安全通用技术准则	NY 1109—2017
产品标准	5. 根瘤菌肥料	NY 410—2000
	6. 固氮菌肥料	NY 411—2000
	7. 磷细菌肥料	NY 412—2000

续表1-1

类别	标准名称	标准号
产品标准	8. 硅酸盐细菌肥料	NY 413—2000
	9. 光合细菌菌剂	NY 527—2002
	10. 有机物料腐熟剂	NY 609—2002
	11. 复合微生物肥料	NY/T 798—2004
	12. 生物有机肥	NY 884—2012
	13. 农用微生物菌剂	GB 20287—2006
方法标准	14. 肥料中粪大肠菌群的测定	GB/T 19524.1—2004
	15. 肥料中蛔虫卵死亡率的测定	GB/T 19524.2—2004
技术规程	16. 农用微生物菌剂生产技术规程	NY/T 883—2004
	17. 微生物肥料实验用培养基技术条件	NY/T 1114—2006
	18. 微生物肥料田间试验技术规程及肥效评价指南	NY/T 1536—2007
	19. 肥料合理使用准则　微生物肥料	NY/T 1535—2007
	20. 根瘤菌生产菌株质量评价技术规范	NY/T 1735—2009
	21. 微生物肥料菌种鉴定技术规范	NY/T 1736—2009
	22. 微生物肥料生产菌株质量评价通用技术要求	NY/T 1847—2010
	23. 微生物肥料生产菌株的鉴别　聚合酶链式反应(PCR)法	NY/T 2066—2011
	24. 微生物肥料产品检验规程	NY/T 2321—2013

(三)微生物肥料行业的发展现状

我国微生物肥料产业发展迅速，到2016年8月已有微生物肥料企业1000多家，遍布全国30多个省、自治区、直辖市；在农业农村部登记的微生物肥料有12类，包括固氮菌剂、硅酸盐菌剂、溶磷菌剂、光合菌剂、有机物料腐熟剂、复合菌剂、微生物产气剂、农药残留降解菌剂、水体净化菌剂、土壤生物改良剂(生物修复剂)、生物有机肥和复合微生物肥料；使用的菌种涉及细菌、放线菌、丝状真菌、酵母菌等150多种；正式登记产品1488个，临时登记微生物肥料产品1373个，年产能已突破1200万t，年产值200亿元，应用面积超过1.3×10^{7} hm^{2}，涉及粮食、蔬菜、果树、中草药和烟草等作物，已形成具有中国特色的微生物肥料产业。

(四)微生物肥料的发展趋势

纵观微生物肥料发展历程，可以看出我国微生物肥料发展趋势如下：

1. 由豆科作物接种剂向非豆科菌肥方向发展

微生物肥料起源于豆科作物专用根瘤菌接种剂。然而，豆科作物种植面积在我国较小，对肥料需求量远不如粮食作物高，始终没有形成产业规模。今后微生物肥料将转向非豆科粮食作物用肥。

2. 由单一菌种向复合菌种方向发展

微生物肥料具有非单一功能作用，因而必然发展多种菌的复合产品。目前，国内微生物肥料趋向将固氮菌和解磷、解钾细菌复合在一起施用，同时供应作物氮、磷、钾等营养元素。

3. 由单一功能向多功能方向发展

微生物在生长繁殖的同时，向作物根际分泌的代谢产物具有改善植物营养、刺激生长和抑制病原菌等功效。有些自生固氮菌在固氮的同时还能抑制病原菌，产生刺激物质。因此，微生物肥料将向多功效方向发展。

4. 由无芽孢向芽孢菌剂方向发展

目前，我国应用的各种微生物肥料中固氮菌类（包括根瘤菌类）都是无芽孢菌。但是，无芽孢菌抗逆性低，不耐高温和干燥，不耐存储，难以进入商品渠道。因此，微生物肥料菌种应选用抗逆性强的芽孢杆菌属，便于生产与应用。

5. 建立国家的微生物肥料菌种资源平台

菌种作为生物的一种宝贵资源，国家应加大力度进行收集，研究与挖掘对不同生态区新的菌种资源，建立菌种资源库，有针对性地为微生物肥料生产企业提供优良菌种，以利于生产。

（五）微生物肥料存在的问题

我国微生物肥料行业经过几十年的发展已经取得了一定的成绩，形成了一定的规模，为农业生产、农业的可持续发展以及环境保护等做出了重要贡献。但是，目前我国微生物肥料行业仍旧存在着整体水平不高、技术创新不足、产品质量和效果不稳定、市场管理混乱等问题。

1. 基础研究比较落后

目前微生物肥料领域多数研究仍停留在大田试验增产原因的分析和微生物菌株选育等方面，对微生物肥料中微生物自身的生物学特性、微生物肥料作用的持续时间、微生物与植物间的作用机理、微生物在土壤中的竞争状况、存活时间以及影响微生物肥料发挥作用的因素等问题还有待深入研究。

2. 配套体系不够完善

目前，我国还没有形成有利于微生物肥料应用的农业施肥体系，与发达国家相比还有一定差距。美国、加拿大是根瘤菌接种技术应用成功的国家，大豆接种根瘤菌已成为常规耕作措施，而我国东北大豆根瘤菌的接种率不到10%。玉米、水稻等大田作物化肥施用量过度，微生物肥料、有机肥料施用不足，短期行为普遍。因此，建立完善的耕作栽培配套体系对微生物肥料的推广和发展尤为重要。

3. 菌种纯度不高、针对性不强

微生物肥料具有生态适应性，施用时应依据当地生态状况、作物品种、土壤类型和耕作方式等确定具体施用方式和施用量，有针对性地筛选出高适应性的功能菌种，以达到较佳的作用效果。但是绝大多数微生物肥料企业还在使用分离筛选及传统育种等相对滞后的菌种选育技术，造成微生物肥料地域针对性不强，适应性较差，个别企业甚至提纯复壮都做的很不到位，导致菌种纯度下降、活性衰减、田间效果不稳定或迅速下降。

4. 作用效果不稳定

微生物肥料的应用效果受很多因素影响，除肥料本身的活性菌种类、含量、纯度等内在因素外，环境条件也是影响肥料效果的重要因素，如底物浓度、温度、湿度、土壤 pH 等，导致很多微生物肥料的使用效果与预期相差很多，并且地块间、年度间的差别很大，给微生物肥料的推广造成了很大的困难。这也是个别小企业生存时间短的重要原因之一。另外，农民普遍认为施用微生物肥料繁琐、起效慢；且微生物肥料本身是一种活的制品，在生产、运输、贮存及使用等环节中容易失效，致使肥效不稳定，给检测监督增加了难度。

五、微生物肥料的发展与展望

(一)加强理论研究

应加大微生物肥料研发的科技投入,增加立项,调动相关科技人员对微生物肥料基础理论和应用技术研究的积极性,深入研究微生物、土壤及植物间的相互作用机理,使研究工作真正引领微生物肥料产业健康发展。

(二)加快成果转化

企业是微生物肥料自主创新和科技成果转化的主体,如何提高企业的自主创新能力和加强科技成果转化是我国微生物肥料产业发展的重中之重。应以区域内优势微生物肥料企业为引领并聚集相关企业群,加强与高校和科研院所的合作,并结合当地的气候条件、土壤类型、主栽作物,逐步形成微生物肥料产品新品种、生产过程新工艺、技术转化新体系三位一体的发展格局。所以说,加大创新力度和加快科技成果转化步伐将成为我国未来微生物肥料发展的主攻领域和发展特色。

(三)加固管理体系

在微生物肥料行业的发展中,要确保优质微生物肥料占领市场,防止假冒伪劣产品流入市场,使得微生物肥料行业向健康方向发展;需强化市场竞争力、引入优胜劣汰机制、加强生产质量和市场流通的监管力度,建立健全微生物肥料的质量监督管理体系;通过法律、法规的宣传和加大执法力度等途径,提高生产企业的质量意识,强化生产的规范化和规模化。

同时,应向农民普及微生物肥料的知识,让农民认识到微生物肥料对作物的好处、对环境的好处、对土壤的好处、对农产品的好处、对下一茬作物的好处等。但要防止夸大宣传,如微生物肥料将要取代化肥和有机肥等不切实际的说法,以免农民期望过高,失望过大。

(四)加大创新力度

对于快速发展的微生物肥料产业来说,应该加大科技创新力度。在传统研究的基础上,应大力应用现代生物科学技术来提高科研水平,加快科研发展速度。不仅要有好的菌株、好的剂型、好的产品,在技术上创新;还要有好的推广体系、好的营销措施,在营销渠道上创新;更要有好的信息收集、信息储存、信息分析;在信息管理上,采用大数据、“互联网＋”等现代信息技术,使我国微生物肥料行业的信息管理创新上一个新台阶,实现全面创新。

(五)加大推广面积

在微生物肥料推广过程中除应增加微生物肥料产品的科技含量、提高产品质量外,更要提高产品的针对性和适应性。根据当地的气候状况、土壤类型、作物种类、耕作方式、施用方法及化肥施用量等,筛选适应的菌种、选择合适的剂型、选择特定的时期、采用合适的施用方法等,以达到最佳的应用效果,实现进一步扩大推广面积的目的。

微生物肥料的发展是我国食品和粮食安全体系的基础,是改善和保护土壤生态环境的重要措施。在当前国内粮食安全、生态环保大发展的背景下,要加强基础研究、提高创新意识、健全推广体系,加大监管力度,使微生物肥料产业更快更健康地发展。具体工作重点和发展趋势是:提高单菌株的纯度、针对性和有效性;提高复配技术,生产多功能复合型微生物菌剂,实现一剂多用、一剂多能;与有机肥和化肥结合,大力发展生物有机无机复合(复混)肥,充分发挥化肥养分含量高、肥劲猛，有机肥养分全、肥效长，微生物肥料活性高、功能多的特点，优化我国农业的施肥结构。随着人们对优质安全、绿色无公害农产品认识的提高和需求的增加以及生态环保意识的增强，我国微生物肥料必将有更快的发展，为我国农业可持续发展起到更加积极的促进作用。

【思考与练习】

1. 什么是微生物肥料？

2. 微生物肥料的开发应用对农业可持续发展有何意义？

3. 微生物肥料产品有哪些种类？其产品特点是什么？

【参考文献】

[1]李博文，刘文菊，张丽娟．微生物肥料研发与应用[M]．北京：中国农业出版社，2016.

[2]孔健．农业微生物技术[M]．北京：化学工业出版社，2005.

[3]孙巍．农业微生物应用[M]．北京：中国农业大学出版社，2014.

[4]徐凤花，孙冬梅，宋金柱．微生物制品技术及应用[M]．北京：化学工业出版社，2007.

[5]马鸣超，姜昕，曹凤明，等．微生物肥料产品质量安全风险因子识别及现状评价[J]．农产品质量与安全，2016，(5)：8-12.

[6]李俊，姜昕，李力，等．微生物肥料的发展与土壤生物肥力的维持[J]．中国土壤与肥料，2006，(4)：1-5.

[7]李乐，孙海，刘政波，等．微生物肥料的作用、机理及发展方向[J]．东北农业科学，2016，41(4)：63-69.

[8]张瑞福，颜春荣，张楠，等．微生物肥料研究及其在耕地质量提升中的应用前景[J]．中国农业科技导报，2013，(5)：8-16.

[9]王菀婷，邓毅书．微生物肥料在农业生产应用中的困境探析[J]．农村实用技术，2018，(7)：31-35.

[10]刘健，李俊，葛诚．微生物肥料作用机理的研究新进展[J]．微生物学杂志，2001，(1)：33-36.

[11]胡云平．微生物农业产业技术研究进展及发展前景[J]．河南农业，2018，(5)：47-48.

[12]范丙全．我国生物肥料研究与应用进展[J]．植物营养与肥料学报，2017，23(6)：1602-1613.

[13]周法永，卢布，顾金刚，等．我国微生物肥料的发展阶段及第三代产品特征探讨[J]．中国土壤与肥料，2015，(1)：12-17.

[14]许景钢，孙涛，李嵩．我国微生物肥料的研发及其在农业生产中的应用[J]．作物杂志，2016，(1)：1-6.

项目2

固 氮 菌

【知识目标】

1. 了解生物固氮的意义，理解生物固氮的作用机理，掌握固氮菌的分类及特点。
2. 掌握固氮菌的菌种选育和检测方法及操作要点。
3. 了解固氮菌肥料的生产方式，掌握固体固氮菌肥料生产的工艺流程。
4. 理解固氮菌肥的作用，掌握固氮菌肥的应用技术。

【技能目标】

1. 学会固氮菌的自然选育，能根据国家标准要求对固氮菌进行菌种检测。
2. 学会固氮菌肥的生产，并能对生产过程中相关指标进行检测分析。
3. 能根据实际生产应用情况，正确使用固氮菌肥。

【德育目标】

1. 通过菌种选育和检测的学习，培养学生科学严谨、实事求是的工作态度。
2. 通过菌肥发酵生产的学习，树立学生良好的质量意识。

固氮菌概述

一、生物固氮的意义

生物固氮是指固氮微生物以自生固氮、共生固氮和联合固氮的方式将大气中的氮气转化为氨的过程。生物固氮在提高农作物产量、降低化肥使用量、减少水土污染、保持农业可持续发展、降低能源消耗、影响海洋氮素循环和海洋生物进行光合作用等方面具有重要作用。

氮素是植物生长发育必需的首要营养元素，其对植物最终产量的贡献为40%～50%，是植物蛋白质、核酸、磷脂和某些生长激素的重要组分，可以说氮素对植物生长是至关重要的。

氮素主要存在于大气中，在空气中大约占78%。地球表面的每亩土地上都覆盖着5 240 t的氮。但空气中的氮素是惰性气体，不能被植物直接利用，它必须经过转化，以铵离子、亚硝酸根离子和硝酸根离子的形式才能被植物直接吸收利用。

在自然界所有生物中，只有固氮菌能够打开大气氮素营养库的大门，将分子态氮转化成植物可利用的氮素养料，这不仅对农林业生产具有十分重要的意义，而且启动了自然界氮素的生物循环，进而维护了地球上万物的繁荣发展。

二、固氮菌的作用机理

分子态氮（N_2）化学结构非常稳定，两个原子之间以3个共价键相连（N≡N）。氮分子的三重键结合很牢固，键能很高。要将氮原子分离，需要较高的能量。氮固定的途径主要有以下三种：工业固氮、高能固氮和生物固氮。工业固氮要在高温（500℃）、高压（200～300 MPa）、铁作催化剂的条件下，才能将氮气和氢气化合成氨。高能固氮是指在闪电产生的高能条件下，将氮气和氢气化合成氨。生物固氮是由固氮菌在常温常压下，由固氮酶催化将分子态氮（N_2）转变成氨（NH_3）的过程。

各类固氮菌进行固氮作用的基本化学反应是相同的，如图2-1所示：

$$N_2 + 8H^+ + 8e^- + 16MgATP \xrightarrow{\text{固氮酶}} 2NH_3 + 16Mg\,ADP + 16Pi + H_2$$

图2-1　生物固氮化学反应式

生物固氮是将N_2还原成NH_3进而合成有机化合物的过程，由于氮分子具有键能很高的三键（N≡N），要打开它需要很大的能量，故只有在固氮酶（图2-2）催化下，N_2才能还原为NH_3。

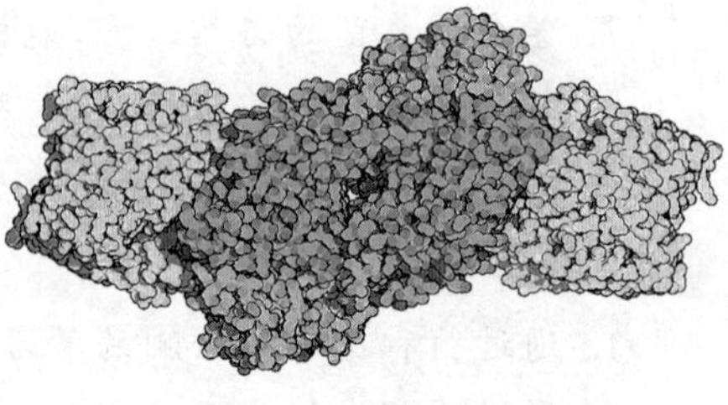

图2-2　固氮酶结构

从各种不同生理类型的固氮菌中，都可以提取到结构相同的固氮酶。它由组分Ⅰ和组分Ⅱ组成。组分Ⅰ即钼铁蛋白（MoFeP），是真正的固氮酶，它直接作用于N_2使之还原成NH_3；组分Ⅱ即铁蛋白（FeP），实质上是一种固氮还原酶，它主要起传递电子的作用，是活化电子的中心。固氮时必须两种组分结合在一起才能起作用；固氮酶的两个组分对氧敏感，遇氧分子则发生不可逆的失活，因此固氮作用只能在厌氧条件下进行；氨对固氮酶的合成有阻抑作用，应及时排除生成的氨；固氮作用还需要电子供体、电子载体和能量（图2-3）。

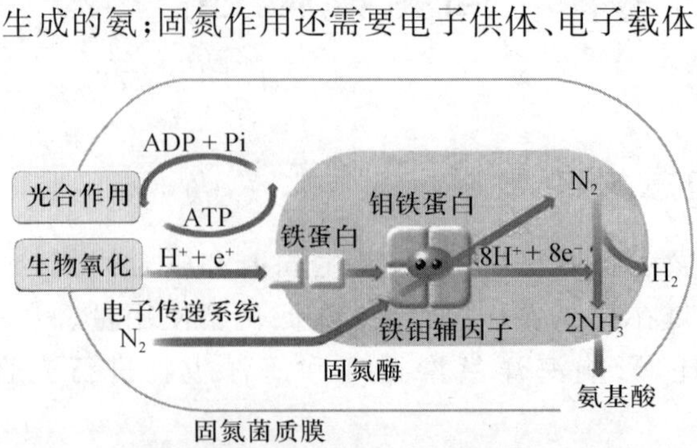

图2-3　固氮酶作用机理

固氮酶的钼铁蛋白有 3 种状态，即氧化态、半还原态和完全还原态；铁蛋白有 2 种状态，即氧化态和还原态。当半还原态的钼铁蛋白和还原态的铁蛋白组合在一起时，成为稳定的固氮复合体系。这时还原态铁蛋白的电子传递到半还原态钼铁蛋白上，使它成为完全还原态而铁蛋白本身被氧化，随后再由细胞中电子传递链所提供的电子还原。完全还原态的钼铁蛋白络合分子氮，同时 ATP 水解成 ADP＋Pi，释放出大量能量，使电子和氢离子同氮结合，生成两分子氨。一般认为，在这个反应过程中固氮酶钼铁辅因子（FeMo-Co）起关键作用，它是固氮酶的活性中心。

三、固氮菌的分类

固氮微生物是指能将大气中游离的氮素转变成含氮化合物的微生物。固氮微生物都是原核生物，至今还没有发现能够固氮的真核生物。其种类很多，按照固氮微生物的生活习性和固氮条件的特殊性，可以分为自生固氮、共生固氮和联合固氮微生物。固氮微生物生活习性和代谢类型的多样性揭示了其资源和生物固氮体系的多样性。

1. 自生固氮菌

自生固氮菌是指能独立进行固氮，在固氮酶的作用下将分子氮转化为氨，但不释放到环境中，而是进一步合成氨基酸，组成自身蛋白质的微生物。固定的氮素只有当固氮菌死亡后通过氨化作用才能被植物吸收。

自生固氮菌分为光合细菌和非光合细菌两类。非光合类的自生固氮菌种类很多，其中有圆褐固氮菌、贝捷林克固氮菌、假单胞菌和固氮螺菌等；还有在有氧条件下和无氧条件下都能固氮的细菌，如阴沟肠杆菌、肺炎克氏杆菌、多黏芽孢杆菌和克鲁伯杆菌等，厌氧细菌如梭状芽孢杆菌。但并非每一属中所有的种都能固氮，有资料报道，芽孢杆菌属中的多黏芽孢杆菌和浸麻芽孢杆菌有固氮力的菌株占总菌数的 82%，而肺炎克氏杆菌中有固氮能力的菌株仅占 28%。其中褐球固氮菌是分布较广、固氮能力较强的一种，它的个体较大，细胞直径 2 μm 以上；幼小时为杆状，内部均一，周生鞭毛；成熟后，变为球形，有厚荚膜，失去鞭毛，细胞成对排列成“8”字形或四联体（图 2-4），无芽孢，产生非水溶性棕褐色素，菌落呈褐色，生长后期，细胞转变为孢囊，处于休眠状态。

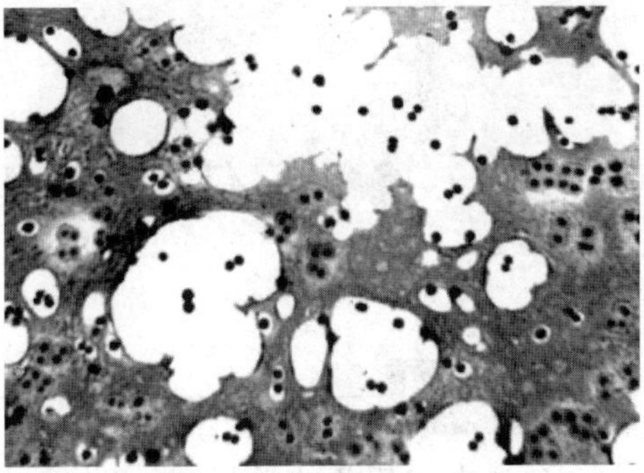

图 2-4　褐球固氮菌

2. 共生固氮菌

共生固氮菌只有和其他生物互利共生时，才能固定空气中的分子氮。这类微生物在同其他生物共同生活中，产生了生理上密切联系的形态特异的共生组织，最常见的是形成根瘤。属于共生固氮体系的微生物有多种：①与豆科植物共生固氮的根瘤菌；②与非豆科植物共生固氮的弗兰克氏（*Frankia*）放线菌；③蓝藻-共生固氮体系：蓝藻与真菌共生（地衣）、蓝藻与苔藓共生（苔藓植物）、蓝藻与蕨类共生（满江红）等。

3. 联合固氮菌

联合固氮菌是指必须生活在植物根际、叶面等处才能固氮的原核生物。这类固氮菌和共生植物之间具有一定的专一性，但同时又不形成根瘤那样的共生结构，也能自行固氮。联合固氮菌聚居于植物根际、根表，部分还可以进入根的皮层细胞间生活，这种较为“松散”的共生关系称为“联合固氮”。它是介于自生固氮和共生固氮之间的中间类型。

根据生理生态特征联合固氮菌大致可分成3类：根际固氮菌、兼性内生固氮菌、专性内生固氮菌。

(1)根际固氮菌　根际固氮菌是指定殖于根表的所有固氮细菌。这类细菌为植物提供氮素营养，其促进植物生长的主要原因在于产生的激素影响了植物的生理过程。这类固氮菌主要包括雀稗固氮菌(*Azotobacter paspali*)、拜叶林克氏菌(*Beijerinckia* spp.)等。

(2)兼性内生固氮菌　内生固氮菌，是指那些定殖在植物根内而与宿主植物联合固氮的固氮菌。它们的来源之一是种子和无性繁殖材料(块根、块茎等)；另一个来源是根围和叶围，其中主要是根围。根据内生固氮菌的特点不同，又可分为兼性内生固氮菌和专性内生固氮菌2类。兼性内生固氮菌既能在根内，也能在根表和土壤中定殖，主要为固氮螺菌属(*Azospirillum*)的细菌。该属细菌分布广泛，能与许多寄主联合固氮，目前已分离鉴定出的有5个种：产脂固氮螺菌(*A. lipoferum*)、巴西固氮螺菌(*A. brasilense*)、亚马逊固氮螺菌(*A. amazomense*)、伊拉克固氮螺菌(*A. irankense*)、高盐固氮螺菌(*A. halopraeferens*)。

(3)专性内生固氮菌　专性内生固氮菌在土壤中不能生存或生存能力很差，主要存在于植物组织内。它们可为宿主提供相当数量的氮素。这类细菌主要从寄主植物的自然开口(排水口、气孔、皮孔)、根表皮裂细胞或次生根形成点细胞间隙感染植物，经木质部扩散至植株上部。该类群包括重氮醋酸固氮菌(*Acetobacter diazotrophicus*)、固氮弧菌(*Azoarus* spp.)、草螺菌(*Herbaspirillum* spp.)、红苍白草螺菌(*Herbaspirillum rubrisubalbicans*)和伯克霍尔德氏菌(*Burkholderia* spp.)。

任务2.1　菌种选育与检测

【任务要求】

通过本次任务的学习，能够根据应用需求制定固氮菌肥的选育目标进行固氮菌的自然选育，并根据国家标准对固氮菌肥料菌种的技术要求进行菌种检测和结果分析。

任务2.1.1　菌种选育

【相关知识】

菌种是开展微生物学研究与应用的基本材料和重要生物资源，也是微生物肥料生产的技术核心。因此，菌种选育及其生物学特性研究是一项支撑微生物肥料行业发展的重要应用性基础工作。

在固氮菌的菌种选育研究方面，目前发现具有生物固氮能力的微生物多为细菌，有100多个属，占到细菌系统发育分支的一半以上，但能够产生芽孢的相对很少。而芽孢杆菌具有抗逆性强、耐储存等优点。因此，筛选高效固氮芽孢杆菌并研究其生物学特性，对解决我国农业生产急需广谱、高效、抗逆的固氮微生物肥料生产菌种具有重要意义。

菌种选育通常采用自然选育和诱变育种等方法。自然选育是微生物菌种选育的经典方法。它是利用菌株在自然状态下产生的自发突变，通过分离、筛选，排除表现劣质性状的菌株，选择具有优良生产性能的高产菌株。接下来，我们以固氮芽孢杆菌的自然选育为例进行固氮菌菌种选育的阐述。固氮芽孢杆菌的自然选育可采用无氮富集培养和高温选育的方法初筛，并可进一步通过固氮酶活性测定和盆栽试验复筛筛选出高效固氮芽孢杆菌。具体筛选步骤如下。

【任务实施】

一、富集培养固氮菌

1. 土样采集

选择有机质含量丰富的菜园土或农田土，取样时选取离地面 5～20 cm 处通气良好、不受阳光直射的根际土壤，并采取多点取样，混合分离的方式。采集的土样放入无菌密封袋密封，4℃冰箱保存备用。

2. 富集培养

取 10 g 土样加入 90 mL 无菌水中摇床振荡 20 min，然后吸取 5 mL 土壤悬液加入 30 mL 固氮菌富集培养液 ACCC55，28℃、100 r/min 摇床振荡培养，72 h 后转接于新鲜培养液继续培养，重复富集培养 3 次后进行固氮芽孢杆菌分离。

固氮菌富集培养液 ACCC55 配方：蔗糖 10 g、$K_2HPO_4 \cdot 3H_2O$ 0.5 g、NaCl 0.2 g、$CaCO_3$ 1 g、$MgSO_4 \cdot 7H_2O$ 0.2 g、蒸馏水 1 000 mL，pH 7.0～7.2。

二、固氮芽孢杆菌的分离纯化

吸取上述固氮菌富集培养物作梯度稀释，稀释度为 10^{-1}、10^{-2}、10^{-3}、10^{-4}、10^{-5}，在 100℃沸水中加热处理 10 min 后，分别取各稀释度 0.1 mL 涂布在固氮菌分离培养基平板上，28℃静置培养。2～3 d 菌落形成后在改良固氮培养基 ACCC55 培养基平板上划线纯化。

固氮菌分离培养基 ACCC55 配方：蔗糖 10 g、$K_2HPO_4 \cdot 3H_2O$ 0.5 g、NaCl 0.2 g、$CaCO_3$ 1 g、$MgSO_4 \cdot 7H_2O$ 0.2 g、水洗琼脂 15～20 g、蒸馏水 1 000 mL，pH 7.0～7.2。

改良固氮培养基 ACCC55 配方：蔗糖 10 g、$K_2HPO_4 \cdot 3H_2O$ 0.5 g、NaCl 0.2 g、$CaCO_3$ 1 g、$MgSO_4 \cdot 7H_2O$ 0.2 g、酵母膏 0.5 g、蒸馏水 1 000 mL、琼脂 15～20 g，pH 7.0～7.2。

三、固氮酶活性测定

在 15 mm×150 mm 螺口试管中加入 5 mL 改良固氮培养基制成斜面，接种固氮芽孢杆菌分离物，28℃培养 72 h 后换橡胶塞，注入乙炔气体使终浓度为 10%，继续培养 72 h，取 100 μL 反应气体用气相色谱仪测定乙烯生成量。计算菌株固氮酶活性，以不接种空白斜面为阴性对照，选择常用肥用功能菌中的固氮类芽孢杆菌和圆褐固氮菌为阳性对照，3 次重复。选固氮酶活性高的菌株为备选菌株。

$$固氮酶活性[nmol/(mg·h)]=\frac{C_2H_4(nmol)}{菌体蛋白量(mg)\times 反应时间(h)}$$

$$C_2H_4(nmol)=\frac{C_2H_4 体积(\mu L)\times 273\times P}{22.4\times(273+t)\times 760}$$

其中 P 为气压(mm 汞柱),t 为反应温度(℃)。

四、菌体蛋白测定

用 5 mL 生理盐水洗涤、收集试管斜面菌体,加入 3 mL 0.5 mol/L 的 NaOH 煮沸 5 min,再加入 3 mL 0.5 mol/L 的 HCl,离心取上清 1.0 mL 加入 5 mL 考马斯亮蓝,混合,显色 3 min,测定 595 nm 处吸光值 A_{595}。根据牛血清白蛋白标准曲线计算菌体蛋白含量。选菌体蛋白含量高的菌株为备选菌株。

五、实验室盆栽选育高效固氮菌

选取大小均匀的小白菜种子放入灭菌小三角瓶中,用 95%酒精浸 5 min,倒去酒精,加入 3% NaClO 溶液表面灭菌 2 min,倒去次氯酸钠,用无菌水洗 6~8 次。在育苗钵中装满处理过的土壤,浇透水后,每穴播 2~3 粒种子,覆上薄薄一层干土,在光照培养箱中培养。待真叶长到两叶一心时,挑选长势一致的幼苗带土块移栽。盆栽试验选用口径 10 cm,高 8 cm 的塑料盆装灭菌土 250 g,每盆一株,接种高固氮酶活性固氮芽孢杆菌培养液,以接种等量固氮菌培养基为空白对照,3 次重复,在智能光照培养箱内培养,根据植株长势选育高效菌株。

经过富集培养、分离、纯化、固氮酶活性测定和实验室盆栽试验,筛选若干株固氮酶活性相对较高、实验室小白菜盆栽试验效果较好的固氮芽孢杆菌,菌株编号,并进行进一步的菌种鉴定工作,作为生产的备选菌株。

任务 2.1.2　菌种检测

【相关知识】

自然筛选的功能菌株在实际应用前要进行菌种鉴定。农业部颁布了农业行业标准 NT/T 1736—2009《微生物肥料菌种鉴定技术规范》,规定了微生物肥料使用菌种的鉴定原则、程序和方法,提供了菌种培养与形态观察常用的培养基配方,明确了常见菌种类群的菌体形态特征及生理生化特征测定的主要内容,并且推荐了序列测定的扩增引物,从而为微生物肥料的研发、生产和质检提供了菌种鉴定的科学依据,已成为实际工作中必须遵守的技术规范。

同时根据农业部颁布的国家农业行业标准 NT411—2000《固氮菌肥料》中对固氮菌种的技术要求,用于固氮菌肥生产的菌种必须进行菌种染色鉴别和菌种固氮效能测定。对菌种的技术要求如下:在含有一种有机碳源的无氮培养基中能固定分子氮,并具有固氮效能。菌体一般为短杆状(固氮菌属菌体呈螺旋状),革兰氏染色阴性。

标准中规定的生产固氮菌种主要有:①自生固氮菌中的固氮菌属(*Azotobacter*)、氮单胞菌属(*Azomonas*)的菌种,也可用茎根瘤菌(*Azorhizobium caulinodans*)和固氮芽孢杆菌(*Paenibacillus azofixans*)菌株;②根际联合固氮菌中的固氮螺旋菌(*Azospirillum*)、阴沟肠杆菌(*Enterobacter cloacae*)经鉴定为非致病的菌株、粪产碱菌(*Alcaligenes faecalis*)经鉴定为非致病的菌株、肺炎克氏杆菌(*Klebsiella pneumoniae*)经鉴定为非致病的菌株。当使用标准规定之外的菌种生产固氮菌肥时,菌种必须经过鉴定。接下来我们以筛选的生产待测菌株-固氮芽孢杆菌 GD062 为例,进行菌种检测。

【任务实施】

一、菌种的形态特征鉴定

1. 菌落培养特征

将待测菌种接种于阿须贝无氮培养基平板上,28℃培养 24～36 h,观察菌落的大小、形状、质地、边缘、颜色、光泽、透明度等性状。

固氮芽孢杆菌 GD062 在阿须贝无氮培养基平板上形成灰白色至乳白色、圆形、不透明、凸起菌落,易挑起,表面光滑湿润有光泽,边缘整齐。

2. 菌体形态特征

挑取阿须贝无氮培养基上 28℃培养 24～36 h 的培养物,进行革兰氏染色和芽孢染色,观察菌体形状、大小、革兰氏反应,观察芽孢的有无、形态和着生位置等。

固氮芽孢杆菌 GD062 菌体杆状,大小为(0.75～1.0)μm×(2.5～7.5)μm,芽孢居中或偏端生,芽孢囊膨大,革兰氏染色阳性(图 2-5)。

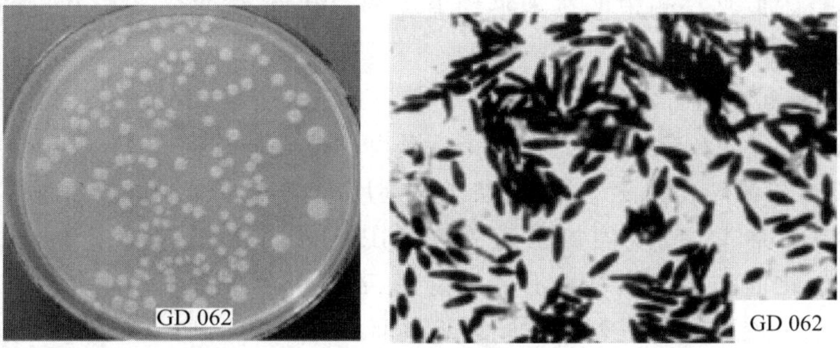

图 2-5 固氮芽孢杆菌菌落(左)与菌体形态(右)

将待测菌种与标准菌种对照,根据单菌落的培养特征和革兰氏染色后菌体形态特征的观察结果,如果待测菌种与标准菌种要求的各项指标一致,则可进行下一步固氮效能的测定。

二、菌种固氮效能测定

固氮菌每消耗 1 g 碳水化合物(糖)从空气中摄取氮素的毫克数,固氮效能用 mg 氮/g 糖表示。

1. 发酵菌液的制备

在 500 mL 三角瓶中加入 100 mL 无氮培养基(含糖 1%即 1 g),121℃灭菌 30 min。无菌操作,每瓶接入两环待测菌种(或 1 mL 培养 3 d 的培养液),放置摇床上振荡 120 r/min,30℃培养 5～7 d 后,取出定糖测氮。

2. 蒽酮光电比色法定糖

蒽酮光电比色法定糖的原理是糖类遇硫酸即脱水成为醛类，再变成呋喃衍生物，后者与蒽酮缩合，生成蓝绿色化合物。于 580～650 nm 处进行比色测定（蒽酮可与单糖、双糖、淀粉、糊精等反应），该方法适合于含糖量 0.003%以上的样品。

(1)试样处理　取发酵培养的菌液 1.00～4.00 mL（取决于含糖量），稀释至 100.00 mL，取此稀释液 1.00 mL 于比色管中，加水至 2.00 mL，每管加入蒽酮试剂 4.00 mL，摇匀，水浴加热 15 min，使之充分显色，冷却后，于 580～650 nm 处进行比色测定，记录吸光度，同时进行空白试验。

(2)标准曲线绘制　吸取葡萄糖标准溶液 1.00、2.00、4.00、6.00、8.00、10.00、20.00 mL 于 100 mL 容量瓶中，加水至刻度，该液分别含糖 10、20、40、60、80、100、200 μg/mL。吸取 1.00 mL 放入比色管中，加水至 2.00 mL，按(1)方法测定，记录吸光度。用标准系列的含糖量定义横坐标，吸光度为纵坐标，绘制标准曲线。

(3)分析结果计算　100 mL 溶液中的含糖量(X)按下面公式计算：

$$X=(m_1-m_2)\times\frac{100}{m}\times100\times10^{-6}$$

式中：m_1——标准曲线上查出的试验含糖量，μg/mL；

m_2——标准曲线上查出的空白试验的含糖量，μg/mL；

m ——吸取发酵溶液体积，mL。

(4)允许差　①取平行测定的算术平均值为测定结果；②平行测定结果的允许差不大于 0.005 g/100 mL。

3. 固氮菌液全氮比色测定法测氮

固氮菌液全氮比色测定法的测定原理是在硫酸铜或硫酸钾存在下，浓硫酸中加入菌液，并加热使试样全部有机氮转化为氨态氮，与奈氏试剂反应，于波长 420 nm 处进行比色测定。

(1)试样制备和测试　吸取固氮菌液 1.00 mL 于 30 mL 消化管中，加硫酸(GB/T625) 3 mL，加 0.1 g 催化剂和 5 滴双氧水消煮至清亮，若反应液久煮不清，可冷却后加 1～2 滴双氧水，继续煮至无色透明，取下冷却。加少许蒸馏水，摇匀，滴加 40%氢氧化钠至出现氢氧化铜沉淀(11～12 mL)，加 50%(m/V)酒石酸钾钠 20 滴，以去除氢氧化物沉淀掩蔽钙镁，将试管液全部转移至 100 mL 容量瓶中，消化管洗涤液一并倒入容量瓶，稀释至刻度，摇匀，过滤。滤液 10.00 mL 于比色管中，加 2 mol/L 氢氧化钠 1.00 mL，加 50%(m/V)酒石酸钾钠 1.00 mL，加奈氏试剂 3 mL，摇匀，显色 2～3 min 后，即倒入比色杯中，于 420 nm 处比色计测定，读取吸光度。

催化剂：100.0 g 硫酸钾与 10.0 g 硫酸铜共同研磨均匀，储于广口瓶中。

奈氏试剂：7.1 g 碘化钾，10 g 碘化汞溶于少量水中，另配 16 g 氢氧化钠溶于 70 mL 水中，冷却后将前一溶液缓缓倒入氢氧化钠溶液中，边加边搅拌，最后用水稀释至 100 mL，静置过夜，取上清液储于棕色瓶中。

(2)标准曲线的绘制　准确称取在(105±5)℃烘 1 h 直至恒重的优级纯试剂硫酸铵 0.471 6 g，溶于水，稀释至 100 mL，该液含氮 1 mg/mL，取此液 0.05、0.10、0.25、0.50、1.00、2.00 mL 放入 100 mL 容量瓶，用水稀释至刻度，其含氮分别为 0.50、1.00、2.50、5.00、10.00、20.00 μg/mL，取标准液各 1 mL 放入比色管中，加水至 2 mL，按(1)方法测定，记录吸光度。

用标准液的氮含量为横坐标，相应的吸光度为纵坐标，绘制工作曲线。

(3)分析结果的计算　氮(X)含量以 g/100 mL 表示，按下面公式计算：

$$X=(m_1-m_2)\times\frac{100}{m}\times100\times10^{-6}$$

式中：m_1——标准曲线上查出的试验含氮量，μg/mL；

m_2——标准曲线上查出的空白试验的含氮量，μg/mL；

m——吸取发酵溶液体积，mL。

(4)允许差　①取平行测定的算术平均值为测定结果；②平行测定结果的允许差不大于0.005 g。

根据上述测定结果计算出待测菌株的固氮效能，即每消耗 1 g 碳水化合物(糖)从空气中摄取氮素的毫克数，数值越大固氮效能越高，与标准菌种对照评价待测菌株的固氮效能。

通过对待测菌株染色鉴别和菌种固氮效能测定，与标准菌种对比进行综合评价，符合菌种技术要求的菌株，经过进一步生产性能等测试即可作为生产菌种。

任务 2.2　生产工艺

【任务要求】

通过本次任务的学习，能够用所学知识进行固氮菌肥的生产及对生产过程中相关指标进行检测分析。

【相关知识】

一、固氮菌肥料的定义和分类

根据 NT411—2000《固氮菌肥料》标准中的定义，固氮菌肥料是指含有益的固氮菌、能在土壤和多种作物根际中固定空气中的氮气，提供作物氮素营养，又能分泌激素刺激作物生长的活体制品，包括以固氮菌为主的含有能促进固氮、生长的植物促生根际细菌 PGPR 的复合固氮菌肥料。即由自生固氮菌和根际联合固氮菌生产出来的固氮菌肥料。

固氮菌肥料的产品按菌种及特性分为自生固氮菌肥料、根际联合固氮菌肥料和复合固氮菌肥料；按剂型不同可分为液体固氮菌肥料、固体固氮菌肥料和冻干固氮菌肥料。

二、固氮菌肥料生产的研究现状

自 20 世纪 50 年代，我国已经开始对固氮菌肥料的生产应用研究。在 50 年代，研究人员进行了在土壤中添加糖、秸秆、动物粪便等有机物料与填充料来生产固氮菌菌砖肥料的固态发酵研究；70 年代开始摇瓶液体菌种接种土壤等有机物料混合物生产固氮菌肥的固液混合发酵研究；同期中国农科院土肥所也进行了固氮菌大罐生产工艺的液体深层发酵研究。

生物技术的不断发展，促进了传统有机肥制备技术与现代生物技术的有机结合。目前，固氮菌肥的生产主要是以液体深层发酵为主，并由单一菌肥向复合菌肥发展，生产原料的来源也更加广泛和多样化，从土壤、秸秆、动物粪便等拓展到麦麸、米糠、玉米粉、食用菌菌糠、厨房垃圾等工农业废料。下面来阐述固氮菌肥料生产工艺(图 2-6)。

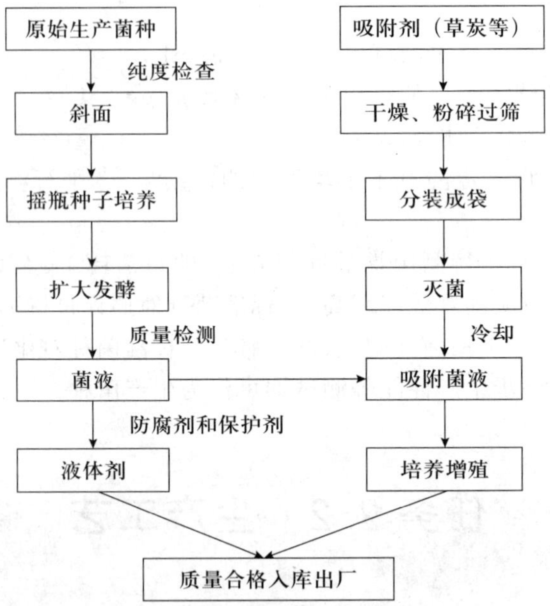

图 2-6　固氮菌肥生产工艺流程

【任务实施】

一、菌种活化

选取固氮效果好、抗逆性强的固氮菌菌种，接种于活化斜面培养基上，28～30℃培养 2～3 d。

活化斜面培养基参考配方：

配方 1：蛋白胨 10 g、酵母膏 5 g、NaCl 10 g、琼脂 20 g、蒸馏水 1 000 mL，pH 7.0～7.5。

配方 2：甘露醇 10 g、KH_2PO_4 0.2 g、$MgSO_4 \cdot 7H_2O$ 0.5 g、NaCl 0.2 g、$CaSO_4 \cdot 2H_2O$ 0.2 g、$CaCO_3$ 5.0 g、琼脂 20 g、蒸馏水 1 000 mL，pH 7.0。

二、摇瓶种子培养

500 mL 三角瓶装培养液 100 mL，121℃灭菌 30 min，冷却后接入 2 环斜面菌种，28～30℃振荡培养，摇床转速 200 r/min，培养时间 2～3 d。

摇瓶种子培养基参考配方：

配方 1：糖浆 10 g、酵母膏 5 g、CMC-Na 5 g、KH_2PO_4 0.5 g、$MgSO_4$ 0.25 g、蒸馏水 1 000 mL，pH 7.0～7.5。

配方 2：玉米水解液 100 mL，蔗糖 30 g，蚕蛹粉 5 g，卵磷脂 0.5 g，KH_2PO_4 3 g、$CaCO_3$ 5.0 g，$MgSO_4$ 0.5 g，$FeSO_4 \cdot 7H_2O$ 0.01 g，$MnSO_4$ 0.01 g，复合维生素 0.01 g、蒸馏水

1 000 mL，pH 7.0～7.5（1 ppm＝1 mg/kg）。

三、扩大发酵

400 L 发酵罐装入发酵培养基（与种子培养基保持一致）280 L，121℃灭菌 30 min，室温下冷却，取样经无菌检测无杂菌污染后，接入 10％种子培养液，28～30℃培养，搅拌速度 250～270 r/min，罐压 0.05～0.06 MPa 通风比 1：（0.5～0.8），培养时间 4～5 d。取样，当发酵液的 OD＞0.9、pH＞7，镜检活菌数大于 10^8 个/mL 即可放罐。

四、吸附剂的处理

将吸附剂干燥、粉碎，过 60～80 目筛，分装 500 g/袋，121℃灭菌 2～3 h，冷却备用。吸附剂可选用草炭、活性炭、蛭石、菌糠等或它们的混合物。

五、菌肥接种和培养

用已灭菌的量器量取 100 mL 菌悬液接种到 400～600 g 灭菌的吸附剂中，在无菌操作下装入塑料包装袋中立即封口，并将菌悬液与吸附剂混匀，再用灭菌针在塑料袋的四周及中间扎几个孔，28～30℃培养 6～7 d，使固氮菌进一步繁殖，达到活菌数均在 10^8 个/g，包装后常温保存，即为固氮菌肥产品。

上述生产工艺中扩大发酵结束后，在发酵液中加入防腐剂和保护剂，调整 pH 至 7.0～7.5，符合相关产品要求，封装产品即可获得液体固氮菌肥料。将液体固氮菌肥料按照冻干粉剂技术常规操作即可获得冻干固氮菌肥料。

任务 2.3 应用技术及效果

【任务要求】

通过本次任务的学习，能根据实际应用情况，科学地选择固氮菌肥，并正确地使用固氮菌肥。

【相关知识】

21 世纪 30 年代我国人口将达到 16 亿，年需粮食（按人均 400 kg 计算）6.4 亿 t，每收获 1 t 粮食约投入 100 kg 尿素，总计需尿素 6 400 万 t。为了满足 2030 年对氮肥的需要，至少还要新建年产 30 万 t 尿素厂 300 座。这不仅投资巨大（约千亿元），而且消耗不可再生的化石能源，造成大气污染。此外，大量施用化肥，提高了农业生产成本，会导致水体严重污染，破坏生态平衡，阻碍农业可持续发展。

从 1862 年发现生物固氮现象至今，人们对于生物固氮作用的研究已有一百多年的历史。据统计，每年通过生物固氮作用获得的氮素总量高达 1.75 亿 t，是工业氮肥生产总量的 4.37 倍。生物固氮生产成本低、利用效率高、生态环保，在自然界的氮素循环中发挥着积极作用。

可见，生物固氮是规模最大的天然氮肥制造厂，是为农业提供氮肥的高效途径之一，倍受世人的关注，已成为全世界研究者调查研究的重要课题。随着社会经济和科学技术的深入发展，生物固氮研究已日新月异，其研究深度已从基因、酶、细胞和生态系水平上逐步展开，并有了较大进展，现从以下几个方面对固氮菌肥料的应用研究进行阐述。

一、固氮菌肥的应用效果

利用固氮微生物的固氮作用可制作菌肥，即利用微生物的生命活动，将土壤中一些作物不能利用的物质，转化为可被吸收利用的营养物质，从而改善作物的营养条件，提高产量。研究发现，在自生固氮、联合固氮和共生固氮三种固氮体系中，共生固氮效果最高，约占生物固氮总量的一半，其效率比自生固氮体系高数十倍，但共生固氮的固氮作用受作物的限制因素较多。因此，自生固氮菌和联合固氮菌自发现和分离以来就受到科学家的重视，有不少种类已被用作固氮菌肥料的应用研究。

(一)在农作物上的应用效果

目前已经有越来越多的研究表明固氮微生物能提高农作物的产量和品质，改良土壤物理性状的，提高土壤养分含量。据中国农业科学院1993—1994年向全国各省、市、自治区所作的调查结果表明，小麦、水稻、玉米使用相应的根际联合固氮菌剂可增产10%左右。

1. 小麦

在小麦方面，1988年，Boddey等的试验表明：巴西固氮螺菌在小麦上的固氮量占植株吸收总氮量的12.6%～38.0%。在英国小麦连续种植试验中，1843—1967年进行了氮素平衡研究，结果表明，土壤中每年增加氮34 kg/hm^2。分析美国俄勒冈小麦土柱上所得结果是每天固氮2 g/hm^2。在巴西里约热内卢小麦土柱分析表明固氮酶的活性很高，每天固氮为38～506 g/hm^2。

2003年，王志等人的固氮、解磷、解钾细菌制剂对小麦的肥效试验报告表明：室内试验，氮、磷、钾单菌制剂及混合菌剂施于土壤后作用均较明显。使用单菌制剂土壤中速效氮由40.4 mg/kg增加到55.6 mg/kg，增加15.2 mg/kg。使用混合菌剂，土壤中速效氮由40.4 mg/kg增加到55.9 mg/kg，增加15.5 mg/kg。田间试验表明：小麦株高、根长、叶片数都有增加，干重有较明显增加，株高、根茎粗和穗长均有促进，穗数和穗粒数都有增加，产量均有所增加。

2. 水稻

在水稻方面，国家“863”计划课题组采用生物技术方法构建基因工程固氮菌株，并将通过鉴定的三株耐铵工程菌：粪产碱菌(*Alcaligenenes faecalis*)A1523、阴沟肠杆菌(*Enterobacter cloacae*)E2613、催娩克氏杆菌(*Klebsiella oxytoca*)NG1390，在全国南北方12个省、市、自治区进行试验、推广应用，面积达3.2×10^5 hm^2。各地资料汇总分析表明水稻以0.3～0.75 kg/hm^2菌剂浸种均有不同程度的增产效果，增产幅度为5.1%～7.4%。

2002年，丘明祺等研究催娩克氏菌的不同菌株(耐氨固氮型、野生型、不固氮型)对盆栽水稻秧苗生长的影响，发现耐氨固氮菌可分泌某种植物生长促进物质。此类物质可被阳离子树脂吸附，在80℃下活性不受影响。在适宜浓度下，可使水稻秧苗的根重和苗重增加30%。

2004年，郑淑萍等采用浸种和蘸根的方法研究对水稻生长促进作用，表明可以明显提高秧苗素质，经联合固氮菌肥浸种后，水稻移栽期秧苗苗高平均比不浸种的对照高3.4 cm，出叶速度快0.69叶，茎基部粗增0.1～0.2 cm，单株白根数多0.4条，单株带蘖数多0.32个。同时有利于提高水稻大田分蘖的质量。对土壤结构影响表明可以使土壤容重下降，总孔隙度和毛管孔隙度增加，改善了土壤的理化性质。

2006 年，林代炎等通过对水稻盆栽试验，应用示踪测试技术和土壤农业化学分析方法，研究接种不同剂量固氮芽孢菌对当季水稻的供氮能力，结果表明：在施有机肥的基础上，接种固氮芽孢杆菌能为当季水稻提供氮素，而且，接菌剂量 0.60 亿个/pot 以内，其供氮能力随着接菌剂量的增加而提高。接种剂量从 0.15 亿个/pot 增加到 0.60 亿个/pot，其对当季初的氮素供应从 88.7 mg/pot 提高至 109.7 mg/pot，并减少水稻对肥料氮和土壤氮的吸收，增加茬后土壤的速效氮积累。接种量以 0.15 亿～0.30 亿个/pot 较经济合算。但在一定的施肥基础上，接种固氮菌对水稻的产生量和吸收氮素总量影响不明显。

2008 年，赵记军等采用盆栽和田间小区试验，探讨了水稻接种内生固氮菌对其生长发育的影响，结果表明：水稻接种内生固氮菌后表现出固氮特性，促进了水稻的分蘖，提高了水稻产量，且与常规栽培处理相比，水稻接种内生固氮菌后根系活力较强。

3. 玉米

在玉米方面，湖北省微生物研究所生物固氮组从武汉市和南宁市玉米根系上分离出一批具有固氮酶活性的菌株，并对其进行了鉴定和特性的研究其为含脂刚螺菌。经盆栽，回接试验证实，其固氮酶活性可达 600～1 100 nmol C_2H_4/(g 干根·h)，如不加诱导则测不出酶活性。

张宏等对玉米根部的固氮活力和固氮部位进行了研究，认为其固氮活力 600～1 100 nmol C_2H_4/(g 干重·h)，固氮部位在根系的各部。

隋文志等研究玉米品种和氮肥对耐铵型玉米联合固氮工程菌(E-7)接种效应表明，接种 E-7 能刺激玉米分根使根系数增加。

施振云等通过联合固氮菌剂 2 年田间试验及年示范推广表明，在玉米播种时，1 hm^2 播 52.5 kg 玉米种子用 750 mL 联合固氮菌剂兑水 5.25 kg 后进行拌种的方法，能够明显提高玉米苗期素质，改善玉米的经济性状，增产效果显著，增产率可达 7.5%。

(二)在蔬菜上的应用

土壤水分和有机质含量是联合固氮菌剂增产效果的制约因素。在富含有机质的湿润土壤中，使用联合固氮菌剂拌种，能够取得显著的增产效果。2001 年，陈子聪等从福建省的不同土壤中，分离到 14 株能在无氮培养基上生长良好的细菌，经固氮酶活性测定，得到 1 株固氮酶活性高、抗逆性强的固氮芽孢杆菌 N117。利用该菌剂进行蔬菜盆栽试验，结果上海青、包菜、结球莴苣的产量分别比清水对照增产 40.3%、43.0%和 55.2%，同时土壤的理化性状较盆栽前有一定的改善。

2002 年，邹准等曾选择了 3 株分别具有固氮、溶磷和解钾功能的芽孢杆菌生产菌肥。试验表明，无论是单一菌肥还是复合菌肥的保存期都能达到标准的要求；单一菌单独处理的土壤全氮、有效磷、速效钾分别增加 4.2%、21.3%和 8.2%，混合菌处理则增加 6.6%、32.2%和 10.3%，混合菌的处理效果优于单一菌。接种实验表明 3 种菌共同接种于根际，能促进菜豆后期根的形成和增加结瘤的数目。

2007 年，李金岚研究不同氮水平下固氮菌剂对油菜影响，结果显示：在加入尿素为 2 g/kg 时，固氮菌剂对土壤和植物中氮素的积累和吸收表现出一定的促进作用，从而促进了土壤中有机质、速效氮和植物中全氮含量的增加，同时也减少了油菜中硝酸盐的含量。

2008 年，张燕春从不同环境土壤筛选得到两株固氮芽孢杆菌，接种小白菜盆栽试验发现可以提高小白菜植株氮磷含量，同时土壤全氮、有效磷、有效钾含量有所提高，说明固氮菌能活化土壤养分，同时分析土壤细菌群落增加。

二、固氮菌肥对植物的促进作用

1. 为植物提供氮素

有些固氮菌将固定的氮素直接提供给植物吸收同化，有些则将固定的氮素提供给宿主吸收利用，其中部分被细菌转化为细胞氮。由于细菌的生命周期比植物短得多，细菌死亡崩解后释放的有机氮也能逐步为植物根系吸收。

2. 产生植物生长调节物质

有些自生固氮菌和联合固氮菌可以产生植物调节物质，如生长素、赤霉素、细胞分裂素等，这些植物生长调节物质影响宿主根的呼吸速率和代谢，并刺激侧根生长，使根毛数目增多，根系发达，从而在不同的环境和土壤条件下促进植物的生长，尤其是幼苗期的生长。

3. 提高对矿物质的吸收

固氮菌能影响根表面膜的活性，加强宿主植物根系的新陈代谢，从而促进植物根系对营养物质的吸收，提高根际矿质元素有效性。

4. 促进植物内根际的生理变化

主要可以促进植物内根际多元酚的分泌，促使根部氧化酶活性降低、还原酶活性提高，多元酚的功能与植物色素形成、细胞壁构建、紫外线杀害的保护和真菌侵染的防御有关；氧化酶活性降低可能是造成内源激素和多酚水平提高的原因。同时还可以促进植物内根际 ATP 含量增加从而增强植物活性。

5. 抑制不同病原菌引起的植物病害

一方面是由于内生固氮菌定殖在植物体内占据了植物上的生态位点，使病原菌由于生存空间的限制而难以入侵和定殖，这些细菌还可以与病原菌形成营养竞争关系，使病原菌得不到营养而死亡；另一方面是由于有些联合固氮菌能够分泌氧肟酸类或邻苯二酚等高铁载体，可以抑制土壤病原微生物的生长与繁殖，增强植物抗逆性。杨海莲等研究发现阴沟肠杆菌对水稻稻瘟病、纹枯病、白叶枯病都有一定的抑制作用。

三、固氮菌肥的应用技术

固氮菌肥作为微生物肥料，无论是与化肥还是有机肥相比，根本区别在于其发挥功效的核心是活体微生物，其功效是通过功能菌的生命活动即物质代谢来发挥的，而不再是依赖化学成分。微生物肥料中含有大量的活体有效菌，其肥效通常与活体微生物的群落、数量以及所处的环境条件（包括温度、水分、酸碱度、营养条件及与土著微生物之间的作用等）密切相关。因此，微生物肥料在实际应用过程中，呈现了不同于传统肥料的特点。在应用中须注意的问题有：

1. 科学选择

科学选用产品是充分发挥功能菌肥效的前提。首先要清楚固氮菌肥的主要功能菌是什么，主要功效如何，适用哪些植物，这样方能有针对性地进行选择。我们知道固氮菌肥的功能菌主要是自生固氮菌和联合固氮菌。它们除了固氮的主要肥效外，有一些还含有促进植物生长、提高作物抗病性等功效。适用的作物多为禾本科，也有用于叶菜类蔬菜，有小麦、玉米和水稻专用，也有不强调作物种类的。具体如何选择还要根据实际应用的具体需求而定。

2. 产品质量

(1)要获得国家肥料登记　根据国家规定，微生物肥料必须经农业农村部指定单位检验和正规田间实验，充分证明其有效、无毒、无害后，由农业农村部批准登记，先发临时登记证，经3年实际应用检验后，再发给正式登记证。正式登记证有效期只有5年。因此，没有获得农业农村部登记证的微生物肥料，质量没有保障，可能存在问题，不可大面积应用。

(2)有效活菌数要达标　NT411—2000《固氮菌肥料》标准中对固氮菌肥料的有效活菌数提出了明确要求。首先，要查清产品包装标识上的有效菌种名称、有效活菌数的含量，看与登记证书上规定的是否一致。同时，对符合要求的产品，应分别根据其有效活菌技术指标的要求选用，而且与按产品标注技术指标折算的有效活菌数量相比应该有40%的富余。

标准中规定的生产常用固氮菌种有自生固氮菌中的固氮菌属、氮单胞菌属的菌种，也可用茎根瘤菌和固氮芽孢杆菌菌株；根际联合固氮菌中的固氮螺旋菌、阴沟肠杆菌经鉴定为非致病的菌株、粪产碱菌经鉴定为非致病的菌株、肺炎克氏杆菌经鉴定为非致病的菌株。

标准中对有效活菌数的规定为液体固氮菌剂不少于 5.0×10^{8} 个/mL，固体固氮菌剂不少于 1.0×10^{8} 个/g，冻干固氮菌剂不少于 5.0×10^{8} 个/g。

(3)使用保质期内的产品　有效活菌数量随保存时间、保存条件的变化逐步减少。目前，受技术水平的限制，我国微生物肥料有效存活期超过1年的不多，最好选购当年的产品。并且最好随买随用，过期产品难以保证肥效。

(4)正确储存运输　在适宜范围内，为保证微生物正常存活，产品应储存在阴凉干燥的场所。储存环境温度以15～28℃为宜；避免阳光直射和雨淋，防止紫外线杀死肥料中的有效菌。在储运时要注意环境条件的控制。当水分含量过高时，容易滋生霉菌，继而造成芽孢萌发失活；当温度过高时，产品中的微生物数量急剧减少，继而失去活性；产品冻融或反复冻融也容易造成产品中活菌数量锐减。

【任务实施】

一、固氮菌肥的施用条件

1. 有机质含量

一般在富含有机质的肥沃土镶中，施用固氮菌肥料起着良好的增产效果，而在肥力差的土壤上就没有增产效果。

2. 水分

土壤水分状况对固氮菌的活动影响很大。在褐色土耕作地土壤中，土壤水分含量相当田间持水量30%～40%时，固氮菌对小麦没有增产效果，当土壤水分保持田间持水量的60%～70%时，固氮菌的活动大大加强。

3. 通气

土壤的通气状况也是固氮菌活动的重要条件。固氮菌是好气性的，常在湿润的土壤表层发育良好。而若土壤通气不良，固氮菌生长不良，如氧气太多，使得氧化势太高，固氮菌则也生长不好。

4. 温度

固氮菌属于中温性类型，在25～30℃生长最好。

5. pH

固氮菌对于酸性反应敏感，适宜于弱酸性、中性或弱碱性。

6. 渗透压

固氮菌对渗透压也很敏感。过高的盐分浓度(超过 0.35%)会抑制它的生长发育。但适量的氯化钠存在则对固氮菌有促进作用。

7. 其他矿质元素

固氮菌对磷、钾、钙等养分要求比较多，特别是磷素，如果土壤中磷素太少，固氮菌就发育不好。钼和硼是固氮菌必需的微量元素，钼能够显著地增加固氮菌的固氮活性。

二、使用剂量

在使用中使用剂量必须遵照国家标准，固体菌剂每亩地用量多为 250～1 000 g，液体菌剂每亩 100～200 mL，冻干菌剂每亩用 500 亿～1 000 亿活菌。

三、施用方式

施用的基本原则有三个：①有利于有效微生物生长、繁殖及其功效发挥；②有利于有效微生物与农作物亲和；③有利于有效微生物与土壤环境相适应。

固氮菌肥多用于为拌种、浸种和蘸根，也可作基肥和追肥。

1. 拌种

播种前将种子用清水或小米汤喷湿，拌入固态菌剂充分混匀，使所有种子外覆有一层固态固氮菌剂时便可播种。

2. 浸种

将菌剂浸泡 1～2 h 后，用浸出液浸种。

3. 蘸根

将菌剂稀释 10～20 倍，幼苗移栽前把根部(穴盘)浸入稀释液中蘸湿后立即取出即可。

4. 基施

与有机肥配合沟施或穴施，施后立即覆土。

5. 追施

把菌肥用水调成糊状，施于作物根部，施后覆土。

四、使用禁忌

固氮菌肥在使用时要注意以下禁忌：

(1)尽量避免在高温干燥条件下使用，以防芽孢萌发后因缺水失活。

(2)避免表施(一般深施 7～10 cm)，以免受强烈阳光照射，抑制有效菌繁殖生长，难以充分发挥肥效。

(3)作种肥时施于种子正下方 2～3 cm 处。

(4)避免与高浓度化肥混施，特别是与强酸、强碱肥料混施，因为高浓度养分、强酸或强碱会抑制有效菌繁殖生长，甚至杀死有效菌，同时速效养分会掩盖微生物肥效。

(5)避免与未腐熟的农家肥混用，以防腐熟高温降低有效菌活性。

(6)避免混合使用或伴随使用杀菌剂、杀虫剂、拌种剂，避免用拌过杀虫剂、杀菌剂的容器装微生物肥料，防止抑菌物质影响肥效。

【知识拓展】

针对目前固氮菌研究中存在的问题，目前关于固氮菌的发展主要集中在以下几个方面：

1. 改进现有固氮微生物的固氮效率

改变固氮酶作用中的放氢耗能反应。由于固氮作用要消耗一定的能量，即消耗了植物光合作用的产物。因此可以设想，应用基因工程手段，组建菌株，使释放的能量再用于固氮酶的固氮作用。

2. 构建新的固氮微生物

原核生物间的遗传性能转移是比较容易的。应用质粒转移培育高效固氮的根际细菌群，开辟根际细菌转入固氮质粒的研究。

3. 建立新的共生固氮体系

共生固氮体系是生物界中最有效的固氮组合。固氮作用所需要的能量来自宿主植物的光合作用。固氮产物直接为宿主的氮素营养，共生的两方面相互有利，相互支持。但是，对农、林业生产有价值的共生固氮体系，在自然界中仅限于少数微生物与有限的豆科植物共生。研究扩大根瘤菌的共生范围，使能在其他植物上结瘤固氮，或将固氮基因导入高等植物细胞，创建能固氮的高等植物、自给氮素营养的植物类型是非常有意义的。

由于 Frankia 菌具有对宿主的侵染范围宽、固氮活性比较强和对氨气不敏感等特性，在生物固氮研究中对 Frankia 菌的研究将更为重要，有可能由此会找到新的突破口。在 Frankia 菌与农作物之间建立起新的共生固氮体系将具有更大的可能性。

4. 加强固氮菌细胞工程研究

从目前的研究现状来看，试图通过基因工程将固氮基因从豆科植物转移到非豆科农作物中难度比较大，在短期内很难实现，而采用细胞工程方法将根瘤菌导入非宿主农作物细胞内则切实可行。

随着生物科学的快速发展和对环境保护的日益重视，固氮菌必将引起更多的关注与研究，固氮微生物在农业发展、环境保护、工业生产等方面的应用将更加深入地展开。21 世纪是生命科学和生物技术的世纪，生物固氮的研究将会给人类带来巨大的影响，使人们生活更加美好。

【思考与练习】

1. 什么是生物固氮？
2. 固氮酶固氮的条件有什么？
3. 固氮菌的种类有哪些？各自的特点是什么？
4. 固氮菌的菌种检测包括哪些内容？
5. 简述固氮菌肥的生产流程。
6. 固氮菌肥的施用方式有哪些？

【参考文献】

[1]张胜男．颗粒微生物肥料的研制及其促生机理研究[D]．呼和浩特：内蒙古农业大学，2017.

[2]薛振文．菌根复合菌剂的研制及其效应试验[D]．呼和浩特：内蒙古农业大学，2008.

[3]秦宝军．高效固氮菌选育与土壤培肥研究[D]．咸阳：西北农林科技大学，2010.

[4]张春燕．高效固氮芽孢杆菌的选育及其效应研究[D]．福州：福建农林大学，2008.

[5]毛露甜，谢山麟玉，黄雁，等．固氮菌肥在几种蔬菜上的肥效试验[J]．惠州学院学报，2014，34(6)：23-27.

[6]王连林，张志成，商立军，等．新型微生物功能菌剂的筛选与功能菌肥的研制[J]．化肥工业，2019，46(3)：6-9.

[7]袁田，熊格生，刘志，等．微生物肥料的研究进展[J]．湖南农业科学，2009，(7)：44-47.

[8]高亮，谭德星，谭爱明．微生物肥料中的菌种检测及其质量控制[J]．科技经济与资源环境学，2017，(23)：126-127.

[9]袁豹．多种解磷、解钾、固氮菌混合发酵制备菌糠菌肥的研究[D]．天津：天津大学，2014.06.

项目3

根瘤菌

【知识目标】

1. 了解根瘤菌的应用意义，理解根瘤菌的概念和共生固氮过程，掌握根瘤菌的生物学特性。

2. 了解根瘤菌选育的主要方法，掌握根瘤菌自然选育的方法和菌种检测要点。

3. 了解根瘤菌肥料的高密度菌剂制备要素，掌握大豆根瘤菌复合颗粒肥的工艺流程。

4. 理解影响根瘤菌肥应用效果的因素，掌握根瘤菌肥的应用技术。

【技能目标】

1. 学会根瘤菌的自然选育，能根据国家标准要求对根瘤菌进行菌种检测。

2. 学会根瘤菌复合颗粒肥的生产。

3. 能正确使用根瘤菌肥，并能根据产品缺陷判断原因，并提出解决方案。

【德育目标】

1. 通过农业古籍《齐民要术》中根瘤菌应用悠久历史的学习，对学生进行爱国主义教育。

2. 通过对根瘤菌应用效果和前景的学习，树立学生对绿色科技（微生物技术）支撑农业绿色发展的信心。

根瘤菌概述

早在一千多年前，我国农业古籍《齐民要术》中就有记载“豆生布叶，豆有膏，尽治之则伤膏，伤则不成”，其中“膏”即指根瘤。当时我国劳动人民就懂得通过种植大豆来提高土壤肥力，人们用豆科植物和其他非豆科植物轮作来提高农作物产量、改良土壤环境。直到 1886 年，H. Hellrigel 发现和证明了根瘤菌具有共生固氮作用，人们才明确地利用根瘤菌接种豆科植物来提高产量。波兰学者 Prazmoski 于 1889 年率先用根瘤菌接种豆科植物，并取得成功。

Hiltuer 和 Nobbe 于 1895 年成功申请了第一个豆科植物接种剂专利。

如今，世界各国积极进行根瘤菌接种剂的开发应用，主要集中在三方面：①基于对根瘤菌及其寄主的基因组的分子水平上的固氮机理研究；②对根瘤菌、寄主植物和环境三者之间的协同固氮效率及环境因子对豆科植物-根瘤菌共生体系固氮的影响研究；③对根瘤菌高效固氮、抗逆及促生能力菌株的筛选研究与应用的有益探索。在当今环境污染、资源短缺、生态环境破坏严重的形势下，开发根瘤菌这一绿色生态的生物氮肥，显得尤为重要。

一、根瘤菌的概念

根瘤菌是一类生活在土壤中的革兰氏阴性杆状细菌，在合适的条件下，根瘤菌能侵染豆科植物，并与之进行共生结瘤固氮。通常我们所说的根瘤菌是一个属于生态学范畴的概念，而非分类学单位(图 3-1)。

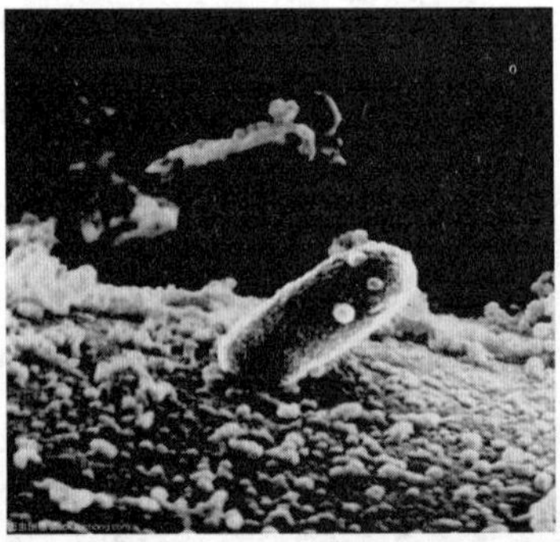

图 3-1　根瘤菌电镜照片

随着研究的深入，土壤及根际环境中的非共生根瘤菌在重金属修复、土壤污染物降解、植物促生作用、生物防治、纤维素降解等方面的功能相继被报道。相应地，新的根瘤菌类型也陆续被发现。随着新的根瘤菌资源的不断发现，人们对根瘤菌的认识也发生了很大的变化：根瘤菌分类体系从以互接种族为依据的传统分类逐步过渡到了以系统发育关系为依据的现代系统分类；根瘤菌所涉及的类群不仅仅限于 α-变形杆菌的几个传统的种属，而且扩展到了 β-变形杆菌的一些类群；根瘤菌广泛的存在于自然界，并非单纯存在于豆科根瘤中；nod 基因并非是与豆科植物结瘤所必需的基因等。

二、根瘤菌的分类

根瘤菌的分类同现代细菌分类一样，一般采用多相分类的方法。多相分类是从表型、遗传型和系统发育方面获得综合信息，多种方法互相论证，互为补充，从而更合理、更准确地确定细菌的分类地位，并能全面地反映细菌多样性信息。

截至目前，根瘤菌多数属于 α-和 β-变形菌纲以及 1 个属于 γ-变形菌纲的属，共计 17 个属，近 100 个种。它们分别是：α-变形菌纲中的 *Rhizobium*(根瘤菌属)、*Sinorhizobium*(中华根瘤菌属)、*Ensifer*(剑菌属)、*Shinella*(申氏杆菌属)、*Neorhizobium*(新根瘤菌属)、*Pararhizobium*(伴根瘤菌属)、*Mesorhizobium*(中慢生根瘤菌属)、*Bradyrhizobium*(慢生根瘤菌属)、*Phyllobacterium*(叶瘤杆菌属)、*Methylobacterium*(甲基杆菌属)、*Microvirga*(微枝形杆菌属)、*Ocrhobactrum*(苍白杆菌属)、*Azorhizobium*(固氮根瘤菌属)、*Devosia*(德沃斯氏菌属)，β-变形菌纲中的 *Burkholderia*(伯克氏菌属)、*Cupriavidus*(贪铜菌属，原青枯菌属)；γ-变形菌纲的 *Pseudomonas*(假单胞菌属)。

目前世界各地约有 748 属 19 700 种豆科植物，而我国约有 172 属 1 485 种豆科植物，但在 19 700 种豆科植物中，只有 23%的豆科植物经调查有结瘤能力。因此，有必要采用先进的方法研究不同地域的豆科植物，以此发现更多的根瘤菌新物种。

三、根瘤菌的生物学特性

根瘤菌，革兰阴性菌，无芽孢，有荚膜，有鞭毛，鞭毛周生或端生，能运动，细胞内含有折光性强的多聚β-羟基丁酸（PHB）颗粒贮藏物，使细胞染色不均匀，人工培养的根瘤细菌呈环节状，大小为（0.5～0.9）μm×（1.2～3.0）μm。由于其胞外生黏液，在YMA固体培养基上生长成无色透明水珠状菌落，或浅白色菌落（图3-2），在YMA液体培养基上呈淡白色菌液。在YMA培养基上快生型根瘤菌代时为2～4 h，慢生型根瘤菌为5～8 h。侵入宿主豆科植物在根瘤内后，初为杆状，随着根瘤发育，体积增大，形状有变为棒状的、T形的和Y形的等，此时的根瘤菌称为类菌体或假菌体。

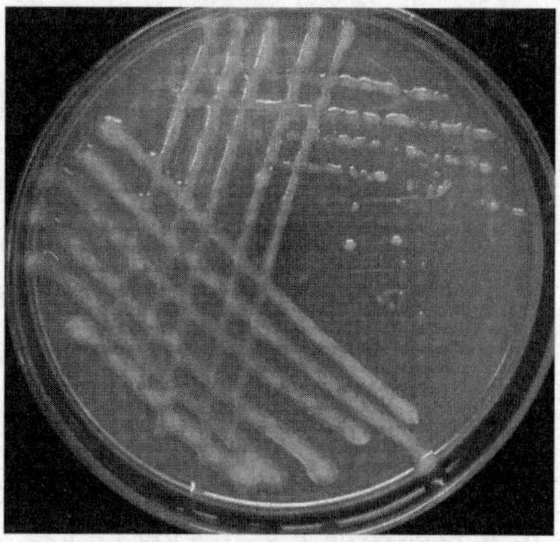

图3-2　根瘤菌的菌落

四、豆科植物与根瘤菌的共生固氮过程

豆科植物与根瘤菌共生固氮包括结瘤和固氮两大过程。在复杂的田间条件下的共生固氮是根瘤菌、宿主和环境三者复杂的相互识别、相互作用的结果。一般来说，复杂环境下的根瘤菌与豆科植物共生固氮过程分为4个阶段。

第一阶段，根瘤菌在土壤中的自生阶段。这一阶段从根瘤菌接种到土壤中开始直到根瘤菌在植物根部定殖为止，根瘤菌在根系定殖的数量取决于根瘤菌本身的竞争能力、对环境（有效氮、pH、盐碱性等）的适应能力和土壤中土著根瘤菌的数量。

第二阶段，根瘤菌在植物根表面的定殖。根瘤菌接收到植物类黄酮信号后，向植物根系做趋化性运动。是否定殖成功与根瘤菌的运动能力和植物的分泌物是否被根瘤菌识别有关。在实际应用中，根瘤菌往往不能有效识别豆科植物，且根瘤菌在土壤中的运动能力受土质、降水情况等的影响。

第三阶段，根瘤形成阶段。根瘤菌识别豆科植物分泌的类黄酮后，随即合成结瘤因子（Nod factors，NFs），宿主植物识别结瘤因子后，根毛弯曲，使根瘤菌进入根毛，形成侵入线，并最终释放到植物细胞中，形成根瘤。

第四阶段，根瘤菌从侵入线释放到宿主细胞后，演化成类菌体，细胞内合成固氮酶，并进行固氮。高效的根瘤菌能给宿主提供更多的氮。

任务3.1　菌种选育与检测

【任务要求】

通过本次任务的学习，能够明确根瘤菌筛选目标，根据所学知识能进行根瘤菌的自然选育，并根据国家相关标准对根瘤菌菌株的要求进行菌种检测和结果分析。

任务3.1.1 菌种选育

【相关知识】

一、根瘤菌菌种的选育方法

选育固氮效率高和抗逆能力强的根瘤菌菌株，对扩大根瘤菌的应用，提高根瘤菌的固氮效率以增加豆科植物产量具有重要意义。目前，根瘤菌高效菌株主要选育方法有以下几种：

(一)自然选育

自然选育是目前获得新菌种的一种最常用的方法，其实质是广泛搜集品种资源，积累和利用在自然条件下发生的有益变异菌株。

在发展根瘤菌剂生产过程中，各国都建立了高效根瘤菌菌株筛选的基本程序，即分离→蛭石初筛→土壤复筛→小区试验，或者区域分类→田间调查→分离→蛭石初筛→土壤复筛→小区试验，得到初步筛选到的高效菌株，然后要通过分子标记等技术来跟踪检验，最后再进行大田中试等实验验证才能大量进行工艺生产菌剂，投入市场使用。

自然界土壤中根瘤菌资源非常丰富，从中筛选出结瘤固氮效力高的根瘤菌，接种豆科作物就可以改善共生结瘤和固氮效率。但由于自然选育不能改变个体的基因型，而只是积累并利用自然条件下发生的有益变异。所以要使选择育种产生效果需要广泛收集不同地域、不同生态型的菌株，以便从大量菌株中去粗取精、弃劣留优，筛选到适合人们需要的菌株。这种方法虽工作量大、筛选程序复杂，但是可以有效选育出性能稳定的高产菌株，该方法在国内外应用广泛，仍然是目前筛选高效根瘤菌的基础方法。

(二)杂交育种

杂交育种是利用两个或多个遗传性状差异较大的菌株，通过有性杂交、准性杂交和遗传转化等方式，而导致其菌株间的基因重组，把亲代的优良性状集中在后代中的一种育种技术。通过杂交育种可以实现不同的遗传性状的菌株间杂交，使遗传物质进行交换和重新组合，改变亲本的遗传物质基础，扩大变异范围，获得新的品种。

根瘤菌的杂交选育是用特异性不同的根瘤菌株在固体培养基上混合培养后，经多次移接从中获得新菌株的方法，这个方法是20世纪50年代胡济生等人创立的，他们用此法获得了1046菌株，应用于生产。

此技术可以加大不同来源的根瘤菌株进行基因重组，富集优良基因，但是该过程需要进行多次移接和筛选，较为繁琐，目的性不强，运用传统杂交手段选育根瘤菌的报道很少，报道较多的是由质粒介导进行杂交，由此转向了基因工程育种，使得杂交育种方法基本上被取代。

(三)诱变育种

这是一种利用物理、化学或生物诱变因子对目的微生物基因组进行处理，从而得到所需优良菌种的技术。常用的物理诱变方法有紫外诱变和激光诱变。近年发展起来的微波诱变凭借其较为稳定的诱变效果及较高的有力突变率正逐步成为物理诱变法中不可忽视的新兴力量。比起物理诱变，化学诱变的突变率要高些，但因其较高的致癌率和突变的不稳定性，操作时需要十分谨慎，对实验室也有较高的要求。目前，亚硝基胍（NTG）和吖啶橙是高效根瘤菌诱变育种最常用的化学诱变剂，通常采用多种诱变技术相结合的复合诱变研究。生物诱变主要是利用色氨酸营养缺陷型菌株的回复突变来选育出具有高效结瘤固氮能力的根瘤菌。

（四）原生质体融合选育

原生质体融合技术可以根据需要有目的地选择菌株进行融合，得到较为理想的融合体。韦革宏等以青霉素和氯霉素分别作为根瘤菌的抗药性标记。利用原生质体融合技术，成功地获得了USDA2370和CCBAUll0的属间融合菌株。该融合菌株可分别在双亲寄主植物上结瘤。但该技术中有原生质体的制备和再生对环境依赖很大，因此使该技术的广泛使用受到了一定的限制，在成功选育高效根瘤菌方面的报道较少。

（五）基因工程选育

利用基因工程选育高效结瘤固氮的根瘤菌是目前使用得最为广泛的方法，它可以克服菌种间远缘杂交不亲和的现象，有效地提高菌种的结瘤和固氮性能。

目前国外最成功的例子是利用dct-BA、dctB、dctC和nifA基因构建的重组苜蓿根瘤菌菌株RMPBC-2，美国环境保护署（EPA）批准其进行商品化生产，这也是目前世界上唯一1株通过了遗传工程菌安全性评价并进入有限商品化生产的重组根瘤菌菌株。

基因工程育种是真正意义上的理性选育，它可实现超远缘杂交，因而是最有前途的一种育种新技术。但是，在根瘤菌选育中应用分子生物学技术依然受到各种现实条件的限制，如研究中的巨额耗费，微生物背景知识的匮乏，以及技术门槛较高等原因都制约了现代生物技术在根瘤菌选育中的应用。

二、根瘤菌菌株的筛选指标

如何筛选到高效固氮的根瘤菌菌株一直是生物固氮研究的焦点问题，来自不同地区，不同土壤和寄主的不同品种根瘤菌生理生化特征间的差异很大。

目前，所筛选的根瘤菌菌株应具备如下指标：

（1）与相应宿主能够迅速形成有效根瘤。

（2）在不同田间环境条件下，有迅速而有效的结瘤能力。

（3）具备与土壤中的土著根瘤菌的竞争能力。

（4）具备无寄主条件下，在土壤中的存活能力。

（5）具备在各种载体基质条件下的生长能力。

（6）具备在各种载体基质条件下和种子上的存活能力。

（7）具备对不利土壤酸碱条件及对化肥、农药的耐受能力。

（8）在贮藏和培养期间具备稳定的遗传能力。

【任务实施】

在根瘤菌菌种选育的众多方法中，传统的自然选育方法依然占据重要的地位，它是开发高效根瘤菌的基础。接下来以大豆根瘤菌的自然选育为例，对其筛选方法进行阐述。

一、根瘤及土壤理化因子的调查

区域生态环境的差异造就了区域根瘤菌类型的多样性，且不同地区根瘤菌资源会随自然环境的变化而发生适应性变异。因此，根瘤菌资源调查是获得优良根瘤菌资源必不可少的工作。

在作物生长旺盛期采集不同生态区种植的大豆或与大豆根瘤菌能互接种族的植株根瘤。大田随机取样，每处取 3 个样点，样点面积 0.5 m×1 m；挖取大豆植株根系，注意根系取样的完整性，记录总根瘤数、有效根瘤数(粉红色或浅粉红色根瘤)、根瘤着生部位、根瘤颜色、根瘤大小，然后带回室内称取总根瘤重、有效根瘤重，并采取耕作层 20 cm 处根际土壤样品，带回室内分析土壤理化性状。

二、大豆根瘤菌的分离纯化

从植株根系中选取粉红色个体较大的根瘤，洗净，用 75%的乙醇与 0.1% $HgCl_2$ 溶液分别浸泡 1 min 和 5 min，用无菌水冲洗 5～6 次后置于灭过菌的培养皿中磨碎，用接种针挑取少许根瘤汁液用划线法接入 90 mm 培养皿的刚果红 YMA 平板培养基上，培养箱中 28℃培养。选取大小、颜色、形状一致的菌落，反复划线至纯化后接入试管斜面保存。

刚果红 YMA 培养基配方：甘露醇 10 g、NaCl 0.1 g、$MgSO_4 \cdot 7H_2O$ 0.2 g、酵母粉 1.0 g、K_2HPO_4 0.5 g、$CaCO_3$ 1.0 g、0.5%刚果红 5 mL、琼脂 15 g、蒸馏水 1 000 mL，pH 6.8～7.2。

三、大豆根瘤菌的蛭石回接初筛

精选的大豆种子首先用 95%乙醇处理 5 min，再用 0.1% $HgCl_2$ 处理 5 min，无菌水冲洗 5～6 次后，接种根瘤菌处理的大豆种子在播前用相应的菌悬液(光密度值一致的菌悬液 OD600＝0.8～0.9)浸泡 30 min，不接种处理的大豆种子以等量的无菌水浸泡。之后将装有蛭石(121℃高压灭菌 2～4 h)的 30 mm×300 mm 的大试管，在无菌条件下加入已经灭菌的低氮培养液至蛭石饱和后，植入菌悬液浸泡的种子，每个菌株 3 次重复，每试管 3 粒种子。每试管接种菌悬液 2 mL，同时设不接种根瘤菌的试管为对照 CK，45 d 后调查结瘤情况。

培养条件：光照度 7 000～8 000 lx，光培养 16 h，暗培养 8 h，有光照温度 20～24℃，无光照温度 16～19℃。

以菌株接种植株的生物量高、结瘤数量多、有效瘤数多及有效根瘤较重(粉红色或浅粉红色根瘤)为主要权重衡量指标，选择综合表现优良的根瘤菌株作为复筛菌株。

四、大豆根瘤菌的土壤复筛

1. 试验材料

复筛菌株选择经蛭石回接初筛表现优良的大豆根瘤菌菌株。大豆供试品种选用近年当地大豆主栽品种。供试土壤采集于当地农区土壤，并记录土壤类型，在田间去掉表层 3～5 cm 土壤后进行取样。进行土壤分析，测定土壤 pH、土壤全氮、土壤全磷、土壤全钾、土壤速效氮、土壤速效磷、土壤速效钾、土壤有机质，土样风干后过筛备用。

2. 接种准备

将上述菌株分别平板划线培养，挑起单菌落接种于装有 250 mL 液体 YMB 培养基的三角瓶中，28℃恒温摇床培养 48 h，摇床转速为 160 r/min，测其 OD 值(OD_{600}＝0.8～0.9)。精选的大豆种子首先用 95%乙醇处理 5 min，再用 0.1% $HgCl_2$ 处理 5 min，无菌水冲洗 6 次后，然后将表面消毒的种子用适量菌悬液浸泡，以淹没种子为宜，30 min 后，用镊子夹取植入装有土壤的陶土花盆中，进行盆栽播种。

YMB培养基配方：甘露醇 10 g、NaCl 0.1 g、$MgSO_4 \cdot 7H_2O$ 0.2 g、酵母粉 1.0 g、K_2HPO_4 0.5 g、$CaCO_3$ 1.0 g、蒸馏水 1 000 mL，pH 6.8～7.2。

3. 盆栽试验

品种与菌株完全均衡组合。每个处理设3次重复，每次重复采用口径30 cm花盆，装入15 kg均衡混匀土壤，播种深度3 cm，对照用相同播种量种子播种。每次处理磷肥（过磷酸钙）和钾肥（硫酸钾）的施用量分别为每千克土加入0.15 g P_2O_5 和0.15 g K_2O。另设不接种根瘤菌为对照CK，温室培养45 d。

4. 接种效果测定

盛花期取样，收获时把根系用水洗净，测定每盆总根瘤数及有效根瘤数；同时将大豆植株地上与地下部分分开取样，装于纸袋内，于烘箱中105℃杀青20 min，并在60℃烘干48 h，分别称重，然后将粉碎样品用凯氏定氮法测定其全氮含量。

通过寄主来源不同的根瘤菌对生长量、结瘤状况及植株氮含量影响的总体分析，选出表现良好的菌株作为备选菌株。

五、根瘤菌与大豆品种在不同类型土壤中的适应性研究

1. 试验材料

供试菌株为经过土壤复筛大豆根瘤菌菌株，同时从中国农业微生物菌种保藏管理中心引进两株大豆根瘤菌且经过田间筛选的菌株作为参比菌株。大豆供试品种为当地主栽大豆品种。供试土壤采集于当地农区主要土壤类型，在田间去掉表层3～5 cm土壤后进行取样，风干后过筛备用。并测定土壤基本理化性状。

2. 接种准备

将上述菌株分别平板划线培养，挑起单菌落接种于装有250 mL液体YMB培养基的三角瓶中，28℃恒温摇床培养48 h，摇床转速为160 r/min，测其OD值（OD_{600}=0.8～0.9）。精选的大豆种子首先用95%乙醇处理5 min，再用0.1% $HgCl_2$ 处理5 min，无菌水冲洗6次后，然后将表面消毒的种子用适量菌悬液浸泡，以淹没种子为宜，30 min后，用镊子夹取植入装有土壤的陶土花盆中，进行盆栽播种。

3. 盆栽试验

土壤、品种与菌株完全均衡组合。每个处理设6次重复，每重复采用口径20 cm花盆，装入5 kg均衡混匀土壤，播种深度3 cm，对照用相同播种量种子播种。每处理磷肥（过磷酸钙）和钾肥（硫酸钾）的施用量分别为0.15 g P_2O_5/kg土和0.15 g K_2O/kg土。另设不接种根瘤菌为对照CK，温室全生育期培养。

4. 接种效果测定

在大豆植株盛花期，进行结瘤数、固氮酶活性和植株地上、地下部分干重及植株全氮含量的测定；在成熟期取样进行考种。固氮酶活性采用乙炔还原法，全氮量测定采用凯氏定氮法，固氮量计算采用差值法。

六、大豆根瘤菌抗逆性测定

1. 试验材料

菌株经蛭石回接初步筛选大豆根瘤菌菌株。标准菌悬液的制备菌株先接入 YMA 固体平板培养基活化培养，再转入 YMA 液体培养基，置于转速 160 r/min，温度 28℃的摇床中培养，测定根瘤菌悬浮液的光密度值(OD 值 0.8～0.9)，以较低 OD_{600} 值菌液为基准，将各菌液加无菌水稀释制成光密度值一致的菌悬液，即为试验用的标准菌悬液。

2. 耐酸碱性试验

用 HCl 和 NaOH 调节液体 YMB 培养基的 pH，制成初始 pH 分别为 4.0、5.0、6.0、7.0、8.0、9.0、10.0、11.0 的酸碱梯度，每梯度设 3 次重复。

3. 耐盐性试验

按 NaCl 浓度梯度 0.2%、0.4%、0.6%、1.0%、1.5%、2.5%、3.5%和 4.5%的处理调制成 8 个不同梯度 NaCl 浓度的液体 YMB 培养基，每梯度设 3 次重复。

4. 耐旱性试验

人工使用聚乙二醇 6000(PEG6000)摸拟干旱条件，在液体 YMB 培养基中加入不同量的 PEG6000，使其渗透势分别为 0 MPa、－0.2 MPa、－0.4 MPa、－0.5 MPa、－0.6 MPa、－0.7 MPa、－0.8 MPa、－1.0 MPa 共 8 个水平梯度，每梯度设 3 次重复。

5. 菌株耐酸碱、盐及耐旱能力测定

将上述酸碱度不同、NaCl 浓度不同及渗透势不同的 YMA 培养基置于 20 mm×200 mm 的试管中，将活化培养的标准菌液取 1 mL 接种于培养基中，每处理重复 3 次，置于 28℃摇床，培养(80±6)h，摇床转速为 160 r/min，用分光光度计测定其 OD_{600} 值，以观察期结束时菌悬液的 OD_{600} 大小表示菌株在不同条件下的生长状况。

6. 大豆根瘤菌菌株抗逆能力综合分析

通过对各供试大豆根瘤菌菌株在不同胁迫条件下的菌株生长情况来进行综合评价分析。

七、大豆根瘤菌固氮能力测定(^{15}N 同位素稀释法)

^{15}N 同位素稀释法是依据固氮系统在 ^{15}N 基质中生长一定时间后，如发现 ^{15}N 被稀释，则证明发生了固氮作用。因能准确区分固氮植物氮来自不同氮源——空气、土壤和肥料的氮量比，并能测定作物任何生长时期的固氮作用而广泛用于生物固氮的测定研究，被认为是确定固氮作用定性和定量最直接、最可靠、最标准的方法。

大豆成熟期，小心去除泥土并洗净植株，分离地上、地下部分及籽粒。地上、地下部分在 60℃恒温下烘干，用电子天平称量植株干重，籽粒自然风干。测定样品全氮含量和 ^{15}N 原子含量，计算接种菌株植物的固氮量和固氮百分率，并进行方差分析。

最后，根据初筛、复筛及各项性能测试等对预选大豆根瘤菌菌株的结瘤数、固氮酶活性和植株全氮含量、豆根瘤菌菌株抗逆能力等综合分析，筛选出抗逆性强的高效固氮根瘤菌菌株作为生产菌种备选，经过发酵试验即可投入生产使用。

任务 3.1.2　菌种检测

【相关知识】

一、根瘤菌生产菌株的定义

依据 NY/T 1735—2009《根瘤菌生产菌株质量评价技术规范》标准，根瘤菌生产菌株是指从自然界直接分离筛选或人工育种获得的具有结瘤固氮能力，并用于生产的根瘤菌菌株。参比菌株是指已被认可并广泛使用的根瘤菌生产菌株，作为根瘤菌生产质量控制的参照标准。

二、根瘤菌生产菌株质量的评价要求

1. 实验室评价技术要求

(1)菌株细胞和菌落形态一致，无杂菌。

(2)菌株生长繁殖力强；生长所需的碳源、氮源等原料易获得；发酵终点的菌体数量在 1.0×10^{9} CFU/mL 以上。

(3)菌株遗传性状稳定、存活能力强。

2. 盆栽试验评价技术要求

(1)共生匹配能力　应与特定的豆科作物品种形成有效瘤。常用的根瘤菌与豆科植物的共生匹配关系参见表 3-1。

表 3-1　常用的根瘤菌属和种与豆科作物共生匹配表

属名	种名	豆科植物宿主
根瘤菌属(*Rhizobium*)	菜豆根瘤菌(*R. etli*)	菜豆(*Phaseolus vulgaris*)
	高卢根瘤菌(*R. gallicum*)	菜豆(*Phaseolus vulgaris*)
	海南根瘤菌(*R. hainanense*)	波叶山蚂蝗(*Desmodium sinuatum*)
	豌豆根瘤菌(*R. leguminosarum*)	豌豆(*Pisum satium*)，山藜豆属(*Lathyrus*)，车轴草属(三叶草属)(*Trifolium*)
	内蒙根瘤菌(*R. mongolense*)	花苜蓿(*Medicago ruthenica*)
	热带根瘤菌(*R. tropici*)	菜豆(*Phaseolus vulgaris*)
	山羊豆根瘤菌(*R. galegae*)	东方山羊豆(*Galega orientalis*)
	贾氏根瘤菌(*R. giardinii*)	菜豆(*Phaseolus vulgaris*)
	胡特根瘤菌(*R. huautlense*)	东方山羊豆(*Galega orientalis*)
	杨凌根瘤菌(*R. yanglingense*)	米口袋(*Gueldenstaedtia multiflora*)
	黄土根瘤菌(*R. loessense*)	黄芪属(*Astragalus*)
	木兰根瘤菌(*R. indigoferae*)	豌豆(*Pisum satium*)

续表3-1

属名	种名	豆科植物宿主
中华根瘤菌属(*Sinorhizobium*)	费氏中华根瘤菌(*S. fredii*)	大豆(*Glycine max*)
	莫雷兰中华根瘤菌(*S. morelense*)	紫苜蓿(*Medicago sativa*)
	鸡眼草中华根瘤菌(*S. kummerowiae*)	鸡眼草(*Kummerowia striata*)
	草木樨中华根瘤菌(*S. meliloti*)	草木樨属(*Melilotus*),胡卢巴属(*Trigonella*),紫苜蓿(*Medicago sativa*)
	新疆中华根瘤菌(*S. xinjiangensis*)	大豆(*Glycine max*)
	撒哈拉中华根瘤菌(*S. saheli*)	厚果田菁(*Sesbania pachycarpa*)
	撒哈拉中华根瘤菌(*S. saheli*)	厚果田菁(*Sesbania pachycarpa*)
	苜蓿中华根瘤菌(*S. medicae*)	截形苜蓿(*Medicago truncatula*)
中慢生根瘤菌属(*Mesorhizobium*)	百脉根中慢生根瘤菌(*M. loti*)	百脉根(*Lotus corniculatus*)
	华癸中慢生根瘤菌(*M. huahuii*)	紫云英(*Astragalus sinicus*)
	鹰嘴豆中慢生根瘤菌(*M. ciceri*)	鹰嘴豆(*Cicer arietinum*)
	地中海中慢生根瘤菌(*M. meditertaneum*)	鹰嘴豆(*Cicer arietinum*)
	天山中慢生根瘤菌(*M. tianshanense*)	刺果甘草(*Glycyrrhiza pallidi flora*)
	查克中慢生根瘤菌(*M. chaconense*)	牧豆树属(*Prosopis*)
	北方中慢生根瘤菌(*M. septentrionale*)	斜茎黄芪(沙打旺)(*Astragalus adsurgens*)
	温带中慢生根瘤菌(*M. temperatum*)	斜茎黄芪(沙打旺)(*Astragalus adsurgens*)
慢生根瘤菌属(*Bradyrhizobium*)	埃尔坎慢生根瘤菌(*B. elkanii*)	大豆(*Glycine max*)
	大豆慢生根瘤菌(*B. japonicum*)	大豆(*Glycine max*)
	辽宁慢生根瘤菌(*B. liaoningense*)	大豆(*Glycine max*)
	圆明慢生根瘤菌(*B. yuanmingyuanense*)	胡枝子(*Lespedeza bicolor*)
	加那利群岛慢生根瘤菌(*B. canariense*)	羽扇豆属(*Lupinus*)
固氮根瘤菌属(*Azorhizobium*)	田菁茎瘤固氮根瘤菌(*Az. caulinodans*)	长喙田菁(*Sesbania rostrata*)
	多氏固氮根瘤菌(*Az. doebereinerae*)	细枝田菁(*Sesbania virgata*)

注:表中未列出的花生(*Arachis hypogaea*)、蚕豆(*Vicia faba*)、饭豆(*Vigna umbellate*)、小叶锦鸡儿(*Caragana microphylla*)等豆科作物也可与相应的根瘤菌结瘤固氮。

(2)固氮能力　接种待测菌株处理与未接种处理相比,收获籽粒的作物植株总氮量增加20%以上,收获植株生物量的作物(牧草类)植株总氮量增加15%以上。统计检验达到显著水平。

3. 田间小区试验评价技术要求

(1)接种待测菌株处理与未接种处理相比，籽粒产量增加10%以上，植株生物量(牧草类)增加15%以上。统计检验达到显著水平。

(2)接种待测菌株处理与接种参比菌株处理相比，籽粒产量或植株生物量(牧草类)增加5%以上。统计检验达到显著水平。

【任务实施】

根瘤菌生产菌株质量评价检测主要包括：菌种的纯度检测、根瘤菌匹配和结瘤固氮能力的测定和根瘤菌接种效果田间小区试验，具体方法如下。

一、菌种的纯度检测

将待检测菌种接种于根瘤菌培养基平板上，28℃培养24～36 h，观察菌落的大小、形状、质地、边缘、颜色、光泽、透明度等性状。

挑取根瘤菌培养基上28℃培养24～36 h的培养物，进行革兰氏染色和芽孢染色，观察菌体形状、大小、革兰氏反应，观察芽孢的有无、形态和着生位置等。

根瘤菌的菌落形态特征为圆形、边缘整齐、稍突起，在根瘤菌培养基平板上呈乳白色或无色半透明；菌体特征特性为短杆状、无芽孢，革兰氏染色阴性。

将待测菌种与标准菌种对照，根据单菌落的培养特征和革兰氏染色后菌体形态特征的观察结果，如果待测菌种与标准菌种各项指标均一致，则可认定为纯种。否则需反复用划线法或稀释法加以纯化。

根瘤菌培养基：甘露醇10 g、NaCl 0.1 g、$MgSO_4 \cdot 7H_2O$ 0.2 g、酵母粉1.0 g、K_2HPO_4 0.5 g、琼脂18 g、0.5%刚果红5 mL、蒸馏水1 000 mL，pH 6.8～7.2。

二、根瘤菌匹配和结瘤固氮能力的测定盆栽试验

通过盆栽试验测定豆科作物的结瘤情况和植株总氮量，考察待测根瘤菌菌株与特定作物品种的匹配能力和结瘤固氮能力。

试验设不接种根瘤菌、接种参比菌株和接种待测菌株3个处理，每个处理5次重复。

1. 试验准备

(1)基质处理　基质选用蛭石。基质经过筛，去除大的颗粒和杂物，装入布袋中，间歇灭菌2次，每次121℃ 1 h。然后置于阴凉通风处7 d以上，备用。

(2)盆钵处理　用5%次氯酸钠或0.1%高锰酸钾溶液消毒，然后用自来水冲洗，将灭菌蛭石装入盆钵中，浇适量无菌水(或自来水)备用。

(3)作物种子表面消毒　应选择当地的主栽品种或推广品种。将种子浸泡在95%乙醇溶液中30 s，倒去乙醇溶液后加入5%次氯酸钠溶液(或0.1%的氯化汞溶液)浸泡种子5～10 min，然后用无菌水清洗4～6次，备用。对于具有坚硬种皮的种子，可用浓硫酸处理3～5 min，然后用无菌水清洗。

(4)接种液制备　用无菌的蒸馏水或生理盐水将根瘤菌活培养物制成菌体数量不少于1.0×10^{9} CFU/mL的接种液。

2. 实施和管理

(1)接种　空白对照接种将已表面消毒的种子播种于蛭石中。根瘤菌接种将已表面消毒的种子在接种液中沾匀后播种于蛭石中。每粒种子上至少含有根瘤菌为小粒种子 10^3 个,大粒种子 10^5 个。

(2)试验管理　按常规方法进行温室盆栽试验管理。每盆定植相同数量的植株。不施肥或只施用无氮营养液。

3. 调查

(1)根瘤调查　从苗期至初花期(30～50 d)将植株连根取出,用水洗去附着在植株根系上的蛭石,观察根系结瘤情况。凡形成肉眼可见的根瘤为结瘤。使用刀片将较大的根瘤切开,若根瘤内部为粉红色、红色或褐色为有效瘤,白色或绿色为无效瘤。参比菌株处理应结有效瘤;不接种处理应不结瘤,若结瘤须重新进行盆栽实验。

(2)植株含氮量的测定　从苗期至初花期(30～50 d),分别取待测菌株处理和未接种处理的地上部植株,于 105℃下杀青 5～10 min 再于 80℃下烘至恒重,测定每盆植株干重和含氮量。植株含氮量测定按 NY525—2002 进行。

计算:根据植株含氮量测定结果,计算地上部植株总氮量(a),按下式计算。

$$a = m \times x$$

式中:a——地上部植株总氮量,单位为毫克(mg);

m——地上部植株干重,单位为克(g);

x——地上部植株含氮量,单位为毫克/每克(mg/g)。

计算:根据测定结果,计算接种待测菌株处理较未接种处理的植株总氮量增加量(b),按下式计算。

$$b = \frac{a_1 - a_0}{a_0} \times 100\%$$

式中:b——接种待测菌株处理的植株总氮量增加量,%;

a_0——未接种处理的平均植株总氮量,单位为毫克(mg);

a_1——接种待测菌株处理的平均植株总氮量,单位为毫克(mg)。

4. 统计分析

按配对设计进行 t 检验。

三、根瘤菌接种效果田间小区试验

通过田间小区试验来考察待测根瘤菌菌株在当地环境下的增产能力。

1. 试验设计

根据试验要求选择试验设计(表 3-2)。

表 3-2　试验设计

项目	田间小区试验
试验处理	1. 不接种根瘤菌 2. 接种待测菌株 3. 接种参比菌株*

续表3-2

项目	田间小区试验
试验面积	小区面积 20～50 m^2
重复次数	不少于 3 次
区组配置及小区排列	小区采用长方形随机区组设计

注：* 仅在筛选优良菌株时设此处理。

2. 试验准备

(1)试验地准备　试验地准备、处理参见 NY/T 1536。土壤肥力应为中低水平。

(2)根瘤菌接种剂准备　按试验设计准备所需的根瘤菌接种剂，菌剂质量应符合标准 GB20287 的要求。

(3)试验作物品种选择　应选择当地主栽品种或推广品种。

3. 试验实施和管理

(1)施肥措施　按常规施磷肥和钾肥。根据土壤的含氮量可适当施用少量氮肥。

(2)田间管理　参见 NY/T 1536。

(3)产量的测定　于收获期每小区单打、单收、单计产或取代表性样方测产。先收保护行植株，牧草类作物应分次收获、计产，最后累加。

4. 计算

根据测定结果，计算接种待测菌株处理较未接种处理或接种参比菌株处理的产量增加量(c)，按下式计算。

$$c=\frac{n_1-n_0}{n_0}\times 100\%$$

式中：c——接种待测菌株处理的产量增加量，%；

n_0——未接种处理或接种参比菌株处理的每小区的平均产量，单位为千克(kg)；

n_1——接种待测菌株处理的每小区的平均产量，单位为千克(kg)。

5. 统计分析

按配对设计进行 t 检验。

四、评价规则

符合实验室技术要求、盆栽试验评价、田间小区试验未接种根瘤菌评价要求的根瘤菌菌株，评定其达到生产菌株的标准，可推荐用于相应豆科作物品种接种剂生产。

在符合上述基础上，又符合田间小区试验接种参比菌株处理评价要求的根瘤菌菌株，评定其达到优良生产菌株的标准，可用于相应豆科作物品种接种剂生产。

任务 3.2 生产工艺

【任务要求】

通过本次任务的学习，能够根据所学知识进行根瘤菌复合颗粒肥的制备。

【相关知识】

自 1895 年首次在德国出现了以“Nitragin”为商品名的根瘤菌接种剂以来，根瘤菌剂作为一种有效提高豆科植物产量的微生物菌剂，已经得到了较为全面的开发。目前，在美国等发达国家和巴西等发展中国家，接种根瘤菌面积一般占播种面积的 30%～50%，既改善了土壤，保护了环境，又有利于维持氮素平衡。我国根瘤菌剂的研究从 20 世纪 30 年代开始，目前共生固氮的基础研究已达到国际先进水平，但根瘤菌剂产业起始阶段存在发酵水平低、保质期短、技术不成熟、质量不过关等问题，使根瘤菌剂的产业化和大面积推广应用受到限制。豆科作物接种根瘤菌剂的面积仅占播种面积的 1%～3%，与国外相比差距甚大。

尽管如此，使用根瘤菌剂不仅可以增加豆科植物的产量，而且由于根瘤菌剂耐污染能力强，可以减少因长期使用化肥对土壤造成的破坏、水源污染，还可以节省能源和改善土壤生态环境等，因此有必要加大研究与开发力度，缩小与发达国家的差距。

一、根瘤菌肥料的定义

根据 NY410—2000《根瘤菌肥料》标准中的定义，根瘤菌肥料是指用于豆科作物接种，使豆科作物结瘤、固氮的接种剂。复合根瘤菌肥料是指以根瘤菌为主，加入少量能促进结瘤、固氮作用的芽孢杆菌、假单胞细菌或其他有益的促生微生物的根瘤菌肥料。加入的促生微生物必须是对人畜及植物无害的菌种。

二、根瘤菌肥料的产品类型

根瘤菌肥料的产品类型：①按形态不同，分为液体根瘤菌肥料和固体根瘤菌肥料。②按寄主种类的不同，分为菜豆根瘤菌肥料、大豆根瘤菌肥料、花生根瘤菌肥料、三叶草根瘤菌肥料、豌豆根瘤菌肥料、苜蓿根瘤菌肥料、百脉根根瘤菌肥料、紫云英根瘤菌肥料和沙打旺根瘤菌肥料等。

三、根瘤菌剂的高密度菌剂的制备要素

菌剂的商业生产通常取决于以下因素：①生产菌株的增产效果；②生产成本；③保存后的有效活菌数；④剂型和使用方法。目前市场上常见的根瘤菌菌剂，根据载体的状态和制备的工艺主要分为 5 种类型：琼脂平板菌剂、固体菌剂、颗粒菌剂、液体菌剂、冻干菌剂。琼脂和液体剂型是最早应用的菌剂，其生产工艺简单，但不便于运输和保存。相反，固体菌剂由于具有轻质、保质期长、便于运输等优点得到了较为广泛的应用。

1. 固体根瘤菌剂的吸附剂

制备高品质的固体根瘤菌剂，最重要的是选择合适的吸附剂。陈华癸和樊庆笙提出吸附剂的4项初步要求：通气良好、持水量高、有机质含量在30%以上、酸碱度中性。据此，作为根瘤菌的吸附材料很多，如草炭、蛭石、珍珠岩、煤炭、草炭、膨润土和高岭土等。草炭、蛭石、珍珠岩由于其营养与pH适中，表面积比较大和吸附性好，有利于根瘤菌的存活及菌剂保存，是理想的吸附剂。另外，草炭和蛭石等资源丰富，价格低廉，适合于在根瘤菌剂生产中应用推广，已成为当代根瘤菌类肥料的主要类型，但是由于草炭是不可再生资源，在某种程度上影响了其使用。

近年来，随着学科的交叉日益紧密，越来越多的新型高效吸附剂不断出现，主要有：

(1)地方工业废料 海藻酸钠、草酸生产废料和飞灰等。

(2)食品行业吸附剂 多孔淀粉。

(3)医用吸附剂 离子交换树脂、吸附树脂、氧化淀粉或氧化纤维素等。

(4)饲料行业吸附剂 白炭黑、草炭等。

(5)环境治理领域 介孔材料二氧化硅、$TiO\text{-}SiO_2$等。

最新研究又发现以蚯蚓粪及其水提物、牛尿等为基础的天然混合物，含有粉煤灰的土壤等都可以大幅度提高根瘤菌的数量及保藏时间。这些吸附剂各具优点，它们的出现为根瘤菌剂的制备提供了广阔的原料，也为新型根瘤菌剂的开发提供了参考。

固体菌剂就是将培养好的菌液在无菌状态下直接加于这些吸附剂上制备而成的。颗粒菌剂则是将根瘤菌液吸附在草炭、蛭石、细黏土等固体材料上，再经造粒、烘干而成，经过造粒制备的菌剂适合大规模机械播种。冻干菌剂是用冷冻干燥技术除去细胞水分制成，国外已有商品出售。除琼脂菌剂外，其他4种菌剂的制备过程都涉及到菌种的高密度培养。

2. 根瘤菌剂的高密度培养

目前，国内外大都利用自动化发酵技术来获得制备根瘤菌剂所需的高密度细胞培养液。

(1)大致流程为 菌种的斜面活化→一级种子液培养→二级种子液培养→发酵罐内扩大培养>高密度菌剂的获得。在此期间，发酵培养基种类繁多，有较为常用的以甘露醇酵母粉为主的YMA培养基，以豆芽汁为主要成分的BSE培养基，成分较为简单的YA、TY培养基，较为复杂的AMM、SM培养基。近期，诸如以糖废料为底物的一些新型培养基也时有报道，具体采用何种培养基，还需根据不同菌体的生化特性而定。

(2)发酵条件通常为 通气0.4～0.8 $kg/(m^3 \cdot s)$，搅拌速度120～200 r/min，温度28～30℃，接种量1%～10%，种子液的装液量20%～60%。放罐时间则根据各种类型根瘤菌的生长状况而定，一般3～4 d。经过相应时间的培养，菌数大都超过10^{10} CFU/mL。

3. 菌剂保存方法

菌剂的保藏对于菌剂生产具有极其重要的意义。保质期的长短直接关系到菌剂的运输和使用效果，进而关系到生产厂家的盈亏。因此，良好的保藏方法是菌剂制备结束后一项重要的工作。针对菌剂的保藏，固体菌剂主要是采取常温保藏法，Khanazi等利用珍珠岩为主要吸附剂制备的固体菌剂，置于室温保藏6个月后，菌剂中活菌数仍大于1×10^9 CFU/mL。液态、浓缩菌剂主要用低温及冷冻干燥法。其中低温可以有效地降低菌体的代谢，增加菌剂的保质期。为了增加液态菌剂中菌体的存活率，常需添加诸如硅藻土琼脂等悬浮剂。冷冻干燥保藏法较液态保藏法效果更佳。朱虹和何绍江利用冷冻干燥保藏了4～25年的根瘤菌进行试验，发现其仍然具有很好的结瘤固氮能力，但由于在低温的情况下细胞容易冻伤，因此需加入适当的保护剂。保护剂不仅可以与细胞内或细胞外的水牢固结合，减少冷冻过程中的水分丢失，还可减少盐类物质对细胞的损害，防止细胞内形成太大的冰晶而损害细胞，进而使菌体的存活率大大提高。Harrison使用甘油做保护剂，并认为甘油含量为2%～55%时对细菌都有保藏效果，具体浓度随细菌种类不同而不同，一般选用10%。常玮等将石蜡封存的根瘤菌进行活化，发现其存活率仍为50.6%。除此之外，用作食品保鲜的山梨酸、苯甲酸钠、脱脂牛奶等也常作为保护剂。

【任务实施】

据文献报道，根瘤菌与豆科植物的共生固氮作用是目前研究证明效率最高的一种生物固氮体系。每公顷可以固定空气中分子态氮形成1 kg氮肥，能使大豆增产15%左右。大豆根瘤菌在自然条件下的固氮量最高可占到大豆所需总氮量的95%。由此可见，种植大豆接种根瘤菌是一项工省效宏的农业技术措施。

调查发现，影响大豆根瘤菌应用的主要原因有两个：①现有根瘤菌肥均为拌种用的草炭粉剂，不适于农场的大规模机械化施用，部分脱落的菌粉堵塞播种机的排种口，影响播种质量，农民还因拌种麻烦而不愿使用；②种子拌菌粉与当前大豆生产普遍采用的化学农药种衣剂拌种相矛盾，拌到种子上的根瘤菌部分被种衣剂中杀菌剂杀死，达不到接种根瘤菌的效果。因此，针对大规模农场大豆生产的实际需要，研制适合机械化、大规模生产的大豆根瘤菌复合颗粒肥是当前大豆生产中亟待解决的问题，对提高大豆产量和品质、减少化肥使用、发展绿色食品生产和实现农业可持续发展，都具有重要意义。

一、大豆根瘤菌复合颗粒肥的制备工艺流程及生产配方

(1)大豆根瘤菌复合颗粒肥的制备工艺流程为菌液吸附→配料混合→挤压造粒(除尘)→圆盘造粒(除尘)→顺流烘干(除尘，热风炉)→逆流冷却(除尘，冷风机)→筛分→包装→成品。

(2)大豆根瘤菌复合颗粒肥的生产配方见表3-3。

表3-3 大豆根瘤菌复合颗粒肥生产配方 kg/t

主要成分	用量	重要参数
草炭菌粉NK1	300	含根瘤菌NK246和NK316活体3亿～4亿个/g，水分35%左右
草炭菌粉NK2	100	含钾细菌和芽孢7亿～8亿个/g，水分30%左右
草炭菌粉NK3	100	含解磷菌和芽孢7亿～8亿个/g，水分30%左右
微肥	100	微肥钼酸铵、钨酸钠及硫酸锌、硫酸镁等，水分10%左右
腐殖酸土	200	含水量20%左右
膨润土	300	含水量10%左右
其他	15	黏结剂
合计	1 115	含水量21%～23%

注：高效大豆根瘤菌(NK246、NK316)、根际促生菌(淡紫拟青霉真菌)、钾细菌(胶冻样芽孢杆菌)、解磷菌(巨大芽孢杆菌)，微量元素(铝、钴、钨等)，辅料主要是草炭和膨润土等。

二、制作过程

1. 菌液吸附

将大豆根瘤菌、促生菌等各种目的菌经三级液体发酵分别扩繁，经检测达到标准菌数后，把菌液按规定比例吸附到经处理过的草炭细粉上，放入温室保存，以便使根瘤菌数进一步增加，同时使促生菌大量形成芽孢。经过固体温室培养，使草炭菌粉达到含活体根瘤菌3亿～4亿个/g，含钾细菌等活体促生菌和芽孢7亿～8亿个/g。

此环节要注意将各种目的菌液均匀吸附于草炭载体上，含菌量一定要达到上述规定标准，草炭粉细度达到100目以上。根据试验结果，草炭菌粉用量要达40%左右，造粒前的复混料含大豆根瘤菌0.8亿～1.1亿个/g、促生菌1.2亿～1.4亿个/g、水分21%～23%比较合适；经过造粒和烘干等工序后，菌肥颗粒的活菌数应达到1.1亿个/g左右，从而保证成品菌肥在应用时能够达到有益活菌数1.2亿～1.4亿个/g、有机质含量20%以上、水分含量12%左右。如果草炭用量过多，将会使水分超标，增加造粒和烘干难度，颗粒硬度下降；草炭用量过少，将使菌肥的有益菌数量偏低。

2. 复合配料

原料除接菌草炭外，还有微肥、腐植酸、膨润土等。将粉碎至50目左右的细粉原料，按设计配方比例及先后顺序加入搅拌机中搅拌，搅拌均匀后通过刮板机输送至造粒机。原料的比例和水分将决定造粒的难易、强度和效果。

3. 两次造粒

目前市场上的肥料大多是由圆盘滚动造粒的球型颗粒，少数是圆柱型颗粒。因其富含有机质（草炭等），必须先经过平模挤压造粒，然后再经圆盘滚动造粒，进一步提高颗粒强度，完善粒形，增加光度。通过两次造粒，增加了造粒强度，确保了生物肥的有机质含量、有利于提高微生物肥料的功效。

为了保证菌肥有效活菌数及有机质含量，设计配方中草炭菌粉用量达到44.8%，因此必须先经过平模挤压造粒。与圆盘滚动造粒相比，平模挤压造粒的成粒率增加25.8%，标准粒率达到95.3%，水分含量降低了7.9%～14.9%，从而大大提高了生产效率，也为低温快速烘干奠定了基础。

通过两次造粒，一方面能够填加足量的草炭菌粉，保证了颗粒菌肥的有效活菌数、有机质等生理活性物质含量，确保了微生物肥料的功效；另一方面由于物料基础水分低，有利于低温快速干燥和提高颗粒硬度，确保了菌肥质量以及适合机械化施用。

4. 低温干燥

生物肥是富含活体微生物的肥料，属热敏性物料，烘干温度和时间特别重要，将直接影响菌肥中活菌数量和菌肥的功效。为了科学设计工艺，首先在实验室对几种拟用菌株进行耐温测试研究，重点测试不同温度和不同时间处理后草炭菌粉的活菌数量。根据上述试验结果，提出了颗粒菌肥烘干时物料温度和烘干时间的限制参数，并依此设计顺流烘干、逆流冷却的干燥工艺。

(1)顺流烘干　湿颗粒通过烘干机前部的中间仓进入烘干筒内，与此同时热风以顺流方式进入烘干筒，在旋转筒体的内抄板带动下，物料被抄起，形成分散均匀的较密集的料幕，从而增加了物料与热空气的接触，不仅加大了传热系数，而且也避免了热气流的短路。在烘干筒尾部安装有除尘引风机，强大的吸力使筒内形成负压，加速了颗粒内的水分散失。

(2)逆流冷却　经过加热烘干的"半干"物料被提升到逆流冷却筒中，再次被旋转筒体的内抄板抄起，抛撒成均匀密集的料幕，从而增加了物料与冷空气的全面接触，达到迅速冷却和进一步散失水分的效果。

5. 过筛分级、检验和包装

经振动筛分级，将过大和过小颗粒返回粉碎机，粉碎后掺入新物料再利用；将颗粒合格的菌肥抽样，送实验室重点检验活菌数和水分含量，检验合格后装袋。各项检测结果都达到设计指标后，放入合格证和批次标签后封口入成品库。包装袋选用有内膜的双层编织袋，有利于保持水分和防止污染。

根瘤菌复合颗粒肥的主要设计指标：有益活菌数达到 1.2 亿～1.5 亿个/g，有机质含量≥20%，pH 6.0～8.5，含水量 12%左右；颗粒剂，黑褐色，粒径 2～4 mm，粒长 2～5 mm，颗粒大小、容重和硬度与化肥磷酸二铵相近，有效期 6 个月。

任务 3.3　应用技术及效果

【任务要求】

通过本次任务的学习，能正确的施用根瘤菌肥，会分析影响根瘤菌剂使用效果的因素，并能提出解决方案。

【相关知识】

自 1886 年荷兰学者 Beijerinck 从豆科植物根瘤中分离出根瘤菌以来，各国学者对豆科植物根瘤菌的研究已有一百多年的历史。农业上根瘤菌-豆科植物的共生固氮体系是生物固氮中固氮效率较高的体系，每年固定的氮素约为 4 000 万 t，约占农业体系生物固氮总量的 65%，是自然界效率最高的固氮体系，最具开发利用价值。

一、根瘤菌的应用效果

在我国，豆科根瘤菌的研究和实际应用是 1949 年以后才逐步展开的。20 世纪 50 年代初使用大豆根瘤菌开始了生物固氮在农业生产中的应用。最初用于生产根瘤菌剂的优良菌种是 B15、C8 和 5202 菌株，当时的应用面积达 5 000 余万亩，大豆接种根瘤菌后的增产幅度为 10%左右，为早期我国的大豆生产作出了重大贡献。

随着高效固氮根瘤菌株的不断开发，我国东北、华北、华东、西北及大部分南方地区相继进行了大豆根瘤菌的大面积应用，取得了全面增产。与此同时，花生根瘤菌、紫云英根瘤菌和三叶草、苜蓿、沙打旺、苕子、锦鸡儿等豆科牧草的根瘤菌应用也大面积推广使用。据统计，山东省 1951—1981 年累积接种根瘤菌花生栽培面积就达 4 500 万亩，平均每年接种 125 万亩，平均增产幅度为 10%～14.4%，每年每亩增收花生 20 kg 左右。紫云英、苕子等牧草使用根瘤菌后，牧草的产量提高 18%～49.5%，增产效果显著，为畜牧业生产做出了巨大贡献。

二、影响根瘤菌剂有效性的因素

(一)宿主植物

豆科植物-根瘤菌的共生固氮与宿主植物品种的差异性有关。研究其机制表明,不同种类的豆科植物分泌的类黄酮结构有差别,其诱导效果存在很大差异。豆科植物 Rj 基因控制宿主专一性。如慢生型大豆根瘤菌 USDA122 不能在大豆品种 Hardee 上结瘤,但当突变大豆中的 Rj2 基因后,根瘤菌能在此品种上结瘤。

(二)根瘤菌

在同一品种的豆科植物上,不同的根瘤菌接种效应存在很大差别。根瘤菌的调控宿主-根瘤菌的共生专一性因素包括结瘤因子、胞外多糖、T3SS 系统分泌的效应蛋白等。不同的结瘤因子的侧链基团有差异,这决定细菌与宿主植物间互相识别。

(三)土壤因素

豆科作物接种根瘤菌,无论通过种子接种,还是土壤接种,根瘤菌最终要进入土壤环境中。因此,土壤环境中的各种因素对接种的有效性起着重要的作用,这些因素包括土壤物理因素、化学因素、生物因素等。

1. 土壤物理因素

(1)土壤温度　温度是影响土壤中根瘤菌存活率的重要原因。苜蓿根瘤菌可以忍耐 36.5～42.5℃的高温,实验室条件下,苜蓿根瘤菌在草炭中可以在 40℃下存活 21 d,在土壤中断断续续的高温下可以存活更长的时间。Chowdhury 等指出高于 35～40℃,在无菌的贫瘠土壤中,三叶草根瘤菌和羽扇豆根瘤菌都会死亡。

(2)土壤气体　土壤中气体成分与空气中气体成分有很大不同,由于土壤中微生物和植物根系的呼吸作用,因而土壤中二氧化碳含量高,氧含量低。土壤中有足够的氮气,可以使生物固氮顺利进行,但是在涝地土壤中氮气含量很低,氧气含量也不足,作物不能正常生长,影响生物固氮效果。在氧气充足的情况下才能够形成有效根瘤,通常土壤中的氧水平正好低于 20%,足够结瘤和固氮作用的进行;另外,土壤中含水量过高时,固氮作用会降低,因为包围根瘤的水层会降低氧的供应。Wilson 指出增加土壤中二氧化碳的含量会促进三叶草的结瘤,提高固氮作用,从而促进光合作用的发生。而 Mulder 和 Van Veen 的研究表明水培豆科作物时,向其根部通入 4%的二氧化碳气体,会促进结瘤和固氮作用。Hardy 和 Havelka 指出丰富的二氧化碳会使大豆固氮作用提高五倍多。

(3)土壤水分　根瘤菌必须有水层包围,但是水中溶质不宜太浓,以免渗透压过大,水太少不利于根瘤菌的存活和结瘤。Hamdi 研究了三叶草根瘤菌在无菌土壤中的运动,当土壤中水压上升时,菌的运动区域急剧下降,当土壤中的充水孔变得不连续时,菌的运动停止。

2. 土壤化学因素

(1)土壤 pH　不同根瘤菌对 pH 的耐受力不同,Vicnent 分析了 pH 对菌的影响,总结出苜蓿根瘤菌对酸敏感,三叶草根瘤菌比较不敏感,大豆根瘤菌抗酸,可以忍受 pH 3.5 的环境。

(2)土壤含盐量　有研究表明,随着含盐量的增加,根瘤菌的生长和固氮能力下降。Steinborn 和 Roughley 指出随着草炭中盐浓度的增加,三叶草根瘤菌的死亡率也随之增加。灌溉水中含盐量过高会导致大豆鲜重、结荚量和结瘤量降低。当氯化钠含量高于 0.8%,硫酸钠含量高于 1.5%时，大豆的生长受到抑制。当硫酸钠含量为 0.1%时，会促进大豆的生长。土壤中的化合态氮也会降低根瘤菌的结瘤和固氮能力。

(3)土壤有效氮　土壤中的有效氮对共生固氮有较大的影响。根瘤菌剂田间应用时，配施适量的氮肥，能够促进大豆根系生长，进而促进根瘤的形成。但是高含量的氮则会抑制根瘤形成。土壤的高氮，如硝酸盐，常常负调控共生结瘤的许多阶段，包括根瘤菌的侵染、根瘤的发育、固氮酶活等，特别是抑制结瘤的早期阶段。当土壤中的硝态氮含量高于 0.084%时，就会抑制固氮。在实验条件下，用 10 mmol/L NH_4NO_3 处理，接种根瘤菌的大豆基本上不结瘤。

(4)土壤有效磷　磷是植物生长、合成 ATP、细胞代谢的必需元素，磷能影响共生固氮的全过程，包括根瘤菌的生长、存活和侵染。磷能刺激根瘤菌繁殖、促使根瘤菌鞭毛运动，有利于根瘤菌的有效定殖和侵入根毛。磷对固氮酶活性有促进作用，根瘤的磷需要量占植物总磷含量的 20%。因此，适当的使用磷肥，能促进根瘤菌共生固氮作用。

(5)土壤有效钾　钾对共生固氮也起到重要作用。有效钾能提高豆科植物根的生长，导致植物分泌物增多，从而直接影响根瘤菌的群落组成和活性。

(6)微量元素含量　钴、钼、硼等营养元素的缺乏会使豆科作物的生长受到抑制，从而影响固氮作用，10～15 mg/kg 的钼最适合紫花苜蓿的固氮作用，4～8 mg/kg 的钼足够三叶草的固氮作用。在大豆、紫花苜蓿、三叶草的固氮过程中需要钴，硼的缺乏会影响植物维管束的功能，使碳水化合物不能运送到固氮位点，妨碍固氮作用。

(7)化学药剂的影响　所有的杀真菌剂都对根瘤菌有毒害，当种子既用杀真菌剂处理，又接种根瘤菌剂时，必须慎重选择杀真菌剂，尽量降低对根瘤菌的毒害。种衣中的毒素被水溶解或脱落也会影响根瘤菌的存活率。一些重金属如铜、汞、锌等都对根瘤菌有毒害。杀虫剂也对根瘤菌有毒害作用。有些除草剂似乎对根瘤菌无害，但有些有害。不同的种属，同种但不同的菌株对除草剂的敏感性不同，可能与当地的环境及接种时间有关。

3. 土壤生物因素

(1)土壤中的土著根瘤菌　根瘤菌必须具有很强的竞争能力才能和土著微生物竞争，并大量占据根际，生长繁殖。研究表明，在从未种植或只种过一次豆科植物的地区或与其他作物间、套、混、轮作的土壤中，根瘤菌剂作用较显著。在大豆种植“老区”，土壤中大量存在土著根瘤菌群，使人工接种根瘤菌的占瘤率降低，根瘤菌的接种效果不明显。

(2)其他生物因素　许多生物因素影响接种效果，包括产生毒素的微生物、线虫、原生动物等。有研究指出土壤中真菌产生的抗生素对根瘤菌有毒害作用，导致结瘤失败。土壤中的噬菌体会导致根瘤菌融解，降低固氮作用，但是土壤中根瘤菌的数量与噬菌体的关系并不明确。

有研究表明丝核菌会使接种大豆的固氮量降低 63%。根瘤菌与菌根真菌共接种会促进作物产量。蛭弧菌是专性寄生生物，在许多土壤中发现寄生苜蓿根瘤菌、三叶草根瘤菌和豇豆根瘤菌的蛭弧菌。在培养条件下，给这些蛭弧菌提供豇豆根瘤菌时，它们杀死了大量的宿主细胞，所以认为它们也会使土壤中的根瘤菌数量减少。

原生动物被认为是土壤中根瘤菌的掠食者。据报道，原生动物使施入土壤中的大豆根瘤菌减少，每个原生动物每天会掠食成千上万的根瘤菌。有研究发现，四膜虫捕食大豆根瘤菌；线虫会阻碍根瘤菌和豆科作物的相互作用，只有在线虫占优势时，幼虫才会侵入根瘤。

【任务实施】

根瘤菌剂常用的施用方法有拌种、丸衣化和与土壤混合三种。拌种通常是在播种前通过菌浆拌种将菌剂裹在种子上。丸衣化是在拌菌的种子外再黏附一层中性的保护层后播种。与土壤混合是将菌剂以液体或颗粒等形式直接混合到土壤中。

一、拌种

拌种是播种前在室内或田间阴凉处先将一定量的菌剂倒入清洁的盆内，加适量清水或米汤调成菌浆[菌剂：水=1：(0.5～1)]，与种子拌匀，使每粒种子都沾附菌浆，在阴凉处晾干至爽手后即可播种。或将种子用适量水(若种子表面光滑，最好用糖水)浸湿，与菌肥拌匀，稍晾干后即可播种(豆科作物如花生、大豆应先制备菌浆，然后加种子拌匀)。由于在晾干过程中部分菌剂会脱落，使用黏附剂可以提高种子表面的活菌数，使根瘤菌不受干燥的影响，可使用40%阿拉伯糖胶、5%甲基纤维素等，或其他的可溶性胶和营养物质。商业产品有些附有独立包装的黏附剂，包括与菌剂分开但是同一包装和与菌剂混到一起的黏附剂。

拌菌的种子播种后立即盖土，忌阳光直晒。拌好的种子最好当天一次播完，拌后超过48 h未播者应重新拌种。如需要种子消毒处理，应在根瘤菌剂拌种前2～3周进行。播种后尽量保持土壤湿润，维持菌剂的有效性。大型农场一般有专门用于拌种和播种的工具。作物出苗后发现结瘤效果差时，可在幼苗附近浇泼兑水的根瘤菌肥。

根瘤菌剂的肥效与活菌数量、强度及环境条件密切相关，有很多限制因素都会影响种子表面的菌数，如粘到种子表面的菌数不多，与种子表面的杀真菌剂、杀虫剂等接触，干燥、干旱或高温都会降低活菌数。因此，种子的接菌量决定根瘤菌进入土壤后能否定居繁殖。拌菌的种子施到土壤中不久，相当数量的根瘤菌就会死亡，接种量多少决定根瘤菌能否在大豆根际占优势。小粒种子每粒不能少于1 000个活菌，大豆则不得少于10 000个活菌，数量过少无法保证正常结瘤，一般每公顷种子用15～22.5 kg菌剂拌种。

二、丸衣化

种子丸衣化使其能抗酸和化肥。将菌剂和黏附剂混合，然后将混合物和种子混合，再包裹一层外衣，还可以混入一些微量元素和植物生长调节剂等。常用的黏附剂包括碳酸钙、凝胶、蜂蜜。黏附剂必须有足够韧性防止种子外衣脱落。外衣包括碳酸钙、白云石、各种石膏和其他的黏土矿，过磷酸盐、磷酸盐和其他的磷酸化合物，氧化钛，土壤有机质，云母和活性炭。外衣物质的主要特性就是要接近中性且好研磨(至少90%能通过300网眼的筛子)。

具体方法为：将100 g阿拉伯胶溶于225 mL热水中，冷却后将70 g菌剂混拌在黏着剂中，包裹28 kg大豆种子，然后加入3.4 kg细石灰粉，迅速搅拌1～2 min，即可播种。18℃以下可贮藏2～3周。

三、与土壤混合

1. 液体剂型的使用

有研究表明，根瘤菌对邻近根系的结瘤贡献很小，因此提倡施用时使菌更均匀分布，一般使用液体菌剂能使菌分布更均匀，直接将菌液喷洒到种子下面的土壤中，更多的菌能够得到利用。比起粘到种子上的菌剂,这种方法可利用的菌数更多。

2. 颗粒剂型的使用

Fraser 发明了一种颗粒菌剂,得到的颗粒菌剂包含(2～5)×10^8 个活菌/g。颗粒菌剂很少被杂菌污染,由于含水量低,在储存过程中根瘤菌也不会繁殖。然而在密封容器内,水分会在颗粒表面积累,会使霉菌生长。草炭颗粒菌剂是将草炭制成小颗粒,然后喷上菌液,直径在 0.35～1.18 mm 的颗粒可以快速吸收菌液,制成颗粒菌剂能抵抗化学作用。

用于沙土种植大豆时使用或用于空中撒播种用,颗粒菌剂可以直接施到土壤中,施用量根据沟的宽度决定,一般在 5～30 kg/hm^2。颗粒菌剂配合磷肥、微肥同时使用,不与农药和氮肥同时使用,特别是不可与化学杀菌剂混施。研究表明,将拌种的方式改为底施,特别是在种子下方 3～7 cm 处,施到土壤中的菌数更多,增产幅度超过拌种,有的较拌种增产 2 倍以上。

颗粒菌剂虽然成本较高,但是在许多环境下,特别是不利条件下,颗粒菌剂更利于结瘤,有研究表明:颗粒菌剂能在 pH 4.4 的酸性土壤中结瘤,但粉剂和液体剂型都不行。

3. 冻干剂型的使用

冻干菌剂是将菌高度浓缩后制成的,冻干剂型施用时先制成悬浮液,用水稀释后可直接灌溉,条播或撒播,也可以拌种,用以满足灌溉条件好的种植者。

4. 粉剂型的使用

粉剂型的菌剂可先悬浮到水中,再喷水到沟中。将粉剂稀释后施到土壤中,可使菌剂中的根瘤菌在土壤中均匀分布,避免与种子表面化学物质接触而降低根瘤菌的数量,比直接使用粉剂更能抵抗干燥环境。使用时可将菌剂与种子一起施到播种沟中;或将菌剂施到沟附近;或者施到沟下,覆盖一层土后,再撒上种子。

需要注意的是相应的根瘤菌只能与相应的宿主作物结瘤固氮,所以在使用时一定要明确产品的适用作物,否则就不会起到固氮的肥效。

【知识拓展】

即使筛选到优良的菌株,如果缺乏合理的应用技术,其优良性状也不能在田间充分发挥。建立合理的根瘤菌应用技术包括菌剂的剂型、接种方式、配合施肥、合理的田间管理等。

一、根瘤菌剂的剂型优化

一个好的剂型,应该使菌剂简单实用,有较高的活菌数(至少要达 10^9 个/g),根瘤菌能在土壤中长期存活,能在各种环境下结瘤,且适合于机械化使用,对环境无有害影响,在生产上还要考虑成本低廉。根瘤菌主要有固体剂型、液体剂型、颗粒剂型、冻干粉剂等。固体剂型的吸附载体种类较多,包括草炭、蛭石、膨润土等,其中草炭是普遍使用的载体。草炭吸附性好、对环境无危害、能给微生物提供适当营养、pH 合适。但草炭成本高且不可再生,所以现在需要寻找草炭的优良替代物。

液体剂型由微生物和添加剂组成,不需要载体,简化了生产过程,且使用方便,通常用喷洒方式。目前在液体菌剂中一般加入多聚物保护剂,如甘油、海藻酸钠、阿拉伯树胶等,能提高根瘤菌的活菌数。液体剂型在北美地区得到广泛应用。粉剂多用于高分子类和多糖类载体,制作简单,可直接使用。胶囊颗粒,将微生物培养液加活性炭、方解石或多孔石膏制成,适合机械播种。包衣剂是新剂型。近年来,大豆种子普遍采用大豆种衣拌种。

二、接种方式优化

合理的接种方式能让根瘤菌更好地定殖在根系周围从而提高占瘤率。常用的田间接种方法有种子拌种和土壤接种。前者将菌剂直接黏附到种子上，操作简便，但大部分菌剂集中在种子附近，根瘤菌占瘤率低。土壤接种则是把菌剂撒于种子下方，幼苗根能生长到根瘤菌所放的位置，提高了占瘤率，但是土壤接种需要机械设备和大量接种剂，导致成本偏高。

三、与微量元素和激素的配合使用

土壤中的微量元素（钼、硼、锌、镍、钴、砷、锰、铜）对根瘤菌和豆科植物的相互作用也是重要的。钼是固氮酶的组成成分，研究发现，植物缺钼时，阻碍黄嘌呤代谢，阻碍氮的运输，从而降低固氮效率。适当配施钼肥，能提高大豆根瘤固氮能力。铁也是固氮酶的必需组成成分，适量的铁能促进根瘤菌结瘤和固氮。硼与氮代谢直接联系，硼缺乏也能破坏根瘤结构，降低根瘤的固氮能力。戴建军和赵久明等人的研究表明微量元素钴在盛花期和结荚期促进大豆生长。

四、合理地配合施肥

豆科植物的氮素来源有共生固氮、土壤中的有效氮和肥料氮。不同形态的氮素、施氮模式（基肥或追肥）、施氮水平对共生固氮的影响都存在差异。种植大豆前施用适量的氮肥能够促进根瘤形成和固氮效率。陈丽华和章建新等人研究认为，在大豆始花期追肥，能增加植物氮素积累，也不会抑制根瘤的生长发育。但是，高浓度的氮肥会抑制根瘤的形成和生长，并确定 10 mmol/L NH_4NO_3 为供试大豆零结瘤浓度。研究发现硝态氮的抑制作用大于氨态氮。明确合理的施氮模式，协调豆科植物对共生固氮、氮肥施用和土壤供氮的最大需求，是提高大豆产量和品种、达到减肥和保护环境目的的关键所在。

五、复合根瘤菌剂接种

单一菌株向复合根瘤菌株发展是菌剂研究方向。刘灵芝等提出，单一菌株的生物学特性（土壤适应能力和竞争能力）是有限的，多种根瘤菌复合可以发挥各自菌株的优势，无论在土壤类型和大豆品种上更具有广谱性，大豆的占瘤率更高。窦新田等研究发现混合接种相对单一接种，在土壤和品种中更具广谱适应性，增产效果好，可以因地制宜选不同菌种配合。

六、根瘤菌和 PGPR 混合接种

根瘤菌剂的另一个研究方向是单一根瘤菌向多功能复合菌株发展。植物根际促生细菌（PGPR）能促进作物生长，帮助作物更好地吸收钾、磷、氮营养，能分泌促进作物生长的激素，合成铁载体等。已有实验证明 PGPR 和根瘤菌共接种能增加根茎的生物量和根瘤干物质量、提高固氮能力和豆科植物产量。

【思考与练习】

1. 简述豆科植物-根瘤菌的共生固氮过程。
2. 高效根瘤菌菌株自然筛选的基本程序是什么？
3. 目前根瘤菌菌株的筛选应具备哪些指标？
4. 根瘤菌生产菌株质量的评价要求包含哪些内容？

5. 根瘤菌剂的高密度菌剂的制备要素有哪些?

6. 影响根瘤菌剂有效性的因素有哪些?

【参考文献】

[1]刘保平．根瘤菌菌剂研究[D]．武汉:华中农业大学,2005.

[2]霍云云．根瘤菌属五个新种的多相分类研究[D]．咸阳:西北农林科技大学,2019,06.

[3]蒲强,谭志远,彭桂香．根瘤菌分类的新进展[J]．微生物学通报,2016,(3):619-633.

[4]张晓霞,马晓彤,姜瑞波．根瘤菌分类研究进展及存在的争议[J]．微生物学通报,2010,(4):601-606.

[5]NY410—2000．根瘤菌肥料[S].

[6]NYT1735—2009．根瘤菌生产菌株质量评价技术规范[S].

[7]伍惠．优良大豆根瘤菌株的分离、鉴定及应用研究[D]．武汉:华中农业大学,2017.

[8]吴红慧．大豆根瘤菌培养基的优化和剂型的比较研究[D]．武汉:华中农业大学,2003.

[9]李欣欣,许锐能,廖红．大豆共生固氮在农业减肥增效中的贡献及应用潜力．大豆科学[J],2016,(4):531-535.

[10]徐传瑞．高效固氮大豆根瘤菌的筛选和鉴定[D]．武汉:华中农业大学,2014.

[11]管凤贞,邱宏端,陈济琛．根瘤菌菌剂的研究与开发现状[J]．生态学杂志,2012,(3):755-759.

[12]卢林纲．黑龙江省大豆根瘤菌复合颗粒肥的研制及其应用技术研究[D]．北京:中国农业大学,2005,09.

[13]焦健,田长富．根瘤菌共生固氮能力的进化模式[J]．微生物学通报,2019,(2):388-397.

项目4

解 磷 菌

【知识目标】

1. 了解解磷菌的应用意义，理解解磷菌的作用机理，掌握解磷菌的概念及分类。

2. 了解解磷菌的选育目标，理解解磷菌的选育原理，掌握解磷菌的菌种选育的方法和菌种检测要点。

3. 了解解磷菌肥料的的类型特点，掌握解磷菌肥生产中发酵工艺的优化。

4. 了解解磷菌的应用优势，掌握解磷菌肥的应用技术。

【技能目标】

1. 能根据解磷菌的选育原理设计菌种选育方案并进行菌种选育，能根据国家标准要求对解磷菌进行菌种检测。

2. 能够进行常规解磷菌肥的生产，并能熟悉发酵中各参数的调控。

3. 能正确使用解磷菌肥，并在使用中注意使用禁忌。

【德育目标】

1. 通过学习菌种选育工作的选育目标不断创新，培养学生创新意识和创新能力。

2. 通过菌种检测、菌肥生产等实践操作培养学生有效组织、合理分工的能力。

解磷菌概述

一、解磷菌的应用意义

1. 磷元素的作用

磷元素是植物三大营养元素中第二重要的营养元素。磷是原生质的重要组分，高能磷酸键是能量的载体。植物的光合作用和体内的生化过程都必须有磷参加，其对作物高产及保持品种的优良特性有着明显的作用。

2. 磷素的循环

大气中没有磷素的气态化合物,因此土壤磷素的循环与碳、氮、硫等元素的循环不一样,没有大气阶段。它是一种典型的沉积循环,主要在土壤、植物和微生物之间进行。在未受干扰的生态系统中,磷素循环是封闭型的。进入植物体内的磷,大多来自植物残体中的磷的再循环,后者是在微生物作用下进行。在农业生态系统中,由于农产品被取走,以及由于地表径流和侵蚀的影响而使磷素损失,因而磷素循环是开放型的。

3. 土壤中磷素的利用

土壤中能被植物吸收利用的有效态无机磷很低,一般只占全磷量的2%～3%。土壤中的有效磷和土壤中的全磷量往往并不相关,这就是说土壤全磷含量高时并不意味着磷素供应充足,而土壤全磷低时,则意味着土壤供磷不足。这是因为易溶性的磷肥施入土壤后,部分可被植物吸收利用,而另一部分与土壤组分发生反应后移出土壤液相,成为植物难利用的形态,这个过程称为磷固定。由于磷固定的存在使得土壤缺磷在世界范围内广泛存在,磷供给不足是世界农业生产中最重要的限制因素之一。据统计,我国约74%耕地土壤缺磷,而且95%以上的磷,因与土壤中的Fe^{3+}、Ca^{2+}和Al^{3+}等结合而丧失其有效性,植物很难直接吸收利用。

4. 解决土壤缺磷的途径

从我国情况来看,解决耕地土壤缺磷这一问题不外乎两条途径:一是增加磷源投入;二是提高难溶性磷的利用率。

第一条途径存在一定的问题:首先,磷是一种不可再生资源,而且我国磷矿资源并不丰富,且品位较低,大量的磷肥依赖进口;其次,磷肥生产需要大量的硫酸或磷酸,能源消耗大,增加了农业生产的成本;再次,高水溶性磷肥施入固磷强的石灰性土壤中,作物的当季利用率一般只有5%～10%,大部分磷肥作为无效态(难溶态)在土壤中积累。

我国自20世纪50年代施用化学磷肥以来,储存累积在土壤中的难溶性磷高达6 000万t。化学磷肥的过度使用,造成了农田有害物质累积和水体富营养化污染等一系列破坏生态环境的不良影响。

第二条途径的潜力则很大,它是利用从土壤中筛选高效解磷菌,研制成解磷菌剂拌种或直接施入土壤,将土壤中难溶性的磷活化出来,提高其有效性,走低投入高产出的农业可持续发展之路。

二、解磷菌的概念及分类

1. 解磷菌的概念

土壤磷素循环是以微生物活动为中心的。微生物的活动对土壤磷的转化和有效性影响很大。早在20世纪初人们开始注意到微生物与土壤磷之间的关系,并从土壤中分离出一些能帮助磷矿粉溶解的微生物。后来,人们把土壤中能将植物难以吸收利用的磷转化为可吸收利用形态的微生物叫做解磷菌或溶磷菌。

2. 解磷菌的分类

解磷微生物的种类繁多且复杂,根据微生物的种类可以分为解磷细菌、解磷真菌、解磷放线菌和解磷菌根菌。土壤中的解磷微生物中,解磷细菌占1%～50%,解磷放线菌占10%～50%,而解磷真菌仅占0.1%～0.5%。尽管土壤中解磷细菌的数量远远超过了解磷真菌的数量(为真菌数量的 2～150 倍),但是一般来说,解磷真菌比解磷细菌具有更强、更持久、更稳定的解磷能力。大多数解磷细菌经过几次传代培养后,解磷能力会逐步丧失,而解磷真菌一般不易丧失解磷功能。

迄今为止,见诸报道的解磷微生物已有 39 个属 89 个种数以万计的解磷菌株。常见的解磷微生物种类如下:

(1)解磷细菌　芽孢杆菌属(*Bacillus* sp.)、假单胞菌属(*Pseudomonas* sp.)、欧文氏菌属(*Erwinia*)、土壤杆菌属(*Agrobacterium* sp.)、沙雷氏菌属(*Serratia* sp.)、黄杆菌属(*Flavobacterium* sp.)、肠细菌属(*Enterbacter* sp.)、微球菌属(*Micrococcus* sp.)、固氮菌(*Azotobacter* sp.)、根瘤菌(*Rhizobium* sp.)、慢生根瘤菌(*Bradyrhizobium* sp.)、沙门氏菌(*Salmonella* sp.)、色杆菌属(*Clromobacterium* sp.)、产碱菌属(*Alcaligenes* sp.)、节杆菌属(*Arthrobacter* sp.)、硫杆菌属(*Thiobacillus* sp.)、埃希氏菌属(*Escherichia* sp.)、不动杆菌属(*Acinetobacter* sp.)、微小杆菌属(*Exiguobacterium* sp.)、泛菌属(*Pantoea* sp.)、红球菌属(*Rhodococcus* sp.)、黄金杆菌属(*Chryseobacterium* sp.)、戈登氏菌属(*Gordonia* sp.)等。

(2)解磷真菌　青霉属(*Penieilum* sp.)、曲霉属(*Aspergillus* sp.)、拟青霉属(*Paecilomyces* sp.)、分枝孢子霉属(*Cladosporium* sp.)、根霉属(*Rhizopus* sp.)、镰刀菌属(*Fusarium* sp.)和小菌核菌属(*Sclerotium* sp.)等。

(3)解磷放线菌　链霉菌属(*Streptomyces* sp.)、小单孢菌属(*Micromonospora* sp.)、诺卡氏菌(*Nocardia*)、白色放线菌(*Actinomyces albus*)、土霉素生产菌(*Actinomyces rimosus*)等。

(4)解磷菌根菌　AM 菌根菌。

此外,蓝细菌虽然最为常见的功能是固氮功能,但最近研究发现有的蓝细菌也具有解磷功能,如繁育拟惠氏蓝细菌(*Westellopsis prolifica*)、鱼腥藻(*Anabaena*)、衣藻(*Chamydomonas reinhardhin*)、裸藻(*Euglena grecilis*)、小球绿藻属(*Chorolla*)等。

有学者根据解磷微生物分解底物的不同将它们划分为能够分解有机磷的有机磷微生物和能够溶解无机磷的无机磷微生物,但是由于某些菌株既可以分解有机磷也可以溶解无机磷,所以实际操作过程中很难区分。

3. 解磷菌的生态分布特征

土壤中解磷微生物的生态分布,由于受土壤质地、类型、有机质含量及耕作栽培方式的影响,不同土壤、不同作物根际中解磷菌种群分布存在一定的差异。

(1)我国的土壤类型多样,土壤中的营养成分存在差别,也就使得土壤中的微生物含量不一样。有研究显示,河西走廊地区原生盐碱地、次生盐碱地与农田土在土壤理化性质和土壤微生物数量等方面均有差异。河西地区土壤较贫瘠,土壤微生物数量较低,且分布有规律性,即原生盐碱土＜次生盐碱土＜农田土。放线菌、真菌、碱性磷酸酶、脲酶和有效磷五个因子是引起土壤微生物数量、酶活性与理化因子之间相关性的主要因素。结果显示河西地区盐碱土壤中磷的循环很大程度上影响着土壤微生物的数量。同时盐碱土微生物功能群季节动态与土壤理化因子关系的研究表明,pH、有机质和有效磷含量可作为盐碱土壤肥力的重要评价因子,而且微生物量对土壤肥力有一定贡献。这表明,解磷微生物可能为提高土壤有效磷含量起到了积极作用。也有研究表明,在我国干旱地区土壤中,解磷微生物的数量:黑钙土＞黄棕壤＞白土＞红壤＞砖红壤＞瓦碱土,且芽孢杆菌和假单胞菌占优势。但在黄棕壤和红壤中种类繁多。2000 年,林启美等通过分析林地、农田、草地和菜地 4 种不同土壤类型中有机磷细菌和无机磷细菌数量及种群结构，发现有机磷细菌数量多于无机磷细菌数量，并且菜地中有机磷细菌数量最多，是其他土壤的10倍，解磷菌总量在农田中占优势。

(2)土壤解磷微生物的分布表现出强烈的根际效应，在植物根际土壤中数量远高于土体中的数量。2002年，赵小蓉等研究小麦和玉米根际与非根际解磷菌的分布特点时发现，小麦根际和玉米根际土壤的解磷菌数量比非根际土壤的要高1～2个数级。林启美等也发现冬小麦苗期根际土壤的有机磷细菌主要为假单胞菌属，无机磷细菌主要为欧文氏菌属。也有学者研究发现，黑麦草和小麦根际与非根际土壤中解磷有机微生物为革兰氏阴性短杆菌、芽孢杆菌属、曲霉属、沙雷氏菌属、假单胞菌属、微球菌属、链霉菌属、变形杆菌属等。

(3)不同作物根际解磷菌分布种类也不一样。吴凡等即对桑树根际土壤进行分析，筛选出一些主要菌种为假单胞菌属、贪噬菌属及根瘤菌属。Paul 和 Sundara Rao 发现豆科植物根际解磷微生物主要为芽孢杆菌属。DeFreitas 等从 Canda (*BrassicanapusL*)根际分离出111种解磷细菌中芽孢杆菌属占34%，假单胞菌属占17%，及少量的土壤杆菌属和节细菌属等。小麦根际解磷菌主要为假单胞菌属、芽孢杆菌属、欧文氏菌属和埃希氏菌属。赵小蓉研究发现夏玉米收获时的根际无机磷细菌主要为欧文氏菌属，其中有机磷细菌主要为黄杆菌属和假单胞杆菌。Molla 和 Chowdhury 对黑麦草及小麦根际与非根际土壤中解有机磷微生物进行筛选鉴定，发现其解磷微生物主要为链霉菌属、芽孢杆菌属、变形杆菌属、沙雷氏菌属、青霉属、假单胞菌属和微球菌属。

三、解磷菌的作用机理

1. 土壤中磷的存在形式

土壤中的磷素是以无机化合物和有机化合物这两种状态存在。土壤中无机磷的含量占全磷量的1/3～1/2。土壤中无机磷的形态主要有原生矿物和次生矿物二种类型。原生矿物主要有磷灰石；次生矿物主要指沉淀态的磷酸盐，包括磷酸铁、磷酸铝和磷酸三钙三种形态的磷，在一定条件下可以释放出来，供植物利用。

土壤中有机磷占全磷量的1/2～2/3，其中磷脂约占1%，核酸类占5%～10%，肌醇六磷酸盐(植素)占60%，另外还有35%～40%是一类在化学形态和性质上还不清楚的有机磷。土壤中的有机磷不能被植物直接吸收，它们必须在微生物的作用下转变成可利用的无机态形式才能被利用。

2. 解磷菌的作用机理

解磷菌的种类繁多，不同微生物解磷的方式不一样，导致解磷菌的解磷机制具有多样性，主要有以下几种：

(1)产生有机酸　有机酸是指一类具有酸性的有机化合物，能够解离出游离的 H^+，H^+ 与 PO_4^{3-} 结合形成可溶的 HPO_4^{2-} 和 $H_2PO_4^-$ 盐；同时有机酸根离子能够与 Fe^{3+}、Al^{3+} 或 Ca^{2+} 结合从而释放无机磷。H^+ 能够活化土壤中的难解磷酸盐，石灰性土壤中主要为 Ca_2-P、Ca_8-P，酸性土壤中主要为 Al-P 和 Fe-P。近年来的研究也表明土壤中难溶无机磷的释放与解磷菌产生的有机酸有关。

解磷菌在生长繁殖过程中代谢产生一些有机酸，并分泌到体外，降低环境 pH，促进土壤难溶性磷的转化，促进植物的生长和发育。有机酸理论被认为是目前解磷菌的解磷机理中最为普遍，也是最被广泛接受的一个机理。

近年来的研究表明大部分的解磷菌能够产生有机酸，目前已经报道解磷菌产生的有机酸种类有以下几种：草酸、乳酸、乙酸、丙酸、苹果酸、酒石酸、柠檬酸、丁酸、丙二酸、丁二酸、葡萄糖酸、延胡索酸、富马酸和葡萄糖酸等。有机酸的产生受环境条件的影响，微生物在不同的条件下可能产生不同的酸。

通过产生有机酸解磷的微生物占到解磷菌数量的80％以上，筛选产酸的解磷菌也一直是解磷菌应用的工作重点。

（2）分泌水解酶　土壤中有机磷的组成复杂，主要有磷脂、核酸类、肌醇六磷酸盐，另外还有其他形式的有机磷。一般而言，解磷微生物主要是通过分泌水解酶促使有机磷的分解。酶解作用是有机磷转化的主要途径，在磷酸酶的作用下，有机磷可被分解出无机磷。

这些水解酶常见的有磷酸酶、植酸酶、C-P裂解酶等。其中磷酸酶在解磷真菌和解磷细菌中都非常常见。它主要是通过脱磷酸作用，将磷酸酯中的磷酸基团去除，并生成磷酸根离子。磷酸酶又包括酸性磷酸酶和碱性磷酸酶，这两种磷酸酶的产生主要取决于外界环境。酸性磷酸酶在酸性土壤中较多，而在中性或碱性土壤中则碱性磷酸酶较为常见。植酸酶可对土壤中最主要的有机磷来源植酸进行水解。C-P裂解酶主要是对有机磷酸盐中的C-P键进行裂解，从而将有机磷变成可溶性的磷。

磷酸酶的分泌是解磷菌解磷的主要机制之一，有机磷的释放也主要是磷酸酶的作用，获得能够分泌磷酸酶的微生物也成为研究重点。

（3）释放H^+　H^+对无机磷的溶解与有机酸H^+与PO_4^{3-}结合作用原理一样，但是H^+并不是微生物产酸解离出的H^+。研究发现有一些解磷菌不产生有机酸，可能通过呼吸作用产生碳酸和NH_4^+的同化而释放出H^+，提高难溶性磷酸盐的溶解度，促进了磷酸盐的溶解。

通过H^+释放而解磷的微生物数量较少，在土壤环境中，其效果不稳定，这类解磷菌的应用目前还未见报道。

（4）分泌胞外多糖　微生物分泌的胞外多糖，因其分子结构中含有大量具有络合重金属离子的阴离子官能团，可以对土壤中Ca、Mg、Fe、Al等元素进行螯合，从而使土壤中可固定磷酸根的阳离子减少，增加土壤磷酸根离子的活性。研究认为解磷细菌分泌的胞外多糖是促进磷有效化的重要因子，它协同有机酸促进了难溶性磷的溶解。

综上所述，解磷菌机理具有多样性，其分泌的解磷物质具有多种物质，目前研究的主要对象为有机酸和磷酸酶，这两种物质的研究占到解磷菌的99％，对其他物质所知甚少。

任务4.1　菌种选育与检测

【任务要求】

通过本次任务的学习，能够根据解磷菌的筛选原理设计解磷菌菌种筛选方案和进行菌种选育；并根据国家相关标准对解磷菌菌株的要求进行菌种检测和结果分析。

任务 4.1.1 菌种选育

【相关知识】

一、解磷菌选育的意义

农业生产中磷素的投入一直被认为是维持动植物产品产量、满足全球食品需求、维持生态系统平衡的重要手段。我国耕地土壤磷素状况不容乐观，74％耕地土壤缺磷，土壤中 95％以上的磷为无效态。解磷菌能够将植物难以吸收利用的磷转化成为植物可吸收利用的形态，从而改善土壤供磷状况，提高作物产量。在现代农业生产中，由于土壤磷库利用率低、磷矿资源耗竭、化学磷肥使用不当带来的环境污染等问题越来越严重。利用解磷菌活化土壤难溶性磷，因其有高效、环保，且与土壤亲和等特点而被广泛应用。因此，解磷菌的选育及应用对改善土壤结构、提高土壤中磷的利用率、改良盐碱地和维持农林业生态平衡等具有极其重要的意义，已成为众多学者迫切关心的核心问题。

二、解磷菌选育的研究进展

目前对解磷菌的研究主要是集中在常温、适宜解磷菌生长的环境条件下来对菌株进行分离与筛选，这样筛选出来的菌株具有较大的普遍适用性。但是，自然界中的环境是复杂多变的，某一因素的改变，可能就会影响群体效益的发挥，也就是说，要研究一些特殊的、极端环境下这些解磷菌的解磷效果。目前也有不少学者对特殊环境下的解磷菌进行了研究，并在筛选出来的前提下加以驯化，从而培养出相应的具有高产值的解磷菌群体。

1. 耐高温解磷菌的筛选研究

解磷菌在适宜的温度范围内生长代谢旺盛，过高或过低的温度会影响其生长，导致解磷效果的降低。但在实际生产中，通过自然环境的选择进化作用，会产生一些耐高温的菌株。堆肥就是一种需要在高温条件下达到转化资源的农业产肥方式。它是利用微生物在高温条件下将垃圾中可降解的有机物向稳定的腐殖质生化转化的过程。在堆肥过程中，微生物生长释放出的能量不能释放到外界，导致肥堆内的温度上升。在此过程中产生一定量的有机酸，过高含量的有机酸会对植物的生长产生毒害作用。而有机酸是微生物转化难溶性磷的主要指标，因此，为提高堆肥中难溶性磷的转化率，耐高温解磷菌的研究逐渐受到了相关学者的重视。

2. 耐盐碱解磷菌的研究

土壤解磷菌分布较广，解磷效果也参差不齐，其对难溶性磷的转化主要受环境的影响。土壤的 pH、养分含量高低、水分状况、温度高低等都会影响解磷菌的活性。有些环境中土壤严重盐碱化，pH 升高，盐碱土中 Ca^{2+} 含量一般较高，且非常容易与土壤中磷酸根离子结合，形成难溶磷酸盐。这种极端环境可能抑制解磷菌的生长，降低解磷效果。耐盐碱解磷菌能在这种环境下生存，并且能有效地促进盐碱地有效磷的转化，促进植物对磷的吸收利用。

【任务实施】

一、解磷菌筛选的原理

初筛是在缺磷的合成培养基中加入控制磷源，初步分离出不同的土壤解磷菌。分离有机磷解磷菌时，通常以卵磷脂为控制磷源；分离无机磷细菌时用磷酸三钙或磷矿粉为控制磷源。复筛是初筛出有一定解磷能力的菌株，再经过多次复筛选出优良纯菌株。

二、解磷菌筛选的步骤

(一)样品采集

根据筛选目的选择特定的根际土壤。采用五点取样法，并混合均匀后取土 500 g 左右装袋。采样时铲去表土，深挖 10～20 cm，将植物根系及黏附其上的根际土壤一同装入无菌袋中。同时采集非根际土，注明采集地点、日期、土样号，取回于 4℃冰箱保存，并尽快进行解磷菌的分离。

(二)根际土壤悬浊液的制备

在无菌室中，准确称取新鲜土壤样品 5 g，放入装有 95 mL 无菌水的 250 mL 三角瓶中，置摇床上振荡 20 min，使微生物细胞分散，静置 20～30 s，即成 10^{-1} 稀释液；再按 10 倍逐步稀释的方法，连续稀释制成 10^{-4}、10^{-5}、10^{-6}、10^{-7}、10^{-8}、10^{-9} 等一系列稀释菌液，用于有关微生物的测定。

(三)解磷菌的分离

采用稀释平板涂抹法。分离解磷菌时，采用 10^{-4}、10^{-5}、10^{-6} 稀释度，用移液器各取 100 μL 的土壤稀释液于无机磷和有机磷平板中央，并用涂布器在平板上涂布均匀。每个样品设 3 个重复。有机解磷菌 28℃培养 3 d，无机解磷菌培养 7 d，观察菌落生长情况，同时计算具有解磷作用的解磷菌的菌株数。分离无机磷解磷菌，采用无机磷培养基；分离有机磷解磷菌，采用有机磷培养基。

分离用培养基配方如下：

(1)无机磷培养基(蒙金娜基础培养基)　葡萄糖 10.0 g、$(NH_4)_2SO_4$ 0.5 g、$MgSO_4 \cdot 7H_2O$ 0.3 g、NaCl 0.3 g、KCl 0.3 g、$FeSO_4 \cdot 7H_2O$ 0.03 g、$MnSO_4 \cdot 4H_2O$ 0.03 g、$CaCO_3$ 5.0 g、$Ca_3(PO_4)_2$ 5.0 g、琼脂 18.0 g、蒸馏水 1 000 mL，pH 7.0～7.5。

$Ca_3(PO_4)_2$(化学纯)，按 0.5%加入基础培养基，分装 150 mL 三角瓶，每瓶 100 mL，98 kPa 灭菌 30 min。

(2)有机磷培养基(卵黄培养基)　蛋白胨 10.0 g、牛肉膏 3.0 g、NaCl 5.0 g、琼脂 18 g、水 1 000 mL，pH 7.2～7.4。

将配制的培养基分装灭菌，临用时每 50 mL 加入新鲜蛋黄液 3 mL(蛋黄液与 0.9%生理盐水 1∶1 混合)。

(四)平板初筛

用接种环挑取培养基上出现明显溶磷圈或透明圈的菌落(图 4-1)，用连续划线的方法划线纯化，有机磷解磷菌于 28℃培养 4 d，无机磷解磷菌培养 7 d，得到单株具解磷能力的菌株。同时测量解磷菌的菌落直径和透明圈直径，计算透明圈与菌落直径比，以有无透明圈及透明圈的大小作为淘汰一部分菌落的依据，初步断定菌落解磷效果。将提纯的解磷菌株接种到牛肉膏蛋白胨斜面培养基上培养，置于4℃冰箱保存备用。

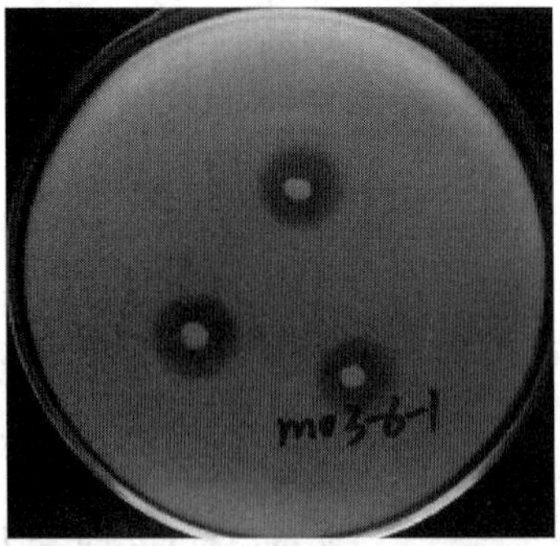

图 4-1　解磷菌菌落和溶磷圈

(五)高效菌株的复筛

复筛用钼锑抗比色法测定溶液中有机磷和无机磷的含量，评价菌株转化磷酸三钙和分解卵磷脂的能力。

1. 解磷菌解无机磷能力的定量测定

将不加磷的无机磷液体培养基分装于150 mL三角瓶中，每瓶30 mL，精确加入0.250 g $Ca_3(PO_4)_2$，灭菌后加入1 mL已用牛肉膏蛋白胨培养基活化24 h的待测菌液，设3次重复。置28℃恒温振荡培养箱160 r/min培养5 d，菌株培养液10 000 r/min离心20 min，上清液采用钼锑抗比色法测定其磷含量，同时用pH计测定培养液的pH。

2. 培养液有效磷含量测定-钼锑抗比色法

(1)钼锑抗试剂　称取酒石酸氧锑钾$[K(SbO)(C_4H_4O_6 \cdot 1/2\ H_2O)]$ 0.50 g，溶解于100 mL水中，制成0.5%的溶液。

(2)钼锑抗贮存液　吸取153 mL硫酸，缓慢倒入约400 mL水中，边加边搅拌，冷却。另称取10.0 g钼酸铵$[(NH_4)_6Mo_7O_{24} \cdot 4H_2O]$，溶解于300 mL约60℃的水中，冷却。然后将硫酸溶液缓缓倒入钼酸铵溶液中，再加入100 mL 0.5%酒石酸氧锑钾溶液，最后加水定容至1 000 mL，充分摇匀，贮于棕色瓶中。

(3)钼锑抗显色剂　1.50 g抗坏血酸($C_6H_2O_6$左旋，旋光度+21°～+22°)溶于100 mL钼锑抗贮存液中，此液需随配随用。

(4)2,4-二硝基酚指示剂　溶解2,4-硝基酚0.20 g于100 ml 95%乙醇中。

(5)5 mg/kg磷标液的配制　100 mg/kg的磷溶液，准确称取0.439 4 g 50℃烘干的磷酸二氢钾，加100 mL水，加5 mL浓硫酸(防腐)，定容至1 000 mL，摇匀，此液可长期保存。吸取100 mg/kg的磷溶液12.5 mL于250 mL容量瓶中，加水至刻度，浓度即为5 mg/kg磷标液，此液不宜久存。

(6)钼锑抗比色法　取离心后的上清液200 μL加入50 mL容量瓶中，加水至15～20 mL，加1滴2,4-二硝基酚指示剂，用稀碱溶液和稀酸(硫酸)调节pH至溶液呈微黄色。用移液管加5 mL钼锑抗显色剂，用水定容，摇匀。30 min后，在分光光度计上用700 nm波长比色，以空白试验溶液为参比液，调吸收值到零，然后测定待测液的吸收值，在工作曲线上查出显示液的溶磷量，颜色在8h内可保持稳定。

(7)工作曲线的绘制　分别吸取5 mg/kg的磷标液0、1、2、3、4、5、6于50 mL容量瓶中，同样进行显色测定，得0、0.1、0.2、0.3、0.4、0.5、0.6 mg/kg磷标液系列显色液。用0 mg/kg磷标准显色液作参比，调吸收值到零，由稀到浓测定标准系列显色液的吸收值，在方格纸上以吸收值作纵坐标，磷含量为横坐标绘制工作曲线。

3. 有机磷菌解有机磷能力的定量测定

将每升加入0.5 g卵磷脂的有机磷培养基分装于150 mL的三角瓶中，每瓶30 mL，灭菌后加入1 mL已用牛肉膏蛋白胨培养基活化48 h的待测菌液，3次重复。置28℃恒温振荡培养箱 160 r/min 培养 5 d，然后取菌株培养液，10 000 r/min 离心 20 min，上清液采用钼锑抗比色法测定其磷含量，同时用 pH 计测定培养液的 pH。离心后的沉淀用溶菌液处理，37℃水浴 1 h，然后 4℃下离心（10 000 r/min）15 min，取上清液定容至 50 mL，用钼蓝比色法测定菌体的含磷量。

溶菌酶：将 5 mg 溶菌酶加入到 1 mL TEN 溶液中，现配现用。

通过在缺磷合成培养基中加入控制磷源，初步分离出不同的土壤解磷菌，进一步对初筛菌株进行解磷能力的测定，复筛选出高效解磷菌株作为生产备选菌株，再经过鉴定、遗传稳定性试验、中试发酵，即可大规模投入生产。

任务 4.1.2 菌种检测

【相关知识】

在微生物肥料生产中，为了保证产品的质量，在进行菌剂生产之前，对菌种进行纯度检测是必不可少的关键环节。如菌种为自选或传代次数较多的菌种，为防止菌种衰退，定期对菌种进行复壮，检测菌种的解磷能力也是非常必要的。

NY 412—2000《磷细菌肥料》标准中对磷细菌肥料菌种做出明确的技术要求：

(1)用于生产磷细菌肥料的菌种，必须是从国家菌种中心或国家科研单位引进的并经过鉴定对动物和植物均无致病作用的非致病菌菌株。

(2)这些菌株在含有卵磷脂或磷酸三钙的琼脂平板上培养，能观察到明显的溶磷圈。

(3)发酵培养后，解磷量与不接菌对照比较有显著差异($P \leqslant 0.05$)。

(4)有机磷细菌，芽孢杆菌属的细菌为革兰氏染色阳性，能产生抗热的芽孢，为椭圆形或柱形周生或侧生鞭毛，能运动，能产生接触酶。

(5)无机磷细菌，假单胞菌属中的细菌为革兰氏染色阴性杆菌，极生的单鞭毛或丛鞭毛，能运动，接触酶阳性，此属中的部分菌株为致病菌，必须进行严格的菌种鉴定后才能用于生产。产碱菌属的细菌，细胞呈杆状，1～4 根周生鞭毛，能运动，革兰氏染色呈阴性，接触酶阳性。硫杆菌属的菌为革兰氏染色阴性小杆菌，单根极生鞭毛，能运动，严格自养。

【任务实施】

在解磷菌中，解磷细菌占总量的 50%以上，且目前应用效果最好，最为普遍的菌种就是巨大芽孢杆菌，接下来以巨大芽孢杆菌为例，阐述其菌种检测程序。

一、纯度检测

1. 菌落生长特征

首先，将冻干保藏菌管，接种于营养琼脂斜面，28℃培养 24～36 h。然后采用平板划线法，转接于营养琼脂平板培养，观察单菌落的生长特征，包括其形状、大小、颜色、透明度、边缘特征、隆起程度等，并与巨大芽孢杆菌典型菌落特征进行对照，初步判断有无杂菌。如果菌株不纯，则需要反复用划线法或稀释法加以纯化。

巨大芽孢杆菌的菌落特征：在营养琼脂培养基上，培养初期（48 h 内）为圆形扁平整边、微有光泽，整体为灰白色。但在放大镜下细看，菌落中心有一白点，点外有深黄色圆圈，圈外缘为黄白色，而菌落边缘无色透明，如此则形成几层同心圆圈菌落。从侧面看，菌落中心实为凹陷点，外有凸起圆圈，圈外为一层凹圈，此圈向外微隆起至边缘成无色透明坡形。菌落背面也可看出几层同心圆圈，这是巨大芽孢杆菌菌落特征(图 4-2)。

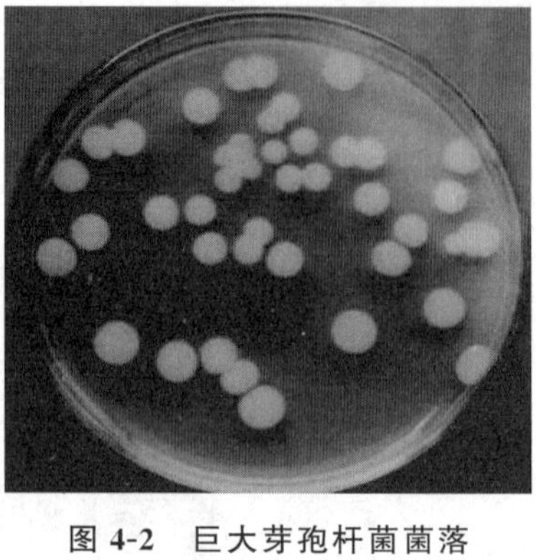

图 4-2　巨大芽孢杆菌菌落

值得注意的是，此菌在不同培养时间的菌落大小和形态有差异。培养初期菌落大小约为 2 mm，圆形、边缘光滑不破折。长时间(3 d 以上)培养后，菌落直径可达 3～4 mm，表面微折，边缘微波形。如果培养皿内菌落稀少，因营养丰富菌落会扩展至 10 mm 左右，而此时菌落表面多皱折，边缘呈波形，甚至呈菊花瓣形。此时的菌体拉长而芽孢由短椭圆形变为长椭圆形。此种由于培养时间和营养条件差异致使菌落扩展的非典型菌落形态不应误认为杂菌污染。

2. 菌体形态特征

经菌落生长特征初步鉴定无杂菌，还需要进一步通过革兰氏染色和芽孢染色镜检，观察菌体的个体形态，革兰氏染色结果，芽孢形成情况，并判断是否符合巨大芽孢杆菌典型菌体形态特征。各项指标均符合，即为纯种。

巨大芽孢杆菌的菌体形态特征：革兰氏染色阳性，细胞粗大而呈短杆状或近椭圆形，菌体直径大多在 1.5 μm 以上甚至达 3 μm 以上，而其他近缘芽孢杆菌的菌体多为细长杆状，细胞直径多小于 1.2 μm。相比之下，此菌的菌体实在粗大，因而拉丁文学名称其为巨大芽孢杆菌。但由于“巨大”二字冠在芽孢杆菌之前，往往被误解为此菌的芽孢巨大，其实此菌的芽孢为短椭圆形，并不大，比胶质芽孢杆菌的芽孢小得多。其次，此菌分裂后幼细胞常为单个或两个相连，老细胞成双或为短链状。

二、解磷能力的检测

解磷能力是表征解磷菌作用的重要指标，可采用定性法——平板溶磷圈法和定量法——钼锑抗比色法两种方法测定。

1. 定性法——平板溶磷圈法

平板溶磷圈法是最方便快捷的一种定性测定解磷效果的方法。该方法是将解磷菌接种在含有难溶性的有机磷或无机磷培养基上培养，测定菌落周围产生溶磷圈的大小，透明圈直径大小与菌株解磷能力呈正相关关系，以此来初步判断磷细菌菌株分解有机磷或无机磷能力的强弱。有机磷固体培养基中的卵磷脂可被细菌分泌的有机磷降解酶水解为甘油、脂肪酸、磷酸和胆碱，胆碱进一步分解为胺、二氧化碳、有机酸和醇，从而使得在鸡蛋黄培养基上的菌体能在其周围形成一定的透明圈。无机磷固体培养基中的难溶性磷酸盐在微生物溶磷机理的作用下溶解，也会在菌体周围形成一定的透明圈。

具体操作是将有机磷细菌或无机磷细菌培养基融化后冷却至 45℃左右倒入灭菌平皿，每皿约 15 mL，凝固后培养基表面无冷凝水后待用。待测菌种活化后加入适量的无菌水，刮下菌苔，制成均匀的菌悬液。用灭菌滴管滴入备用的平板上，每皿可均匀地分别滴四个点。待滴入的菌悬液干后才可反转置于 28～30℃恒温培养箱中培养，2～3 d 后可观察结果。在菌落周围有透明圈为有溶磷或解磷作用，无透明圈的为不溶磷、少溶磷，或不解磷、少解磷。

2. 定量法——钼锑抗比色法

有无透明圈以及透明圈的大小只能作为菌种解磷能力初步判断的依据，评价菌株分解有机磷和转化无机磷的能力。如需进一步检测解磷能力，可以采用钼锑抗比色法进行定量测定。

解磷微生物的定量测定包括液体培养法和土壤(或沙培)培养法。液体培养法测定培养液中可溶性磷的含量，土壤法在土壤浸提液中可以测定其有效磷的含量。在液体培养法中，可以采用培养液过滤法、离心取上清、消煮法等方法将解磷菌分解出的无机磷浸提出来并进行定量测定。具体操作参见 4.1.1 菌种选育中培养液有效磷含量测定-钼锑抗比色法。

任务 4.2 生产工艺

【任务要求】

通过本次任务的学习，能够根据解磷菌肥制作要点进行常规解磷菌肥的生产，并能熟悉发酵中各参数的调控。

【相关知识】

一、磷细菌肥料的定义和分类

1. 定义

解磷菌的解磷和溶磷作用在农业生产上日益受到重视。解磷真菌由于工业化生产问题未能很好解决，使用受到一定的限制，所以目前生产和应用最多的是解磷细菌肥料。

在 NY 412—2000《磷细菌肥料》标准中，磷细菌肥料是指能把土壤中难溶性磷转化为作物能利用的有效磷素营养，又能分泌激素刺激作物生长的活体微生物制品。

2. 分类

(1)磷细菌肥料按照剂型不同分为液体磷细菌肥料、固体粉状磷细菌肥料和颗粒状磷细菌肥料。

(2)按照菌种及肥料的作用特性不同分为有机磷细菌肥料和无机磷细菌肥料。①有机磷细菌肥料能在土壤中分解有机态磷化物(卵磷脂、核酸和植素等)的有益微生物经发酵制成的微生物肥料。分解有机态磷化物的细菌有芽孢杆菌属中的种(*Bacilus* sp.)和类芽孢杆菌属中的种(*Paenibacillus* sp.)。②无机磷细菌肥料能把土壤中难溶性的不能被作物直接吸收利用的无机态磷化物溶解转化为作物可以吸收利用的有效态磷化物。分解无机态磷化物的细菌有假单胞菌属中的种(*Pseudomonas* sp.)、产碱菌属中的种(*Alcaligenes* sp.)、硫杆菌属中的种(*Thiobacillus* sp.)。

标准中明确规定使用标准之外的菌种生产磷细菌肥料时，菌种必须经过鉴定，而且必须为非致病菌菌株。

二、解磷菌的发酵工艺优化

解磷菌的发酵工艺优化主要包括两个方面，即培养基的优化和发酵条件的优化。培养基的优化是旨在针对于培养基中的各种组分，如碳源、氮源、无机盐及生长因子等调整其组成成分、浓度及配比，以达到最终优化目标。发酵条件优化是旨在针对不同微生物的生长特性，调整发酵过程的条件，如温度、pH、转速、溶氧等实现目标产物的最大化产出。

三、解磷菌固体制剂的吸附载体

吸附载体的选择是制备微生物肥料菌剂的关键。合适的吸附载体可以保证目标菌群在土壤微生态环境中的存活率，使其在竞争中占优势，从而发挥其稳定的作物根际促生长效果。另外，要使吸附载体中的有益菌群有效发挥作用，还要求载体具有较好的微生物在土壤中的释放效果，使目标微生物能够及时释放到作物根际土壤中去。

目前，国内使用的各种微生物肥料的吸附载体主要有泥炭土、草炭、有机肥、堆肥和畜禽类粪便等。牛彦波等曾考察了解磷巨大芽孢杆菌、硅酸盐细菌和联合固氮菌用草炭、褐煤、禽粪和糠醛渣作为吸附载体的菌群存活情况。结果表明草炭、褐煤、风化煤、熟化的禽粪鸡粪、牛粪等做载体菌剂吸附载体效果较好，糠醛渣则不适合做吸附载体。朱培森用酒糟、中药渣和猪粪为原料的有机肥分别做筛选得到的高效解磷菌吸附载体，考察其菌群存活率。室温放置后发现以酒糟为原料的有机肥作为吸附载体活菌数比较稳定，以中药渣为原料的有机肥吸附载体活菌数缓慢下降，而以猪粪为原料的有机肥吸附载体活菌数则迅速下降。

【任务实施】

目前磷细菌肥料的生产主要采用液体发酵固体吸附生产工艺，具体方法如下：

一、菌种培养

1. 斜面菌种活化

将保藏菌种接种到固体斜面培养基上，37℃培养 24 h 后置于 4℃冰箱中保存待用。

活化培养基配方：20%马铃薯汁 1 000 mL、$CaCO_3$ 5.0 g、琼脂 20 g，pH 自然。

2. 三角瓶液体或克氏瓶固体培养

先将斜面菌种转接液体培养基中振荡培养；或克氏瓶固体培养。

培养基配方：麦麸浸汁 1 000 mL、碳酸钙 5.0 g，pH 自然。

3. 种子罐液体培养

种子罐液体培养液配方同三角瓶液体培养基，一般投料为罐容量的 2/3 左右。然后接种到种子罐中，培养 10 h 后，每隔 2 h 抽样检验和计数。镜检无杂菌，菌体正常，每毫升菌液的菌数达到$(2.0\sim3.0)\times10^9$时，将无杂菌的种子罐发酵液接种到发酵罐中，接种量 10%～20%。

二、发酵罐培养

空罐和所有管道在投料前高压蒸汽灭菌，压力 98～147 KPa 高压蒸汽灭菌 30 min。降压后投料，其配方同种子罐培养液，然后用 78.4～98 KPa 高压蒸汽灭菌 30 min，待罐温降至 28～30℃时接种。

将无杂菌的种子罐发酵液通过压力接种到发酵罐中，接种量 10%～20%。培养基配方与培养条件同种子罐。在大罐培养正常的情况下，也可将大罐菌液作种子，接种到另一大罐中。接种量适当加大，可缩短发酵周期。

培养 10 h 后，每隔 2 h 抽样检查杂菌和计数，达到质量要求后方可放罐。放罐前须测定含菌量。

三、吸附剂制备

1. 吸附载体前处理

草炭使用前应晾晒干燥，使水分含量在 10%左右。干燥后的草炭用粉碎机粉碎，过 80 目，每袋 1 000 g 分装至包装袋中，之后 100℃蒸汽灭菌 30 min，间歇灭菌 3 次，烘干备用。

2. 防腐剂和 pH 缓冲液配制

(1)将防腐剂配制成 10 倍母液　称取 0.25 g 苯甲酸钠溶于 50 mL 蒸馏水中，此为 0.5%的苯甲酸钠溶液，121℃高压蒸汽灭菌 20 min，备用。

(2)pH 缓冲液的配制　称取 7.5 g $KH_2PO_4 \cdot 3H_2O$，溶于 50 mL 蒸馏水中，121℃高压蒸汽灭菌 20 min，备用。

3. 吸附

草炭∶菌液＝(3～4)∶1 的比例搅拌均匀。加入 10 mL 0.5%的苯甲酸钠防腐剂溶液和 3 mL pH 缓冲液。水分控制在 30%～35%，菌数 2.0×10^8 个/g，杂菌率小于 10%。经抽样检验产品符合 NY 412—2000《磷细菌肥料》标准即可入库待售。

磷细菌肥料产品技术指标见表 4-1、表 4-2 和表 4-3。

表 4-1　液体磷细菌肥料技术标准

项目		指标
外观、气味		浅黄或灰白色浑浊液体，稍有沉淀，微臭或无臭味
有效活菌数/(亿个/mL)	有机磷细菌肥料	≥2.0
	无机磷细菌肥料	≥1.5
杂菌率*/%		≤5.0
pH		4.5～8.0
有效期/月		≥6

*杂菌率包括在选择培养基上的杂菌数和在马丁培养基上的霉菌数。其中对霉菌数的规定为：一般磷细菌肥料的霉菌数要求少于 30.0×10^3 个/mL(g)，拌种剂磷细菌肥料的霉菌数要求少于 10.0×10^4 个/mL(g)。

表 4-2　固体(粉状)磷细菌肥料技术标准

项目		指标
外观、气味		粉末状、松散、湿润、无霉菌块、无霉味、微臭
水分/%		25～50
有效活菌数/(亿个/mL)	有机磷细菌肥料	≥1.5
	无机磷细菌肥料	≥1.0
细度(粒径)		通过孔径 0.20 mm 标准筛的筛余物≤10%
pH		6.0～7.5
杂菌率/%		≤10.0
有效期/月		≥6

表 4-3 固体(颗粒)磷细菌肥料技术标准

项目		指标
外观、气味		松散、黑色或灰色颗粒,微臭
水分/%		≤10
有效活菌数/(亿个/mL)	有机磷细菌肥料	≥0.5
	无机磷细菌肥料	≥0.5
细度(粒径)		全部通过 2.5～4.5 mm 孔径的标准筛
pH		6.0～7.5
杂菌率/%		≤20.0
有效期/月		≥6

任务 4.3 应用技术及效果

【任务要求】

通过本次任务的学习,能在农业、林业等不同领域中合理应用解磷菌,并能正确地使用解磷菌肥。

【相关知识】

一、解磷菌的应用优势

解磷菌作为土壤根际微生态系统的一个重要组成部分,在增加土壤养分、促进植物的生长及改善环境方面等都具有明显的应用优势。

1. 促进植物体对营养物质的吸收

解磷菌的代谢产物能与植物根系周围的锌、铜、钙等微量元素发生螯合作用,进而促进吸收营养物质,并且在代谢过程中还可以释放利于植物生长调节物质,促进植物的生长。

2. 增强植物的抗病能力

解磷菌自身能够大量繁殖在植物根际形成优势群,有的还能分泌抗生物质,能抑制其他病原微生物的生长,与病原微生物发生拮抗作用,从而大大减少了病原微生物的繁殖机会,增强植物抗病能力。

3. 肥效高

化学磷肥在施用过程中有一大部分由于土壤的磷固定使肥效丧失,而解磷菌可以直接作用于土壤中,或制成菌肥施入土壤,利用微生物直接将难溶性磷转化为可吸收利用的磷,减少化肥使用过程中的淋失和固化作用,为植物提供优质的磷素营养。

4. 减少环境污染

解磷菌制成的微生物菌肥可以替代传统肥料的使用,不仅减少了成本,对环境不产生污染，并且解磷菌的生命活动有修复土壤的作用，可以说解磷菌是真正意义上的环保型肥料。

解磷菌肥料生产简单，见效快，市场竞争力强。因此，解磷菌肥不仅能够促进植物生长，使作物增产，还能提高磷利用率，使土壤环境改善，促进农业生态系统的可持续发展。

二、解磷菌的应用效果

1. 解磷菌在农业领域中的应用

最早将解磷菌投入到生产的是蒙金娜，1935 年从土壤中分离出解磷巨大芽孢杆菌，测定其解磷能力特别强，将其接种到土壤后有效磷至少提高 15%。很多国家相继将解磷能力强的菌株制成了生物菌肥，在不同的领域都有相应的应用。

中国农业科学院范丙全在玉米、花生种植时施用溶磷青霉菌 P8，不同地块增产幅度在 3.1%～25%。刘立新研究表明，生物磷肥有强杆状苗、抗倒伏的作用，水稻应用增产 10.1%。甜菜施用生物磷肥与无机化肥混用，既能提高幼苗生长趋势，增加植株鲜重，又能提高甜菜块根的产品质量，可使甜菜提高根产量 8.2%～13.1%、提高含糖度 1.1～1.2、增加产糖量 16.1%～22%。戴建军研究报道，生物磷肥可使生菜增产达 32.70%，小白菜增产最高达 185.30%。Sudhansu 研究表明解磷菌能提高荞麦、苋菜和玉米等作物的产量和品质。朱培淼等发现两株假单胞菌属，其对磷酸三钙的降解率是空白对照的 10.5 倍。田间试验表明，接种解磷细菌处理的玉米株高、茎粗和干质量显著高于空白对照。王奎萍等筛选得的解磷菌株，通过温室试验证明其对辣椒植株的生物量增加了 10.24%。来自番茄田的菌株对番茄的促生效果最好，番茄株高和植株质量分别增加 24.09%和 36.92%。蒋欣梅等以“紫京城茄”为试验材料，研究发现茄子的株高、茎粗、产量等均随解磷菌肥施用量的增加而显著增加。徐文凤等通过盆栽试验发现将 1%、2%的溶磷真菌 PFK4 与硝基肥复配的处理能增加油菜的鲜重和干重，亦能增加其土壤有效磷含量。邢芳芳等发现溶磷真菌 PSFK 具有很强的降解无机磷能力，且能显著提高鸡毛菜的生物产量和叶片数。国外研究人员发现，接种假单胞菌能提高菜豆、芝麻、小麦、芝麻、苜蓿以及其他农作物的产量，而恶臭假单胞菌 PCI2 对磷酸酶的活性和磷酸铝的溶解都有促进作用，能使番茄增产。

2. 解磷菌在林业领域中的应用

俞新玲对不同桉树品种人工林筛选的高效解磷菌对桉树生长有显著促进效果，植株鲜重和干重的增幅都达 60%以上。还有研究者发现，解磷菌与菌根菌的混合接种对植物的促生效应有增强作用，如姚如斌和吴小芹发现三菌复合液体菌液：蜡状芽孢杆菌、荧光假单胞菌和红绒盖牛肝菌对杨苗的促生及光合效应促进最大，其苗高和净光合速率均较对照有显著增加。刘聪等采用平板溶磷圈法从典型黑土区的四种林地土壤中分离出 2 株解磷能力较高的有机磷解磷菌，磷量分别为 0.50 mg/L 和 1.13 mg/L。张辉等将筛选得到的解磷菌接种到巨尾桉幼苗并进行造林试验后发现林下根际土壤中的有效磷质量分数和土壤肥力有显著提高。魏伟等从马尾松根际分离筛选出溶磷能力强的菌株，为今后研制和开发生物复合肥料提供优良菌种。Acevedo 等从油棕根际筛选出有较强溶磷效果的曲霉菌属和青霉菌属，而红树林生态系统中也有丰富的解磷微生物资源。

3. 解磷菌在其他领域中的应用

(1)控制农业面源污染　在农业生产中投入过多含有氮、磷、钾等元素肥料，通过地表径流和渗漏造成了农业面源污染。科学指导农民施肥是防止污染的有效措施，但要从根本上控制，必须从污染源治理入手。利用解磷菌制成的肥料或菌剂直接施入被无法利用的磷素污染的土壤中,不但减少了农业中磷肥的过量施用,而且可以把土壤中难以利用的磷转化成可被植物吸收利用的磷,这在一定程度上减少了农业面源污染。

(2)改善土壤酸化　土壤缺磷是土壤酸化的重要原因。随着植物不断吸收磷量,从而使植物根际间的有机酸不断增加,使土壤酸化加剧。另一研究表明在低磷环境下,主要通过分泌有机酸来转化土壤中难溶性磷,致使阴、阳离子不平衡,施用磷肥可减少植物体内阳离子含量,减缓土壤酸化。

(3)土壤污染的修复　重金属 Pb、Cr、Cd 等不仅造成土壤污染,而且会随食物链在生物体内进行浓缩和累积,危害到生物。解磷菌既可以降低重金属毒性,也可以对其进行固定。有研究表明,根际解磷菌有降低重金属毒性来保护植物免受毒害,并且对土壤中的重金属进行固定,使铅等高毒性重金属物质形成稳定的化合物,可减少重金属的危害,但微生物固定的重金属在长时期稳定性和后续处理等方面还需进一步研究。

(4)农业固体废物的转化　在开发生物肥料中,从腐烂木薯皮中分离得到烟曲霉和黑曲霉真菌,通过半固体发酵技术转为可利用的肥料。将农业废弃物转化为磷肥,既减少环境污染,又能化废为宝,一举多得。

(5)治理水体污染　据研究,分离出伯雷克氏菌 MB14 应用于沉积物的除磷,防止水体富营养化。该菌利用葡萄糖为碳源产生乙酸和葡萄糖酸,使酸度提高使沉积物溶解,再通过物理或化学方法将其去除。对于水体富营养化的防治,此方法为治理水体污染提供了新思路,解磷菌在水体污染修复方面应用前景广阔。

【任务实施】

一、施用方法

1. 作种肥

每公顷用 15～22.5 kg 颗粒生物磷肥与种肥混合使用。

2. 作基肥

每公顷用 15～22.5 kg 颗粒生物磷肥与其他肥料混合使用。

3. 蘸秧根

水稻秧苗用磷细菌肥蘸根,用量应适当加大,每公顷 30～45 kg,加水稀释成糊状。处理水稻秧苗除蘸根外,最好秧田播种时也用磷细菌肥料。

4. 拌种

固体菌肥料按每公顷 10.5～22.5 kg,加水 2 倍稀释成糊状,液体菌肥按每公顷 4～8 kg,加水 4 倍稀释搅匀后,将菌液与种子拌匀,晾干后即可播种,防止阳光直接照射。

二、注意事项

不论哪种类型的解磷肥料,在实际应用中应该注意以下几个问题:

(1)在使用前,应了解解磷菌肥料的解磷范围和解磷环境,一般以用在缺磷而有机质较丰富的土壤上效果好。

(2)解磷肥料与磷矿粉混合使用效果较好,能充分发挥菌体的解磷能力。

(3)在使用中若与堆肥结合使用(在堆肥中先接入解磷微生物,发挥其分解作用,然后将堆肥翻入土壤),解磷效果比单独施用解磷肥料更好。

(4)若不同类型的解磷菌种互不拮抗,可混合用。

(5)在使用中应注意解磷肥料对不同作物的作用效果及施用量,以求使解磷肥料最大限度地发挥功效。

【知识拓展】

解磷菌在我国应用较早,有较好的应用前景,但发展不快,应用还不普遍。目前对解磷微生物的基础和应用基础研究比较滞后,解磷微生物肥料效果制约因素、机理研究、筛选和构建高效微生物肥料菌株的手段也比较落后。肥料菌种缺少创新,面狭窄,种类少。载体、工艺发酵条件、多功能菌群组合等关键技术领域的基础研究落后限制了我国微生物肥料产业的发展。在解磷微生物肥料生产方面,产业化规模小,产品质量参差不齐,市场较乱,质量标准与质检技术有待完善。造成这种情况的出现有多种原因,其中主要是解磷微生物种类多,分解机制不尽相同,而且目前国内外对解磷菌的研究主要集中在解磷菌的解磷能力、测定方法的研究上,对解磷机制的研究还比较少。为了对解磷菌有更充分的认识,提高解磷能力,应该从以下几方面加强研究:

(1)在高效解磷微生物菌株筛选上,重点要放在从特定作物的根面、根际土壤中筛选,以获得与作物亲和性好、易于在根际定殖的菌株,从而更有利于其解磷能力的发挥。

(2)要研究解磷微生物与其他功能微生物的关系,如自生固氮菌、根瘤菌、硅酸盐细菌等的相互作用,特别要注意解磷微生物与病原菌发生发展的关系,探讨解磷微生物代谢产物与植物生长的关系。

(3)构建高效解磷工程菌株,提高解磷能力。

(4)从酶学、分子生物学方面进一步探讨解磷菌解磷机理。

(5)解磷微生物肥料生产标准化、经营企业化、管理法制化、产销一体化、产品商品化,创建产量规模和生产群体等,规范解磷微生物肥料市场与行业管理,研究产品标准,建立先进、快速、准确的质检技术体系。

(6)深入研究解磷菌体施入土壤后的活动和消长动态变化,更好地挖掘微生物的解磷潜能,通过开发高效微生物肥料,减少化学肥料的使用,提高土壤中有效磷的含量,改善土壤环境,降低环境污染,更好地为农业生产服务,使国内外农业更好更快地朝着绿色农业方向发展。

【思考与练习】

1. 什么是解磷菌?
2. 解磷菌的种类有哪些?
3. 解磷菌菌种筛选的原理是什么?
4. 解磷菌菌种检测的技术要求有哪些?
5. 简述解磷菌肥的生产工艺。
6. 解磷菌肥有哪些应用优势?
7. 解磷菌肥在使用过程中应注意哪些问题?

【参考文献】

[1]侯金丽,段永兰. 解磷微生物肥料的生产与应用分析[J]. 农技服务,2009,26(11):31-

32+47.

[2]王效禹．解磷巨大芽孢杆菌的筛选及产业化应用研究[D]．吉林：吉林大学，2015.

[3]NY412—2000．磷细菌肥料[S]．

[4]俞新玲．桉树土壤高效解磷菌的筛选及其对桉树生长的影响[D]．福州：福建农林大学，2011.

[5]伊鋆．高效解磷细菌的筛选及解磷机理的研究[D]．大连：大连理工大学，2011.

[6]信健．解磷恶臭假单胞菌 L13 的筛选及发酵工艺优化[D]．武汉：华中农业大学，2011.

[7]杨艳菊，王改兰，张海鹏，等．解磷微生物的研究现状及在农业上的应用[J]．湖南农业科学，2012，(11)：23-25.

[8]滕泽栋，李敏，朱静，等．解磷微生物对土壤磷资源利用影响的研究进展[J]．土壤通报，2017，(1)：229-235.

[9]刘娟．土壤中高效解磷细菌的筛选及其发酵工艺的优化[D]．泰安：山东农业大学，2017.

[10]陈治宇，郎南军，李甜江．解磷微生物研究进展[J]．绿色科技，2014，(10)：232-234.

[11]龚明波．溶磷微生物分离、应用及其相关基因的克隆与功能鉴定[D]．北京：中国农业科学院，2011.

[12]李海云，孔维宝，达文燕，等．土壤溶磷微生物研究进展[J]．生物学通报，2013，(7)：1-5.

项目5

解 钾 菌

【知识目标】

1. 了解解钾菌的应用意义，理解解钾菌的作用机理，掌握解钾菌的概念和分类。

2. 了解解钾菌的分布特点和菌种特征，掌握解钾菌自然选育的方法和菌种检测要点。

3. 了解硅酸盐细菌肥料的发酵培养基及发酵条件，掌握硅酸盐细菌肥料制作的工艺流程。

4. 理解生物钾肥的解钾特性，掌握生物钾肥的应用技术。

【技能目标】

1. 能进行解钾菌的自然筛选，并根据国家标准对解钾菌进行菌种检测和结果分析。

2. 能根据硅酸盐细菌肥料制作要点进行常规解磷菌肥的生产，并熟悉发酵中各个检测指标。

3. 能根据生物钾肥的解钾特性，正确使用生物钾肥。

【德育目标】

1. 通过学习国家标准的菌种检测方法，培养学生遵纪守法、按规章制度做事的法律意识。

2. 通过发酵生产过程中的检测任务操作，培养学生认真负责的工作责任感。

解钾菌概述

一、解钾菌的应用意义

钾是植物必需的三大基本营养元素之一，不同于氮、碳、磷等元素，它不参与植物体的组成，而是在代谢中发挥重要作用，促进植物生长发育。在植物生长过程中，钾元素主要参与细胞渗透压调节、物质运输，促进酶的活化，增强植物的抗寒、抗旱和抗倒伏的能力，提高农作物的品质和产量。

土壤是植物钾素的重要来源。我国土壤钾的含量在1.5%～2.5%，是含量最高的大量营养元素，但是95%以上的钾是以长石、云母等铝硅酸盐的形式存在。这些矿物化学性质稳定，不能被植物直接吸收利用，这就形成了土壤既富含钾又缺钾的现象。

目前，土壤钾素主要依靠施用化学钾肥、秸秆还田等措施，据统计，我国的钾肥消耗量占世界的14.7%，而产量仅占世界的0.34%，有90%以上依赖进口，成本高，供不应求，且污染严重。

因此，矿物钾的生物有效化是解决土壤中有效钾素亏缺的重要途径之一。目前，能分解硅酸盐类矿物的是解钾菌，不断寻求新的解钾能力强的解钾菌资源，来挖掘土壤中的不可利用的钾素，对发展经济、生态农业具有十分重要的意义。

二、解钾菌的概念及种类

1. 概念

解钾菌又称钾细菌，是指从土壤中分离纯化出来的能分解长石、云母等硅酸盐类原生态矿物，使土壤中难溶性的钾、磷、硅等元素转变为可溶性的一类细菌(有的亦有固氮功能)。

2. 分布

解钾菌对营养条件要求不高，世界各地分布十分广泛。我国是亚洲大陆的重要组成部分，地形复杂，土壤类型多样(包括黑钙土、褐土、棕壤、黄壤、红壤等)，造成了微生物种群的多样性。土壤中解钾菌的种群和数量不但与土壤类型有关，而且与土壤中的有机质、全氮、pH等因素有关。因素的差异会导致分离出的解钾菌在种群和数量上有所差异，但无论哪种类型的土壤中分离到的解钾菌均以芽孢杆菌属的分布最广，而且呈微酸性或酸性的土壤更易于解钾菌的栖息和分离。

3. 种类

解钾菌种类较多，目前国际公认的主要有胶质芽孢杆菌(*Bacillus mucilaginosus*)、环状芽孢杆菌(*Bacillus circulans*)、土壤芽孢杆菌(*Bacillus edaphicus*)。近年来国内外学者又分离到假单胞菌(*Pseudomona* ssp.)、中华根瘤菌属(*Sinorhizobium* sp.)、根瘤菌属(*Rhizobium* sp.)、慢生根瘤菌属(*Mesorhizobium* sp.)、屈桡杆菌属(*Flexibactex* sp.)、芽孢杆菌属(*Bacillus* sp.)、固氮菌属(*Azotobacter* sp.)、微杆菌属(*Microbacterium* sp.)等类型。除细菌外，人们还发现某些真菌、藻类(地衣、硅藻)也可以破坏硅酸盐矿物的晶格结构，释放出有效养分。

目前，研究最多的解钾菌为硅酸盐细菌，是一种胶质芽孢杆菌，能将钾长石等含钾矿物中难溶态无效钾转化为可溶态有效钾，在土壤中普遍存在，一般每克耕地土壤中含有2 000～40 000个。

三、解钾菌的作用机理

(一)钾在土壤中的存在形式

按照钾在土壤中存在的化学形态将其分为水溶性钾(或土壤溶液中钾)、交换性钾、非交换性钾和矿物晶格内的结构钾。

1. 水溶性钾

如KNO_3、KCl、KH_2PO_4、K_2CO_3等钾盐呈钾离子状态存在于土壤中，能被植物直接吸收利用，但它们易随水流失，且数量少，难以满足植物需要。

2. 交换性钾

吸附于土壤胶体中的钾离子，若被其他阳离子置换出来，转移到土壤中，也可以被植物利用，但其量亦不多。

3. 非交换性钾

潜在的可利用钾，它与交换性钾处于平衡状态，它的释放受矿物结构特征、结晶缺陷、颗粒大小、干湿交替过程、土壤溶液离子浓度、作物根际 pH 和作物根系特性等一系列因素制约。它的释放过程是一个与扩散相联系的交换过程。非交换性钾含量常作为土壤供钾潜力分级的依据。然而这部分钾的含量只占全钾的 2%～10%。

4. 矿物晶格内的结构钾

存在于长石和云母等硅酸盐矿物中，约占土壤总钾量的 90%以上，这些矿物化学性质稳定，难溶于水，只有在某些理化因素和微生物的作用下，经过漫长的风化和分解过程才能逐步从矿物晶格中释放出钾，供植物吸收利用。

土壤中各种类型的钾，在一定条件下，也可以相互转化，土壤钾的动态平和关系如图 5-1。

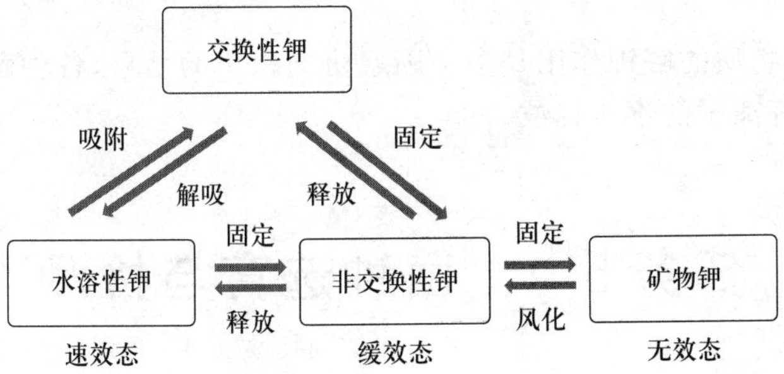

图 5-1　土壤中不同形态钾素之间的动态平衡

(二)解钾菌的作用机理

关于解钾菌的作用机理，目前国内外学者持有不同见解，主要集中在酸解、酶解、络解、细菌-矿物复合体形成等方面。

1. 酸解

亚历山大罗夫研究认为，酸的产生是硅酸盐细菌解钾的主要机制。分泌有机酸是许多微生物代谢活动常见的现象，有机酸的释钾作用主要是依靠有机溶液中解离的 H^+ 和有络合能力的有机配位体作用的结果。席琳乔等研究表明，在硅酸盐细菌的发酵液中均可检测到草酸、乙酸、酒石酸和柠檬酸 4 种有机酸。这些邻位带羟基(—OH)和羧基(—COOH)的小分子有机酸很容易与矿物结构中的金属离子形成金属有机复合体，从而加速矿物的分解，释放晶体层间的钾离子。而 H^+ 的作用，一方面依靠酸溶作用促进了难溶性矿物的溶解，另一方面由于水合氢离子的大小与钾离子相似，可以取代矿物晶格中的钾，而使钾离子释出。

2. 酶解

陈华癸等研究发现硅酸盐细菌在培养过程中并不产生酸，该细菌为大荚膜芽孢杆菌。它可能利用本身特有的黏厚的大荚膜包被矿石并与其紧密接触，产生特殊的酶破坏矿石晶体构造并释放出其中养分，或是通过表面的物理化学接触交换作用而将有效钾释放出来。

3. 络解

目前已经清楚，硅酸盐细菌可以合成葡萄糖、阿拉伯糖、木糖、甘露醇、蔗糖、果糖、乳糖、麦芽糖、棉子糖、山梨醇和肌醇等多种糖醇类物质。研究发现硅酸盐细菌发酵产生的多糖官能团-羧基(—COOH)能有效络合金属离子，从而释放钾离子。

4. 细菌-矿物复合体

盛下放等认为硅酸细菌的解钾作用与其代谢产物有关，其解钾作用主要是通过该菌产生的有机酸的酸溶以及有机酸、氨基酸和荚膜胞外多糖的络合作用共同实现的。

连宾在已有实验论据基础上，从微生物矿物学的角度出发，分析提出了解钾作用的综合效应学说，即：①不断增殖的硅酸盐细菌通过其胞外多糖与矿物颗粒形成细菌-矿物复合体，使矿物晶格层间域增大，从而有助于钾离子的释放；②细菌-矿物复合体中有机物质与矿物颗粒的相互作用，促进硅酸盐细菌对矿物表面的溶蚀作用，这一过程首先发生在矿物颗粒表面较脆弱的部位；③细菌-矿物复合体对有机酸及一些无机离子具有明显的吸附作用，大量酸根离子及其他离子的聚集，导致该复合体微区域发生变化，部分被侵蚀的矿物颗粒晶格发生变形或崩解，为钾离子的释放创造良好的空间条件；④细菌对钾离子的主动吸收促进钾离子进一步释放。

硅酸盐细菌对矿物质的解钾作用是多种因素协同作用的结果，各种因素之间相互促进、影响，共同导致矿物中钾离子的逐步释放。

任务 5.1 菌种选育与检测

【任务要求】

通过本次任务的学习，能够进行解钾菌的自然筛选；并根据国家相关标准对解钾菌菌株的要求进行菌种检测和结果分析。

任务 5.1.1 菌种选育

【相关知识】

生物钾肥是一种微生物肥料，可以溶解土壤中的硅酸盐矿物，释放出可溶性的钾供植物吸收利用，相比化学肥料，生物钾肥技术新、成本低、污染小，是如今研究的热点，具有较好的应用前景。对于生物钾肥的生产，最关键的还是解钾菌的获得。因此，寻找钾肥的替代技术，筛选高效解钾菌，丰富解钾菌资源，成为解决我国缺钾的一个重要途径。

一、解钾菌资源筛选

我国研究解钾微生物最早开始于 20 世纪 50 年代，范云六从施用混合肥料后的土壤中分离到硅酸盐细菌。随后，硅酸盐细菌的筛选工作进展很快，分离出的分解钾矿物的菌株有环状芽孢杆菌、硅酸盐细菌、胶质芽孢杆菌、邻单胞菌属、多黏芽孢杆菌、土壤芽孢杆菌、阪崎氏肠杆菌。

最近10年，解钾微生物筛选取得了较大进展，获得了一批高效菌株，分别是硅酸盐细菌菌株F1、硅酸盐细菌菌株2#、硅酸盐细菌菌株K56、芽孢杆菌属C1和Y3、芽孢杆菌QL21、链霉菌M3-4、嗜线虫赛雷氏菌MY-1、弯曲芽孢杆菌YC4、恶臭假单胞菌JT-K21、巨大芽孢杆菌b6、胶质芽孢杆菌b7、泡盛曲霉MQ013和黑曲霉MQ039。

二、解钾菌分离方法研究

自亚历山大罗夫发现硅酸盐细菌以来，其分离、纯化方法一直是研究的重点。不同的硅酸盐细菌在不同的选择性培养基上具有不同的菌落形态，其中李明等对硅酸盐细菌在几种不同的培养基上菌落生长特征做了比较，如表5-1所示。

大部分从土壤中分离得到的硅酸盐细菌一般具有如下形态特征：呈短杆状，长3.5～5 μm，宽0.6～0.8 μm，革兰染色阳性，有芽孢，且芽孢为椭圆形，包囊膨大，一至多层肥厚荚膜。荚膜的产生、大小、层数与培养中的营养成分有密切关系，营养丰富时，不形成荚膜或荚膜较小，反之荚膜大而肥厚，层数增多，荚膜的有无则是鉴别硅酸盐细菌的重要形态特征，在硅酸盐细菌培养基平板上菌落多为圆形，表面光滑湿润，边缘整齐，黏稠透明，富有弹性，可拉成丝。

表5-1 硅酸盐细菌在不同培养基上的菌落特征

培养基	培养时间/h	培养温度/℃	菌落大小/mm	菌落特征
阿须贝	24	28～30	约10	透明、稍凸起、易挑起
亚历山大罗夫	24	28～30	4～7	透明、不易挑起
无机磷合成	24	28～30	2	乳白色、不透明、黏性小、易挑起
有机磷合成	24	28～30	5～10	透明、黏性小、易挑起
牛肉膏蛋白胨	24	28～30	约10	乳白色、黏性小、易挑起

【任务实施】

目前，自然筛选是获得解钾菌的主要方式，其主要筛选程序如下。

一、土壤样品采集

土样采集采用三点取样法。选用长期耕种的农田土壤，用小铲铲除表层土壤，取10～20 cm之间土层的土壤，三点土样混合为一份，分别装入无菌袋，贴上标签带回实验室，于冰箱内4℃暂存备用。

二、解钾菌的初筛

将采集得到的土壤样品充分混匀后，从混匀的样品中取出10 g放入装有玻璃珠的90 mL无菌水的250 mL三角瓶中，旋转振荡约20 min，使土壤中的微生物得以充分分散，并通过逐步稀释制备成10^{-1}、10^{-2}、10^{-3}、10^{-4}、10^{-5}稀释梯度的菌悬液，在无菌操作条件下各取0.2 mL菌悬液于初筛培养基（亚历山大罗夫培养基），涂布均匀，每个稀释梯度3个重复，并倒置于28℃恒温箱中培养3～5 d。

待菌落长成后，观察菌落的形态特征。根据菌落的大小、表面及边缘形状、透明程度和菌落颜色等形态差异，选择生长良好、菌落特征形态差异较大的代表性菌落在初筛培养基平板上采用划线平板法进行再次纯化。涂布平板放入培养箱中培养1～3d，待菌落长出后观察是否出现明显的单菌落，直至出现的单菌落形状、颜色、大小等特征相同；同时进行镜检观察。若菌种不纯，则继续划线纯化，直至获得纯菌株培养物。

将所得的菌株接种于牛肉膏蛋白胨斜面保存培养基上，于28℃培养箱培养2d后置于4℃冰箱保存。

亚历山大罗夫培养基配方：蔗糖5.0 g、Na_2HPO_4 2.0 g、$MgSO_4 \cdot 7H_2O$ 0.5 g、$FeCl_3$ 0.005 g、$CaCO_3$ 0.1 g、钾长石粉1.0 g(钾长石粉需过1 000目后，用去离子水浸泡过夜，再反复冲洗，最后阴干备用)、琼脂20 g、蒸馏水1 000 mL，pH 7.0～7.5。

初筛也可以在采用改良的亚历山大罗夫培养基，即在其中添加100 mg/L BTB显色剂，由于菌株产生的有机酸在平皿中放射状扩散，与酸性指示剂溴百里酚蓝(BTB)反应，形成黄色解钾圈。

三、解钾菌的复筛

1. 菌悬液制备

分别用接种环挑取纯化后的菌株，接种于50 mL种子液培养基中(装于250 mL锥形瓶中)，180 r/min、28℃摇床培养48 h。然后6 000 r/min离心10 min，弃上清液，剩下的即为菌体细胞沉淀，用去离子水将菌体细胞清洗2次(洗去培养基)后6 000 r/min，短暂离心，弃上清液。收集无培养基的菌体，并用去离子水将菌体悬浮，制成(OD_{600}约0.5)菌悬液备用。

种子液培养基：蔗糖10.0 g、$CaCO_3$ 1.0 g、$MgSO_4 \cdot 7H_2O$ 5.0 g、$(NH_4)_2SO_4$ 1.0 g、NaCl 0.1 g、酵母膏0.5 g、K_2HPO_4 2.0 g、蒸馏水1 000 mL，pH 7.4。

2. 发酵液制备

将菌悬液按5%的接种量，接种于缺钾液体培养基中，180 r/min、28℃摇床培养7 d。以加等量灭活菌悬液作为对照处理，每个处理3次重复。每个培养瓶中总体积为50 mL，含2.5 mL菌悬液、47.5 mL缺钾液体培养基、0.5 g钾长石粉(钾长石粉需过1 000目后，用去离子水浸泡过夜，再反复冲洗，最后阴干备用)。

缺钾液体培养基：蔗糖10.0 g、Na_2HPO_4 2.0 g、$MgSO_4 \cdot 7H_2O$ 0.5 g、$(NH_4)_2SO_4$ 1.0 g、NaCl 0.1 g、酵母膏0.5 g、钾长石粉10 g(钾长石粉需过1 000目后，用去离子水浸泡过夜，再反复冲洗，最后阴干备用)、蒸馏水1 000 mL，pH 7.2～7.4。

3. 发酵液的处理

发酵液的处理采用过氧化氢灰化法。各取缺钾液体培养基的发酵液10 mL，加入2 mL 6%的H_2O_2并在沸水浴中消化1 h，然后用去离子水补足10 mL，13 000 r/min离心5 min，取上清液备用。

4. 发酵液解钾率的测定

取经H_2O_2处理并离心后的发酵上清液，采用火焰分光光度计法测定K^+含量，与空白对照对比分析，总结计算出菌株对钾长石矿粉的分解率：

$$解钾率=\frac{(菌液中钾含量-对照液中钾含量)\times 菌液体积}{钾长石粉量\times 全钾含量}\times 100\%$$

四、解钾菌的鉴定

1. 菌落培养特征观察

将分离的解钾菌划线接种到硅酸盐细菌培养基上，28℃培养 3～4 d，观察菌落大小、形状、质地、边缘、颜色、光泽、透明度等培养特征。

2. 菌体形态特征观察

挑取硅酸盐细菌培养基上，28℃培养 3～4 d 的培养物，进行革兰氏染色和芽孢染色，观察菌体形状、大小、革兰氏反应等；观察芽孢的有无、形态和着生位置。

3. 菌株生理生化鉴定

参考《伯杰细菌鉴定手册》和《常见细菌系统鉴定手册》对筛选菌株进行糖发酵试验、甲基红试验、V-P 试验、淀粉水解试验、吲哚试验、产硫化氢试验、脲酶试验、明胶液化试验、柠檬酸盐试验、过氧化氢酶试验、氧化酶试验、卵磷脂酶试验，通过各项生理生化反应结果，结合菌株形态特征可初步判断菌株的属，还不能确定菌株是哪一个菌种，需要通过分子生物学的方法做进一步的判断。

4. 菌株的 16SrDNA 序列分析

常规方法培养待鉴定菌种，提取细胞总 DNA 作为基因扩增模板。设计引物，反应体系采用 PCR 扩增试剂盒进行 PCR 引物的扩增。DNA 测序和结果由专业生物公司完成，并在数据库中进行序列比对分析，选取同源性较高的序列，利用专业软件，基于邻接法构建菌株系统发育进化树。对序列相似性达 99%以上的，结合形态观察和生理生化特性，即可确定菌株属于哪一种属。

任务 5.1.2 菌种检测

【相关知识】

硅酸盐细菌也称钾细菌，能分解土壤中的云母、长石等硅酸盐矿物，释放出钾、磷、硅等元素，将难溶性钾转化为可被植物直接利用的可溶性钾，是土壤中的一类功能菌，是生物肥料中的模式菌。硅酸盐细菌肥料通常被称为生物钾肥。

NT/413—2000《硅酸盐细菌肥料》和 NT/882—2004《硅酸盐细菌菌种》标准规定了农用硅酸盐细菌菌种的特征、要求、检验方法、评价方法以及菌种的纯化、复壮和保藏等，为生物钾肥的研发、生产和质检提供了菌种鉴定的科学依据，已成为实际工作中必须遵守的技术规范。

一、菌种特征及要求

硅酸盐细菌菌种(Silicate-Dissolving Bacteria Culture)是指一类在土壤中能通过自身的生命活动，分解硅铝酸盐类矿物，释放钾素营养，改善植物的营养条件，并具备生产应用性能的细菌纯培养物。作为菌种，要求其为非致病菌，能在含钾的长石粉、云母及其他矿石的无氮培养基上生长，菌体内和发酵液中存在钾及刺激植物生长的激素物质。

硅酸盐细菌菌种包括胶质芽孢杆菌(*Bacillus mucilaginosus*)、土壤芽孢杆菌(*Bacillus edaphicus*)、环状芽孢杆菌(*B. cirulans*)及其他经过鉴定用于硅酸盐细菌肥料生产的菌种，严格控制各种遗传工程微生物菌种(GEM)的使用。凡用标准以外的菌种必须经过鉴定。

(一)菌种特征

1. 细胞形态(图 5-2)

(1)营养体　粗长杆状,两端钝圆,革兰氏染色反应不定,产生聚 β-羟基丁酸盐(PHB)颗粒。在培养基硅酸盐细菌培养基菌体大小为(1.0～1.2)μm×(2.5～7.0)μm,菌体周围有厚荚膜。

(2)芽孢　壁厚,椭圆形,中生或近端生,芽孢囊不膨大或微膨大。

2. 菌落形态

在硅酸盐细菌培养基平板上:菌落圆形,无色,隆起,胶质黏稠,透明或半透明,边缘整齐(图 5-3)。

硅酸盐细菌培养基配方:蔗糖 5.0 g、Na_2HPO_4 2.0 g、$MgSO_4 \cdot 7H_2O$ 0.5 g、$FeCl_3 \cdot 6H_2O$ 5.0 mg、$CaCO_3$ 0.1 g、琼脂 18～20 g、蒸馏水 1 000 mL,pH 7.5～8.5。

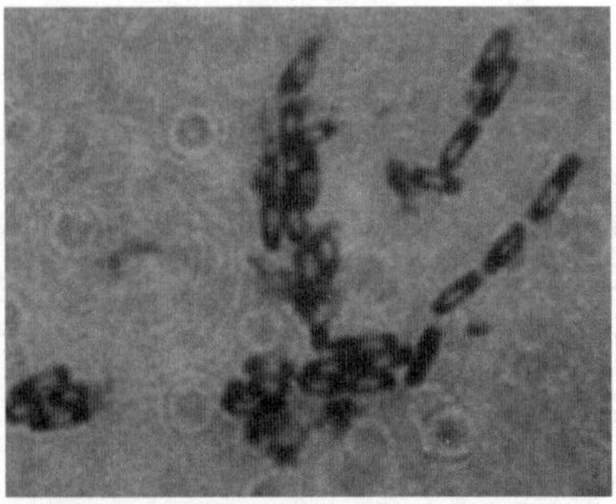

图 5-2　胶质芽孢杆菌菌体形态特征

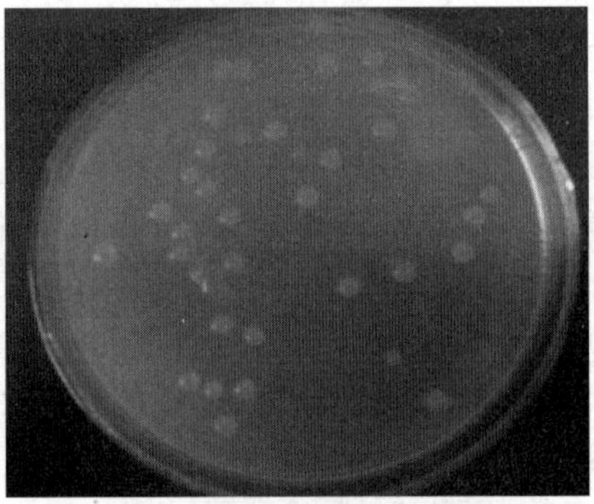

图 5-3　胶质芽孢杆菌的菌落特征

3. 生物学特征

好氧或兼性厌氧生长,水解淀粉,接触酶反应阳性,氧化酶和卵磷脂酶反应阴性,在阿须贝培养基上生长良好,生长温度 10～45℃。

阿须贝培养基配方:甘露醇 10.0 g、KH_2PO_4 0.2 g、$MgSO_4 \cdot 7H_2O$ 0.2 g、NaCl 0.2 g、$CaCO_3$ 5.0 g、$CaSO_4 \cdot 2H_2O$ 0.1 g、琼脂 18～20 g、蒸馏水 1 000 mL,pH 7.0～7.5。

(二)菌种要求

1. 菌种要求纯培养物,无杂菌。

2. 硅酸盐细菌菌种技术指标(表 5-2)。

表 5-2　硅酸盐细菌菌种技术指标

项目		指标
解钾能力-速效钾相对增加量/%		≥20
发酵代谢产物	植物激素总量/(mg/L)	≥1.0
	游离氨基酸总量/(mg/L)	≥50.0
	有机酸总量/(mg/L)	≥500.0
耐热能力-芽孢存活率/%		≥70
发酵周期/h		≤60

【任务实施】

一、菌种纯度检验

在硅酸盐细菌培养基上连续划线培养，观察菌落和菌体形态，若有杂菌丢弃或对其进行纯化，直至菌落形态一致，镜检菌体大小整齐，无杂菌。根据硅酸盐细菌的特征进行菌种确认。

二、解钾能力的测定

(一)原理

硅酸盐细菌能够分解硅铝酸盐矿物，将矿物态钾转变为可溶性钾为菌体自身或植物所利用，通过测定培养液中速效钾含量的相对增加量来确定菌种的解钾能力。

(二)材料和试剂

1. 材料

含钾矿石粉：钾长石，磨碎，粒径 0.075 mm 以下。

2. 试剂

20% H_2O_2 溶液。

(三)培养液

(1)种子液配方　淀粉 5.0 g、酵母膏 1.0 g、K_2HPO_4 2.0 g、$MgSO_4 \cdot 7H_2O$ 0.5 g、$CaCO_3$ 0.1 g、$FeCl_3 \cdot 6H_2O$ 5 mg，蒸馏水 1 000 mL，pH 7.5～8.5。

(2)发酵液配方　蔗糖 10.0 g、$MgSO_4 \cdot 7H_2O$ 0.5 g、$(NH_4)_2SO_4$ 0.2 g、NaCl 0.1 g、$CaCO_3$ 0.1 g、钾长石粉 5.0 g、蒸馏水 1 000 mL，pH 7.2～7.5。

(四)测定方法步骤

1. 钾矿石处理

钾矿石粉用 20%HCl 溶液淋洗(酸洗，洗去速效钾和缓效钾)，再用蒸馏水淋洗至中性。

2. 种子液制备

挑取一环活化好的斜面菌种接入 50 mL 种子培养液中，150 r/min 摇床，适宜温度下培养到对数期，菌体含量不少于 2×10^8 CFU/mL。

3. 发酵液制备

500 mL 三角瓶加入解钾发酵液 95 mL，高压灭菌备用。接入种子液 5 mL，同时以加入等量灭活种子液的发酵液为对照，在 28℃、150 r/min 条件下培养 7 d。设置三个重复。

4. 发酵液的处理(过氧化氢灰化法)

将全部发酵液转入蒸发皿中，在水浴锅中浓缩至 10 mL 左右，加 2.0 mL H_2O_2 溶液，继续蒸发，并不断搅动，反复加入 20% H_2O_2 溶液几次至黏性物质完全消化。3 500 r/min 离心 10 min，将上清液收集在 50 mL 容量瓶中，用蒸馏水定容，然后测定溶液中速效钾含量。

5. 速效钾的测定

按 NY/T301—1995 规定执行。

(1)试样的制备　按上一步骤发酵液的处理的要求执行。

(2)分析步骤

试样溶液制备,吸取试样 5.00 mL。

吸取钾标准溶液 0、1.00、2.00、3.00、4.00、5.00、7.50、10.00 mL 分别置于 8 个 50 mL 容量瓶中。加 10.00 mL 硝酸溶液,用水定容。此溶液 1 mL 中含钾(K)0、2.00、4.00、6.00、8.00、10.00、15.00、20.00 μg 的标准溶液系列。在火焰光度计上用空白溶液调节仪器零点,以标准溶液系列中的最高浓度的标准溶液调节仪器满刻度至 80 分度处,测量其他标准溶液,记录仪器示值。根据钾浓度和仪器示值绘制校准曲线或求出直线回归方程。

(五)速效钾相对增加量

按下式计算:

$$a=\frac{\rho_1-\rho_0}{\rho_0}\times 100\%$$

式中:

a——速效钾相对增加量(%);

ρ_0——试样中速效钾的含量(mg/L)(未接种发酵液的对照);

ρ_1——试样中速效钾的含量(mg/L)(接种发酵液)。

三、芽孢存活率测定

(一)测定方法

菌悬液在 65℃条件下恒温 30 min 杀死营养体,制成芽孢悬液。芽孢悬液 80℃恒温水浴处理 10 min,将处理前和处理后的芽孢悬液稀释涂布在适宜培养基上,适宜条件下培养 2~4 d,计菌落数。三次重复。活菌数测定方法应符合 NY/T 2321—2013《微生物产品检验规程》中 5.1 有效活菌数测定的要求。

(二)芽孢存活率计算

按下式计算:

$$a=\frac{n_1}{n_0}\times 100\%$$

式中:

a——芽孢存活率(%);

n_0——处理前芽孢悬液的菌落平均数(CFU/mL);

n_1——处理后芽孢悬液的菌落平均数(CFU/mL)。

四、发酵周期的检验

适宜生产条件下,当发酵液中的菌体数量达到 10^8 CFU/mL 以上且有 80%以上的营养体形成芽孢为发酵周期终止。

五、评价方法

(1)菌株符合硅酸盐细菌菌种技术的各项指标,可以作为优良生产菌株。

(2)硅酸盐细菌菌种技术指标其他三项符合要求，而发酵代谢产物仅两项达到要求或其中一项达到要求的两倍，也可作为生产菌株。

(3)当硅酸盐细菌菌种用做生产液体剂型时，对耐热能力不做要求。

任务5.2 生产工艺

【任务要求】

通过本次任务的学习，能够根据硅酸盐细菌肥料制作要点进行常规解磷菌肥的生产，并熟悉发酵中各个指标的检测。

【相关知识】

硅酸盐细菌肥料是指能释放钾、磷与灰分元素，改善作物营养条件的有益微生物发酵制成的活体微生物肥料制品。在土壤中通过其生命活动，增加植物营养元素的供应量，刺激作物生长，抑制有害微生物活动，有一定的增产效果。按剂型不同分为：液体菌剂、固体菌剂和颗粒菌剂。

一、发酵培养基及发酵条件的研究

目前，对于硅酸盐细菌的研究主要集中在解钾强度及实际应用效果方面，而对于发酵条件的研究却不多见。

刘五星的实验表明，硅酸盐细菌的最适培养基为：糖蜜 2%、豆粕粉 0.5%、硫酸镁 0.1%、磷酸氢二钾 0.05%、碳酸钙 0.1%；最适培养条件为：温度 36℃、pH 7.5～8.0、装液量 12%、接种量 2%、发酵罐发酵时转速 250 r/min、溶氧 1∶1、罐压 0.5 kg/cm^2；消泡剂选用复合型发酵用消泡剂，在此配方下在发酵罐中芽孢量可达到 8.1 亿个/mL，发酵周期为 33 h。根据此培养条件，加入糖蜜后活菌数明显增加，而芽孢率依旧低于 10%。

刘晓璐等分离出硅酸盐细菌的培养优化中发现，蔗糖和蛋白胨为最佳的碳源和氮源(碳氮质量比为 10∶1)，最适宜生长温度为 35.9℃，最适宜初始 pH 为 7.0，最佳装液量为 10%。

麻瑞阳等分离出的硅酸盐细菌最佳发酵培养基配方为：淀粉 5.0%、黄豆饼粉 1.5%、硫酸镁 0.07%、NaCl 0.05%；最佳培养条件为：种龄 20 h、装液量 30 mL/250 mL 三角瓶、接种量 4%、pH 8.0、培养温度 37℃、摇床转速 200 r/min。

盛下放等对硅酸盐细菌 NBT 菌株的释钾条件研究表明，pH 7.0，装液量 40 mL/250 mL 三角瓶时释钾效能最高。

不同硅酸盐菌株的解钾能力和最优培养条件差异很大，需要根据地域、水质等各自优化。这些研究中，大多利用活菌及其发酵液当场实验，而活菌在完成生活周期后，如果没有形成芽孢，则会走向死亡。芽孢具有很强的抗性，耐储存，保质期长，生物农业中如果想大规模应用此菌，必须把菌体转化为芽孢。而至今芽孢率仍然是一个瓶颈问题。

二、影响胶质芽孢杆菌芽孢形成的条件

胶质芽孢杆菌作为微生物肥料生产菌种，一直把提高活菌和芽孢数量作为这一领域追求

的目标。菌体增殖与芽孢形成之间存在既相联系又相对立的关系，丰富的营养促进菌体增殖。营养匮乏时，营养生长停滞，芽孢逐渐形成。

1. 碳源

不同碳源对微生物发酵的影响与碳源结构和发酵过程中的中间代谢产物（如酶等）有关，碳源选择的标准是能够为菌体快速吸收利用，且有利于活菌数与芽孢转换率的提高。有文献报道蔗糖有抑制芽孢生成的作用，可溶性淀粉、糖蜜、乳糖有利于菌体生长和芽孢的形成。如刘五星以糖蜜为碳源培养胶质芽孢杆菌时，菌量可达 7.25×10^8 CFU/mL，芽孢转化率为100%；胡秀芳等在以淀粉为碳源培养胶质芽孢杆菌突变株时，芽孢生成率可达95%以上。

在配制培养基时应尽量利用价格低廉且易于获得的原料作为培养基碳源，特别是在发酵工业中，培养基用量很大，利用低成本的原料生产胶质芽孢杆菌对其经济价值的体现和推广应用有着积极的意义。

2. 氮源

无机氮源有利于胶质芽孢杆菌菌体的快速吸收，而有机氮源则可以提供缓释氮元素，其中还含有一些利于菌体生长与芽孢转换的生长因子和微量元素，无机氮与有机氮复合在一起的有利于满足菌体发酵不同阶段的需求，既有利于菌体增殖又有利于芽孢生成。主要可能是因为菌体生长初期，酶系还未建立完全，无机氮源更有利于菌体吸收，当菌体酶系建立完善后，则开始分解利用营养更为丰富的有机氮源。因此近年来，复合氮源越来越受到关注，赵志浩研究Bm-j 菌株时发现，添加豆饼粉与硫酸铵组成的复合氮源时可获得高于 10^9 个/mL 的芽孢量。王金铃等的研究表明，在培养基中添加0.26%氮源，其中含蛋白胨与硫酸铵（质量比为1∶3），芽孢产量达到 3.44×10^9 CFU/mL。

3. 无机盐

无机盐也是微生物生长所不可缺少的营养物质，它们具有以下作用：①参加微生物中氨基酸和酶的组成；②调节微生物的原生质胶体状态，维持细胞的渗透与平衡；③酶的激活剂。钾是许多酶的激活剂，在细胞生长和代谢过程中起重要的作用，K_2HPO_4 作为一种强碱弱酸盐，可对培养基的pH起到缓冲的作用，中低浓度 K_2HPO_4 有利于芽孢数量的增加，高浓度会抑制芽孢数量的产生。$CaCO_3$ 可起到一定的缓冲作用，能有效调节发酵液的pH，从而防止了菌体自溶。王雪印研究发现，培养基中 $CaCO_3$ 添加量为0.6%时，活菌数为 6.6×10^8 CFU/mL，芽孢转化率为100%；王金玲的金属离子的筛选试验结果显示，$MnSO_4$ 具有促进芽孢生成的作用，但 Zn^{2+}、Cu^{2+}、Al^{3+}、Fe^{2+}、Fe^{3+} 则对芽孢生成表现出明显的抑制作用。

4. pH

微生物生长过程中机体内发生的绝大多数反应是酶促反应，而酶促反应都有一个最适pH范围，在此范围内只要条件适合，酶促反应速率最高，微生物生长速率最大。

在胶质芽孢杆菌培养过程中，pH呈现先下降后上升的趋势。有研究表明，胶质芽孢杆菌在pH为4.8～9.0的液体培养基中均可生长，但在 $pH<6.5$ 或 $pH>8.5$ 时，菌体增殖及芽孢的形成会受到明显的抑制。王鸿磊研究表明，在摇瓶培养条件下碱性环境有利于胶质芽孢杆菌的生长和芽孢的形成，在pH为8.0时，菌数达到最大值，pH为9.0时芽孢数仍然很高，这可能与胶质芽孢杆菌培养过程中产酸有关。但有人指出在较高pH下培养的菌体外形匀称度较差，还有研究指出，如果对数生长后期pH不能回升至6.0以上，则芽孢无法形成。综上所述，整个发酵期间pH的控制是胶质芽孢杆菌培养的关键之一。

5. 温度

温度对微生物的生命活动的影响具体表现在2个方面：①随着微生物所处环境温度的升高，细胞中生化反应速率加快，生长速率加快。②随着温度上升，细胞中对温度较敏感的组成物质（如蛋白质、核酸）可能受到不可逆的破坏。在36℃条件下，胶质芽孢杆菌芽孢数在31 h时达到最大，为1.76×10^{8} CFU/mL，过高或过低都会抑制胞内酶的活性从而不利于菌体生长和芽孢的转化，同时也指出，发酵培养的温度越低，培养芽孢所需要的时间越长，当发酵液中芽孢数达到最大时，营养体数量也相对较少，说明在此过程中有一部分营养体转变成了芽孢。还有研究指出，胶质芽孢杆菌的最适增殖温度和最适芽孢形成温度是不同的，所以在菌种增殖和芽孢形成时期可以采用不同的温度来提高芽孢产量。

6. 装液量和转速

胶质芽孢杆菌为好氧菌，且临界氧浓度较高，因此培养过程中的供氧充足与否将影响到其生长。在培养过程中，装液量和转速是影响供氧的重要因素。一般而言，装液量越少，溶氧量越大，越有利于好氧菌的生长，利于提高菌体产量，但装液量过少带来的问题是影响菌液总产量和设备利用效率的提高。设备转速加快有利于胶质芽孢杆菌菌量的提高，但当转速提高至一定程度后，菌量提高效果不再显著，因为转速过大剪切力会对细菌造成机械损伤，对其生长产生抑制，且高转速将增加动力消耗，增加生产投入成本。在近几十年的研究中，研究人员对胶质芽孢杆菌培养条件研究逐步完善，但大多数研究进行到摇瓶培养后，对大规模工业生产报道很少，没有再进行后续的生物反应器发酵工艺研究，胶质芽孢杆菌大规模培养的理论基础也很缺乏。

【任务实施】

一、硅酸盐细菌肥料的土法生产

硅酸盐细菌肥料的土法生产比较简单，原料来源广泛，成本低，工艺流程如下：

菌种活化→液体摇瓶培养→固体扩大菌剂的制备→固体扩大菌肥的堆制→使用。

1. 菌种活化

将保藏菌种接种于斜面培养基上，于25～30℃下培养3～4 d。斜面上生成的钾细菌菌落为黏稠的、表面光滑的、凸起度大的玻璃样菌落。用接种针挑取菌落时，能牵延成丝状。用负染色镜检时，可看到杆状菌体的外围包被着厚荚膜。

斜面培养基配方：蔗糖10 g、磷酸氢二钾0.2 g、硫酸镁0.2 g、氯化钠0.2 g、碳酸钙5 g、硫酸钙0.2 g、琼脂15 g、蒸馏水1 000 mL，pH 7.2～7.4。

2. 液体摇瓶培养

培养液用三角瓶分装，灭菌后冷却至室温备用。挑取斜面菌种上的菌苔接种到培养液中，25～28℃下培养3～5 d。培养期间，每天要定时摇瓶3～5次，每次3 min，以加速菌体繁殖。钾细菌在这种以淀粉为能源的培养液中生长繁殖时，它们的荚膜消失，且能大量生成芽孢。因此，培养液没有黏性，菌体是均匀地悬浮在培养液中的，这样的菌悬液很适合作固体菌剂接种的菌种。

液体摇瓶培养基配方：可溶性淀粉5 g、硫酸铵1 g、磷酸氢二钾2 g、硫酸镁0.5 g、三氯化铁5 mg、碳酸钙0.1 g、酵母粉0.2 g、琼脂15 g、蒸馏水1 000 mL，pH 7.2～7.4。

3. 固体扩大菌剂的制备

采用草炭或有机质含量较高的泥土，或草炭、泥土各半作原料来制造固体菌剂，效果都很好，而以纯草炭的效果最好。

先将原料晒干、粉碎、过 60 目筛，而后在原料中加碳酸钙调整 pH 至 7.5，再按总量加入 1%的大麦粉。这些原料充分拌匀后，缓慢加入淀粉、硫酸铵的培养液，边加边搓拌，直到原料已形成团粒（大粒如黄豆，小粒如绿豆）为止。这时原料的含水量：草炭约 45%～50%；泥土的约 30%左右。把团粒装入广口瓶中，每瓶装满到 2/3～3/4 处，瓶口用棉垫或两层牛皮纸包扎，121℃灭菌 2 h，或间歇灭菌 3 次，每次在上大气后再蒸 1 h。原料经灭菌冷却后，接种液体扩大菌种，接种量是需 30～40 mL/kg 原料。接种后瓶子置 25～30℃中培养 7d 即成固体菌剂。纯草炭的含钾细菌的活细胞达 8 亿个/g。此种菌剂，既可作拌种、拌芽、沾根等的菌肥，也可作为供扩大再生产的母剂。

4. 固体扩大菌肥的堆制

在大面积施用钾细菌肥料作基肥的情况下，施用瓶装固体菌剂是不大合适的。有必要把瓶装固体菌剂当作“母剂”，在不灭菌的条件下，把它接种到大量的原料堆中，进行扩大培养繁殖，堆制而成菌肥。

用菜园泥土 90%、磷矿粉 10%、小麦粉 1%、硫酸铵 0.1%、食盐 0.025%为原料，在充分拌和均匀后，加石灰调整原料的 pH 至 7.5 左右，再挑取瓶装固体菌剂放到清水中化成菌液，用喷雾器喷浇菌液到原料中接种，边喷边拌搅拌，直到原料全部成为团粒（大粒如蚕豆，小粒如黄豆或绿豆）为止。菌剂接种量约为原料的 1%左右，而后把原料堆置在室内阴暗处培养，室温低于 18℃以下要设法在室内加些温，温度在 30℃左右时钾细菌生长很快，堆置一周后就用于大田施用。在堆置培养期间，如发现土团表面干燥或开始长出灰白色毛霉时，可再酌量加水彻底翻拌一次，毛霉即不再出现。

二、硅酸盐细菌肥料的工业化生产

1. 硅酸盐细菌肥料的工业化生产工艺流程（图 5-4）

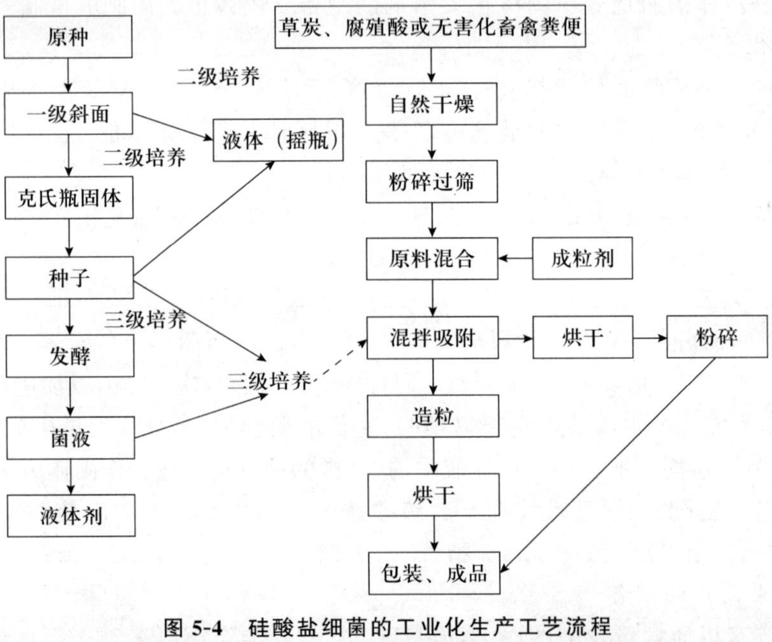

图 5-4 硅酸盐细菌的工业化生产工艺流程

2. 斜面菌种的检验

无杂菌污染的斜面菌种其菌苔无色透明，表面有光泽，边缘整齐，有黏液状的凸起。用接种针挑时能拉起较长菌丝。石炭酸-复红染色为革兰阴性，也可用荚膜染色法来区别荚膜和菌体。

3. 液体扩大培养与鉴定

液体的扩大培养是为了固体生产扩大菌种量，培养基及培养方法同上。

液体菌剂的鉴定，用无氮培养基培养无杂菌污染时，则菌体与碳酸钙沉淀物在瓶底形成难以摇散的菌胶团，上层菌液呈无色透明的黏稠状，染色镜检为荚膜芽孢杆菌。如生长不良，或有杂菌污染，则菌液底部不形成牢固的菌胶团，稍摇动即浑浊，或液面有泡沫和其他杂菌菌丝体。

【知识拓展】

胶质芽孢杆菌属于化能异养兼性好氧菌，产荚膜多糖是胶质类芽孢杆菌最为明显的表型特征，肥厚的荚膜有时候比菌体大 10 倍以上，在溶液中可以形成菌胶团，生成过多荚膜不仅消耗大量营养，抑制菌体生长，还会出现发酵溶液变黏稠，相应地溶氧较差，菌体供氧不足，且液面翻腾性差，导致传质和流动困难。胶质芽孢杆菌发酵过程中产生荚膜并不是单一因素决定的，它在很大程度上是营养条件和环境因素共同作用的结果。

一、营养条件

关于影响胶质芽孢杆菌荚膜产生的因素已有报道，发现碳源种类和 C/N 显著影响荚膜的形成，其中麦芽糖、壳聚糖和降低培养基 C/N 可有效抑制荚膜产生。单糖和二糖为速效碳源，菌体利用快，利于荚膜的生长。李杰指出一般情况下培养基中添加有机氮源及复合氮源将有利于芽孢形成及减少发酵液黏稠度，同时还表明菌体在有氮培养基比无氮培养基培养后发酵液黏度要低很多，大量氮存在的情况下，发酵液黏度降低，但氮源中尿素和硫酸铵利于胶质芽孢杆菌荚膜的产生，因此，在生产过程中要注意氮源的选择。研究指出 K_2HPO_4 添加量也会影响发酵液的黏度，发酵液黏度会随 K_2HPO_4 添加量的增加有一个先上升再下降的过程，当培养基中 K_2HPO_4 添加量大于 0.15%时，发酵液黏度值会变小。另外，$CaCO_3$ 作为一种无机盐起到生长限制因子的作用，高浓度会对多糖的积累又起到一定程度的抑制作用。研究还表明，菌种在可溶性钙盐 $CaCl_2$、$CaSO_4$、$Ca(NO_3)_2$ 的培养基中几乎不产生荚膜多糖，具体机理还有待于继续研究。

二、环境因素

1. 发酵时间

荚膜多糖是微生物代谢过程中的代谢产物，其本身也可以作为微生物代谢的碳源被利用。在微生物发酵过程中，随着时间的延长，多糖会被微生物降解利用。伍渡清研究发现在发酵培养基组分确定后，发酵液黏度和荚膜多糖产量随着发酵时间的延长，呈先增加后降低的趋势。当发酵时间达到 72 h 时，发酵液黏度达到最大，当发酵液时间继续延长到 84 h 时，发酵液黏度呈下降趋势，略低于发酵 72 h 的值。但同时存在一个问题，随着发酵时间延长，菌种会进入衰亡期，活菌数和活性降低，可能是由于培养基黏度增大导致供氧不足造成的，由此可见，荚膜多糖的积累不利于菌体浓度的提高。胶质芽孢杆菌菌肥工业化生产过程中，主要目的是降低发酵液黏度，最大程度上获得目标菌株的活菌数，因此发酵时间的控制和选择是整个发酵过程中的关键技术之一。

2. 发酵温度

发酵培养液的培养温度是对微生物生长繁殖和新陈代谢影响最为明显的因素，不同微生物生长繁殖所需的最适温度不同，同一种微生物产生不同代谢产物所需的温度也不相同。发酵液黏度随着发酵温度的升高，呈先增加后降低的趋势。伍渡清研究发现在发酵温度为32℃时，发酵液黏度值和荚膜多糖产量达到最大，当温度达到34℃后，发酵液黏度和多糖产量出现下降趋势。和娴娴等也发现32℃时胶质芽孢杆菌产糖量最多，推测可能是因为温度升高或降低会抑制菌体内酶的活力，从而对菌种的生长繁殖和代谢产物的积累产生影响。

3. 接种量

菌种的初始接种量通常会影响菌种生长延滞期的长短和荚膜多糖的多少。如果接种量过大，菌体大量繁殖，单位体积内菌体所需的营养成分和氧就会不足，导致菌体代谢异常，影响产物的合成。然而当接种量过小时，不仅浪费资源而且导致菌体的延迟期增长，还增大培养基被污染的概率。延长菌种发酵周期，大大增加生产成本。研究发现当接种量为6%时，胶质芽孢杆菌荚膜多糖产量最高，发酵培养液最为黏稠，接种量大于6%时产糖量逐渐下降，原因可能是发酵液中各种营养源消耗太快，从而抑制了荚膜多糖的产生。李杰指出接种量为4%时，发酵液最为黏稠。因此，在工业化生产中，可以通过控制接种量来调节发酵培养基的黏稠度。

4. 生物反应器

研究发现采用发酵罐培养，发酵液黏度值和荚膜多糖产量均低于摇床培养的黏度值和多糖产量，这可能是由于生物反应器与摇床发酵条件存在一些差异，如转速、通气量等的控制以及发酵过程中产生的泡沫。目前，国内对这方面的研究还很少，因此，采用发酵罐发酵生产胶质类芽孢杆菌多糖的条件值得进一步研究。

任务5.3 应用技术及效果

【任务要求】

通过本次任务的学习，能根据生物钾肥的解钾特性，正确使用生物钾肥。

【相关知识】

一、生物钾肥的作用

生物钾肥在农业上主要是以解钾菌为主要活性成分作微生物肥料使用，其主要作用是提高土壤肥力、促进作物生长改善作物品质、保护生态环境。

1. 解钾菌对土壤肥力的影响

诸多试验证明，解钾菌可以破坏钾长石的晶体结构，增加土壤中K、P、Si、Al等速效养分的含量。吴洪生等研究表明，在一定条件下，钾细菌制剂可分解土壤矿物中的难溶性钾，使土壤速效钾含量提高128.6%。张红娟等试验结果表明，接种钾细菌能促进土壤中矿物态K、P元素显著活化，较对照分别提高13.2%、84.5%。薛泉宏等研究表明，接种钾细菌的黄褐土中速效K、P、Si、Fe、Mn较不接菌的对照分别增加22.7%、521.6%、172.8%、204.0%、131.7%，且活化效果较酸性土壤好。蒋千里等试验结果表明，施用钾细菌肥的地块获得增产后，土壤中的磷、钾含量均有明显提高，磷含量比对照增加104.8%，比施氯化钾增加41.4%，钾含量比对照增加46.3%，比施氯化钾增加23.2%。

2. 解钾菌对作物生长的影响

解钾菌对作物生长的影响主要表现为可以提供作物生长的营养成分、促进作物生长、改善作物品质、增强作物的抗逆性等。郭勋斌等试验结果表明，解钾菌对水稻的生长发育具有促进作用，可有效控制无效分蘖、增强植株的抗倒伏能力，可增产6.96%。同时吴洪生等研究得出，解钾菌可改善花生品质，使花生增产17.93%。薛智勇等研究得出，甘薯接种解钾菌可增产6.95%～10.27%，并指出其可提高单薯质量，而对甘薯茎叶产量影响不大。那文志等田间试验结果表明，解钾菌对大豆有明显的增产效果，可对照增产16.85%，同时可提高大豆根瘤的结瘤数，并在一定程度上抑制病虫害，起到防病、抗病、增产的效果。

据报道，解钾菌对植物生长的促进作用不仅表现在提高土壤速效钾含量上，而且还可能表现在分泌生长激素、提高抗病性或改善根际微生态环境等方面。小麦施用钾细菌肥料后减轻锈病和赤霉病的发生，施用钾细菌肥的小麦植株感染赤霉病的病株率比对照减低4.15%。施用钾细菌肥料的棉花黄叶枯茎病的发生率比对照低24%左右，棉株衰老期比对照延迟20多天。

3. 解钾菌对生态环境的影响

随着化肥施用量的不断增加，土壤酸度发生了变化，土壤微生物的活性有所降低，进而导致土壤板结、肥力下降，而解钾菌的解钾、溶磷、固氮作用能很好地维系土壤养分平衡，恢复土壤有机状态。同时，微生物自身在繁殖过程中产生大量代谢产物，有利于土壤团粒结构的形成，增加土壤透气性，使土壤变得疏松软绵，保水能力增强，水、气、热更加协调。蒋千里等试验表明，1.0 kg钾细菌肥的增产效果相当于10.0 kg氯化钾肥，钾细菌肥投入产出比大，经济效益显著，且其对人体、土壤、大气等无污染和危害，生态效益好，有利于生态系统的平衡及生态环境的保护，有助于发展高效生态农业。

二、生物钾肥的应用效果

由于解钾菌具有解钾、溶磷、脱硅的特性，该菌长期以来被作为微生物肥料使用，这也是应用最早，研究最多的领域之一。截至2017年，在农业部微生物肥料和食用菌菌种质量监督检验测试中心登记的肥料证中正式登记证共1 488个，其中登记胶质芽孢杆菌的419个；临时登记证共2 001个，其中登记胶质芽孢杆菌的386个，其数量仅次于枯草芽孢杆菌，显示了其应用较为广泛。

大量田间试验证明胶质芽孢杆菌对各种喜钾作物具有明显的增产作用。张成省等在烟草盆栽试验上证明，接种解钾菌能提高烟草生长量38.64%，最大叶长增加31.02%。赵志浩等研究表明，每公顷玉米施15kg生物钾肥后，平均比对照增产2 010 kg/hm^2。用于水稻上，产量比对照增产13.2%，平均增产934.5 kg/hm^2。孙超等在苹果上的试验证明，施用含有胶质芽孢杆菌的微生物肥料后，苹果产量、单果重、商品果率、糖度、硬度与对照相比均有较大提高。常文智等的研究结果表明，施用解钾菌可以有效提高土壤酶活和增加细菌数量，同时其所用菌株配合减量50%化肥的处理方法对花生的产量增加最为明显，增产率达到10.4%。

对于解钾菌能够增加作物产量、提高作物品质的原因，研究人员一般认为该菌能够将固定在土壤中的钾、磷转变为可溶性的钾、磷，增加土壤中速效钾、磷的含量，使植物易于吸收，进而促进植物生长。但龙健等认为，在实际生产应用中解钾菌的解钾、溶磷作用对作物的增产作用并非主要因素，而可能是其分泌的维生素类、生长激素类等物质以及添加剂起到了重要作用。

【任务实施】

一、施用方法

生物钾菌肥既可作基肥、追肥用，又可用于拌种或蘸根。总的原则是尽量施入作物根际的土壤中。施用时一定要均匀，要适时早施。

1. 作基肥

每公顷15～22.5 kg颗粒生物钾肥与氮、磷等化肥或农肥混匀，进行沟施或条施，播种后一定要覆好土。

2. 作追肥

将生物钾肥菌剂500 g与10～20 kg细土充分混合后施入穴中。适宜穴施的作物有烟草、甘薯等，移栽时施用。

3. 拌种

将所用的生物钾菌肥用清凉水化开(按1∶5比例)，与种子搅拌均匀，使每粒种子都能粘上菌剂，阴干后播种。适宜拌种的作物有水稻、大豆、小麦和玉米等。

4. 蘸根

用(1∶1)～(1∶4)菌肥浸出液浸根或蘸根。

二、解钾条件

研究表明，解钾菌对不同类型矿粉的解钾能力不同，且解钾量与矿粉粒径大小呈负相关，土壤中速效钾的含量有所增加。但增加量不稳定。土壤营养条件对其解钾效果有一定影响，解钾菌在贫钾土壤中的解钾活性更强。土壤水分(绝对含水量)在15%左右、土壤容重为1.2 g/cm^3 时，解钾菌生长良好。

盛下放等研究发现，解钾菌的解钾作用受土壤矿物种类、含量、土壤类型、pH、土壤温度及环境中钾离子浓度等多种因素影响，并通过砂培试验说明，环境中钾离子质量分数为26.5～75.8 mg/kg时，其解钾效能最大，且解钾量与矿粉粒径密切相关，随矿粉粒径的减小而增加。

【知识拓展】

基于国内外目前的研究和发展现状，既要发挥解钾菌在农业生产中的重要作用，同时又要保护其在科学研究和资源保护中的价值，需加强以下几方面的研究。

1. 高效解钾菌株的筛选

解钾菌因其独特的解钾优势，已成为生态农业可持续发展的优势菌株。根据目前对其解钾效果的研究，部分菌种解钾效果较差，解钾能力不稳定，今后发展的主要任务是高效解钾菌的筛选，并在利用过程中使其表现出比较稳定的解钾效果，更好地发挥微生物肥料的潜力。

2. 多功能菌群的复配

就解钾菌而言，单一的菌剂虽然有一定的增产效果，但比较容易受到外界环境的影响，且功能较为单一。所以，多菌种复合、多功能菌群复配已逐步成为微生物菌剂的发展趋势。国内现阶段趋向于选择固氮菌、磷细菌、钾细菌和促生菌等多功能菌的复配，并在分子水平上进行功能菌的构建，实现其由单功能向多功能发展。

3. 解钾机理的进一步研究

目前，学者们就解钾机理进行了很多研究，主要包括酸解、酶解及借助荚膜的接触作用而释放钾素的单独理论，也有各因素综合影响的理论，但没有确定的结论。随着现代技术手段和研究水平的不断发展，综合各学科知识，逐步深入研究其内部作用机理，对今后的应用发展有非常重要的帮助。

4. 解钾菌的其他功能研究

已有研究表明，解钾菌在土壤中除了解钾、解磷的作用外，还具有多方面的功能。如解钾菌菌体内和发酵液中存在有生长素物质和赤霉素类物质，该菌每毫升可产生吲哚乙酸 38 μg，亦能产生多黏菌素一类物质，对病原菌有一定抑制作用。因此，解钾菌代谢物对植物生长的作用和对植物病害、病原菌的抑制作用及其对植物抗逆性的影响等研究将使其在农业生产中发挥“生物治疗”的作用。今后的研究中要合理地利用解钾菌的有益代谢产物以及有益功能，使其更好地发挥作用。

【思考与练习】

1. 什么是解钾菌？
2. 解钾菌的种类有哪些？
3. 解钾菌菌种检测的技术要求有哪些？
4. 简述硅酸盐细菌肥料的生产工艺。
5. 简述生物钾肥的使用方法。
6. 生物钾肥的解钾条件有哪些？

【参考文献】

[1]杜英．利用玉米秸秆发酵生产芽孢杆菌肥料的研究[D]．保定：河北大学，2013.

[2]NY 413—2000. 硅酸盐细菌肥料[S].

[3]NY 882—2004. 硅酸盐细菌菌种[S].

[4]张贤珍，林海，孙德四，等．硅酸盐结构对硅酸盐细菌生长代谢及脱硅的影响[J]．重庆大学学报，2014，05：98-103.

[5]李海龙．硅酸盐细菌的筛选、鉴定及作用效果的分析[D]．杨凌：西北农林科技大学，2011.

[6]刘五星，杨启银，徐旭士，等．硅酸盐细菌肥料的研究进展[J]．天津农业科学，2003，(4)：39-42.

[7]任丽丽，李玉玺，陈阳．硅酸盐细菌解钾作用研究进展[J]．实验科学与技术，2015，(2)：209-211.

[8]汤鹏，胡佳频，易浪波，等．钾长石矿区土壤解钾菌的分离与多样性[J]．中国微生态学杂志，2015，(2)：125-129.

[9]田稼，吴小杰，孙超，等．胶质芽孢杆菌的研究进展[J]．中国土壤与肥料，2017，(6)：15-22.

[10]李冰，赵勋，王岩，等．胶质芽孢杆菌工业化发酵研究进展[J]．农业科学研究，2014(1)：68-72.

[11]高玉振．胶质芽孢杆菌液体深层发酵工艺优化及应用研究[D]．济南：齐鲁工业大学，2015.

[12]党雯，郜春花，张强，等．解钾菌的研究进展及其在农业生产中的应用[J]．山西农业科学，2014，42(8)：921-924.

[13]王潇敏．生物质炭基解钾菌肥的试制及其在农业中的应用[D]．南京：南京农业大学，2015.

[14]谷付旗，季秀玲，魏云林．土壤硅酸盐细菌的研究进展[J]．中国微生态学杂志，2013，(5)：609-611＋616.

项目6

有机物料腐熟剂

【知识目标】

1. 了解有机物料腐熟剂的应用意义，掌握有机物料腐熟剂的概念及分类。

2. 了解不同类型有机物料腐熟菌剂菌种选育的主要目标，掌握纤维素降解菌选育的方法和菌种检测要点。

3. 了解有机物料腐熟剂各类型复配菌种组合特点，掌握有机物料腐熟剂混合菌种发酵生产制备的方法。

4. 理解有机物料腐熟剂的应用效果评价方法，掌握有机物料腐熟剂的应用技术。

【技能目标】

1. 能根据有机物料腐熟剂的类型有针对性的设计菌种筛选方案和进行菌种选育；并能根据国家标准要求进行菌种检测和结果分析。

2. 能根据生产需要选择复配菌种，并采用合理的发酵方式进行有机物料腐熟剂的生产检测。

3. 能正确判断评价有机物料腐熟剂的应用效果，并能根据其发酵方式不同进行合理使用。

【德育目标】

1. 通过学习有机物料腐熟剂在农业资源再利用方面推动农业可持续发展，树立学生“顺应自然”“天人合一”的生态文明观。

2. 通过对有机物料腐熟剂效果评价的学习，培养学生实事求是、客观评价的诚信品格。

有机物料腐熟剂概述

一、有机物料腐熟剂的应用意义

近年来，随着规模化、集约化养殖场的发展，以及农村城镇化、城市化进程的加快，畜禽粪便、作物秸秆等有机废弃物产生量不断增加。目前,我国畜禽粪便的年排放量 40 亿 t,但其无害化、资源化、商品化处置率仅占 30%左右。全国作物秸秆年产量 7 亿 t 左右,资源化利用率已达 69%,其中作饲料用占 30.7%、作燃料用(含秸秆新型能源化利用)占 18.7%、作肥料用仅占 14.8%。这些有机废弃物富含氮、磷、钾和有机质,同时含有许多挥发性物质、病原微生物、寄生虫卵及重金属等有毒有害物质。如不进行无害化处理和资源化利用,不仅污染环境,而且浪费资源。

有机物料腐熟剂是根据微生态原理,选用能够快速腐解秸秆和畜禽粪便的有益芽孢杆菌、霉菌和酵母菌等,采用现代微生物发酵工程技术加工制备而成,主要应用在在秸秆反应堆、畜禽粪便发酵和发酵床养殖等方面。有机物料腐熟剂可以使作物秸秆和畜禽粪便快速升温、腐熟,可杀死多种病原菌、寄生虫卵、杂草种子,改善废弃物不良的物理性状,实现有机废弃物的无害化、减量化,有效解决环境污染问题,提高土壤有机质含量,可大大提升有机废弃物资源化利用的效能,推动农业的可持续发展,应用意义重大。

二、概念和分类

1. 概念

有机物料腐熟剂是指能加速各种有机物料(包括农作物秸秆、畜禽粪便、生活垃圾及城市污泥等)分解、腐熟的微生物活体制剂。

2. 分类

(1)按腐熟的对象　可分为农作物秸秆腐熟剂和畜禽粪便腐熟剂,其中前者要求纤维素酶活性≥30.0 U/g(mL),注重降解纤维素的效果;后者要求蛋白酶活性≥15.0 U/g(mL),注重降解蛋白质的效果。

(2)按产品的形态不同　可分为液体、粉剂和颗粒剂 3 种剂型。其中液态产品要求有效活菌数 1.0 亿个/mL;粉剂、颗粒剂产品要求有效活菌数≥0.50 亿个/g。

三、有机物料腐熟剂的常用菌种

根据国家标准 GB 20287—2006《农用微生物菌剂》,有机物料腐熟剂属于微生物肥料的范畴。用于有机物料腐熟剂生产的菌种需具有对固体有机物发酵的能力,并能使有机固体废弃物腐熟、除臭和干燥。有机物料腐熟剂一般由多种微生物菌株复合而成,主要有细菌、放线菌、霉菌和酵母菌四大类。细菌主要以芽孢杆菌为主,具有固氮、解磷、解钾等作用,可以把环境中的营养物质转化为作物生长的所需物质;放线菌能够分泌纤维素酶和半纤维素酶,对秸秆类有机物有一定的降解能力,同时还可以分泌抗菌素、有机酸等物质,在抑制病原菌的发生蔓延方面作用巨大,并可以参与土壤中氮、磷等化合物的转化,可以促进作物生长,增加作物的抗病能力等;霉菌可以分泌多种代谢产物,可以分解含有纤维素的有机物料;酵母菌能够分解营养物质,促进物质转化。

目前,有机物料腐熟剂的常用菌种有 60 多种。

1. 细菌

有枯草芽孢杆菌、多黏芽孢杆菌、黄褐假单胞菌、嗜热脂肪地芽孢杆菌、地衣芽孢杆菌、巨大芽孢杆菌、短小芽孢杆菌、解淀粉芽孢杆菌、德氏乳杆菌、植物乳杆菌、乳酸乳杆菌、施氏假单胞菌、多食鞘氨醇杆菌、戊糖片球菌、阿氏团队节杆菌、黄褐假单胞菌、产黄纤维单胞菌、侧孢短芽孢杆菌 19 种。

2. 放线菌

有白色链霉菌、天青链霉菌、白浅灰链霉菌、热紫链霉菌、泾阳链霉菌、细黄链霉菌、微白黄链霉菌、灰螺链霉菌、唐德链霉菌、嗜热灰色链霉菌、灰肉红链霉菌、除虫链霉菌、弗氏链霉菌、娄彻氏链霉菌、白色拟诺卡氏菌、黄孢原毛平革菌、纤维素链霉菌、白酒红链霉菌、黄麻链霉菌 19 种。

3. 霉菌

有里氏木霉、绿色木霉、黑曲霉、米曲霉、哈茨木霉、康宁木霉、白地霉、温特曲霉、帚状曲霉、杂色曲霉、嗜热性侧孢霉、米根霉、卷枝毛霉、拟康氏木霉、球毛壳菌 15 种。

4. 酵母菌

有酿酒酵母、热带假丝酵母、产朊假丝酵母、赛道威毕赤酵母、粉状毕赤酵母、扣囊拟内孢霉、乳酸可鲁维酵母、巴斯德毕赤酵母、近平滑假丝酵母、东方伊萨酵母 10 种。

任务 6.1 菌种选育与检测

【任务要求】

通过本次任务的学习，能够根据有机物料腐熟剂的类型有针对性地设计菌种筛选方案和进行菌种选育；并根据国家相关标准对有机物料腐熟剂菌株的要求进行菌种检测和结果分析。

任务 6.1.1 菌种选育

【相关知识】

有机物料主要包括农作物秸秆、畜禽粪便、生活垃圾及城市污泥等。目前市场上的有机物料腐熟剂主要针对农作物秸秆和畜禽粪便，其主要成分为纤维素、半纤维素、木质素、蛋白质等，其中纤维素在自然条件下很难快速分解，这是限制有机物料“变废为宝”的关键难题。因此，筛选出具有高效降解纤维素能力的菌株，从而加快有机物料腐熟过程，同时抑制或杀灭环境中的病原菌和害虫，为农业生产中秸秆等有机物料的环保应用提供新菌株和技术支撑，为解决绿色能源问题拓展新思路、创造新方法具有重要意义。

一、微生物对纤维素的分解过程

微生物对纤维素的分解过程分 2 个阶段顺序发生：

(1)第一阶段是纤维素酶的酶解过程　在微生物分泌的纤维素酶的作用下水解，生成纤维糊精、纤维二糖等中间产物。

(2)第二阶段是水解产物的发酵过程　第二阶段好气微生物和厌气微生物的发酵产物有所不同。好气纤维分解菌能将纤维素完全分解，产生 CO_2、一些黏液物质、色素和大量微生物细胞物质，30%～40%分解的纤维素可以转变成纤维素分解菌的细胞物质；嫌气性纤维分解菌则发酵成各种有机酸（醋酸、丙酸、丁酸、蚁酸、乳酸和琥珀酸等）、醇类、二氧化碳和氢气。

二、纤维素降解菌株的筛选

自从 Pringsheim 等首次分离出纤维素降解菌，人们开始关注纤维素降解菌，从自然界分离筛选降解纤维素的微生物，并研究酶解特性、产酶机制等。目前，常规纤维素降解菌的筛选方法主要有滤纸片孔洞法、滤纸条降解法、CMC-Na 筛选法、秸秆失重法、纤维素分解率测定法、胞外酶活测定法等。

三、纤维素降解菌群的构建

天然纤维素结构极其复杂，单一微生物降解效果较差，目前，研究人员将目光投向混合菌群的研究中。发现将分泌不同种类纤维素酶的菌株混合培养，协同处理天然纤维素成分效果更好。现阶段研究中复合菌系的筛选方法主要有：①从自然界中微生物生长旺盛的环境中直接筛选，多代优化培养，自然界直接筛选能得到未培养微生物的组合；②筛选到单一高效菌种，通过诱变、基因工程等技术手段得到降解纤维素高效菌，模拟自然环境，将不同高效降解菌交叉复配得到复合菌群。

【任务实施】

不同类型有机物料（秸秆、畜禽粪便、生活垃圾、城市污泥等）的主要成分不同，发酵类型（堆腐型、沤腐型）不同，因此，可以针对不同类型的有机物料有目的进行专用菌种的选育。接下来我们针对有机物料腐熟剂中秸秆型菌剂进行纤维素降解菌的自然选育。

一、样品采集

在富含腐殖质的农田土壤、树林土壤、腐烂的树枝树叶、锯末及久置秸秆堆下土壤的 5～10 cm 土层处采集土壤样品，装入无菌密封袋中，于 4℃冰箱进行保存。

二、富集和分离

称取 5 g 土壤，加入装有 50 mL 无菌水的 150 mL 三角瓶中，150 r/min 振荡 30 min，吸取悬浊液 1 mL 于装 100 mL 富集培养基的三角瓶中，30℃摇床培养 4 d。移取 5 mL 培养液于新鲜富集培养基中，培养 3 d。

取富集培养液用无菌水按梯度倍数稀释，稀释到 10^{-6}～10^{-8}，每个梯度 3 次重复，涂布到 CMC-Na 分离培养基上，30℃恒温培养。待菌群长出时，挑取菌落平板划线分离，直到得到单菌落为止。

富集培养基配方：CMC-Na 5 g、KH_2PO_4 0.5 g、$MgSO_4 \cdot 7H_2O$ 0.5 g、$CaCO_3$ 2 g、NaCl 5 g、玉米秸秆 5 g、蒸馏水 1 000 mL，pH 自然。

羧甲基纤维素钠（CMC-Na）分离培养基配方：CMC-Na 15g、NH_4NO_3 1 g、蛋白胨 1 g、$MgSO_4 . 7H_2O$ 0.5 g、KH_2PO_4 1 g、琼脂 20 g、蒸馏水 1 000 mL，pH 自然。

三、菌种的初筛

将纯化后的单菌株接种于 CMC 刚果红培养基，每个平板点接一种菌株，点接 3 个点。

30℃培养 3 d。观察菌落处有无明显的透明圈，测量透明圈直径(D)和菌落直径(d)，并计算 D/d 比值，D/d 比值越大纤维素降解能力越强，进而筛选出降解纤维素的高效菌株(图 6-1)。

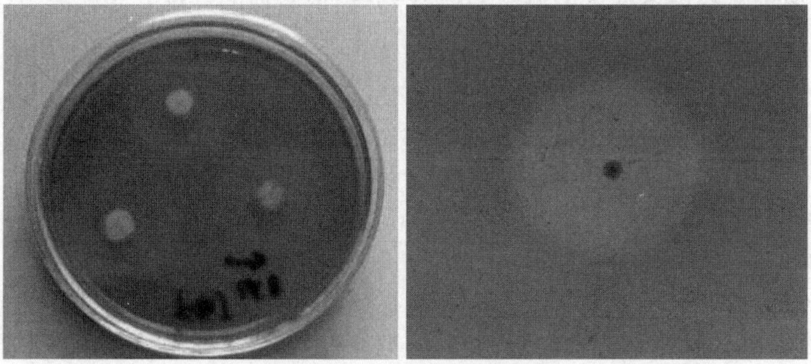

图 6-1　纤维素降解菌在 CMC 刚果红培养基础上的透明圈

CMC 刚果红培养基配方：$(NH_4)_2SO_4$ 2 g、$MgSO_4 \cdot 7H_2O$ 0.5 g、K_2HPO_4 1 g、NaCl 0.5 g、CMC-Na 2 g、1 mg/mL 刚果红染液、1 mol/L NaCl 溶液、琼脂 20 g、蒸馏水 1 000 mL，pH 7.0。

四、菌种的复筛

将初筛获得的 D/d 比值大的菌株制备成菌悬液，分别移取 1 mL 接种到滤纸条培养基中，在 30℃恒温培养箱中培养 10 d，观察滤纸条的变化，并通常用"＋"的多少来记录滤纸条被降解程度，降解效果越明显，"＋"越多。根据滤纸条的变化情况判断纤维素降解情况，滤纸上长满菌落，并溃烂成糊状的降解效果最好。

滤纸条培养基配方：$(NH_4)_2SO_4$ 1 g、KH_2PO_4 1 g、$MgSO_4 \cdot 7H_2O$ 0.5 g、酵母膏 0.1 g、滤纸条 1 cm×7 cm、蒸馏水 1 000 mL，pH 自然。

五、室内发酵条件下单一及复合降解菌对秸秆降解效果的测定

1. 酶活力测定

粗酶液的制备：按 1%接种量将菌株接种至液体发酵培养基，170 r/min，30℃恒温振荡连续培养 7 d。从第一天起每隔 24 h 同一时间进行取样，取培养液 2 mL 加入离心管中，5 000 r/min 离心 30 min，获得的上清液即为粗酶液。

采用 3,5-二硝基水杨酸法(DNS 法)测定 CMC 酶活、FPA 酶活。

2. 纤维素降解率的测定

将菌株按 1%的接种量接种至液体发酵培养基中，分别在 5、10、15、20、25、30 d 取样进行纤维素降解率的测定。

3. 秸秆失重率的测定

采用发酵的方法来研究菌株对秸秆的降解效果，将筛选出的菌种接种到含有秸秆的液体发酵培养基中，30℃下进行恒温振荡培养 30 d，分别于 5、10、15、20、25、30 d 获取发酵液，然后用滤纸过滤，再将残留物在 80℃下烘干后称重，秸秆失重率采用减重法计算。

液体发酵培养基配方(同赫奇逊培养基)：玉米秸秆粉 20 g、KH_2PO_4 1.0 g、NaCl 0.1 g、$MgSO_4 \cdot 7H_2O$ 0.3 g、$NaNO_3$ 2.5 g、$FeCl_3$ 0.01 g、$CaCl_2$ 0.1 g、蒸馏水 1 000 mL，pH 7.2～7.4。

经过富集分离、CMC刚果红培养基初筛、滤纸条崩解试验复筛，筛选出若干株纤维素降解效果较好的菌株，并对筛选出的菌株进行单一及复合菌株的酶活力、纤维素降解率、秸秆失重率等秸秆降解效果在室内条件下的测定，从而综合评价菌株的纤维素降解能力，为生产应用提供新菌种和技术支撑。

任务6.1.2　菌种检测

【相关知识】

根据国家农业行业标准NY 609—2002《有机物料腐熟剂》中对生产菌种的规定，生产企业所使用的菌种应安全、有效，必须提供菌种的分类地位材料，包括菌落及菌体形态照片。因此，选育出的菌种在使用之前，必须进行菌种鉴定，常用的鉴定方法为表型特征性形态鉴定。

【任务实施】

以纤维素降解菌菌种检测为例，具体操作如下：

(1)用接种环挑取单菌落接种于CMC-Na固体培养基上，在最适生长温度下培养，观察菌株的生长情况，并且做记录。

(2)挑取生长情况良好的菌落涂布在干净载玻片上的一滴无菌水或蒸馏水中。稍微加热固定后，染色1 min，用光学显微镜观察各菌株的形态特征。霉菌用平皿插片法观察镜下菌丝体形态、大小，孢子大小、形状等，确定种属。细菌用革兰氏染色法染色并观察。

任务6.2　生产工艺

【任务要求】

通过本次任务的学习，能够根据要生产的有机物料腐熟剂类型有目的地选择复配菌种，并依据各个菌种的差异选择合理的发酵方式，进行有机物料腐熟剂的生产、产品主要工艺指标的检测。

【相关知识】

有机物料腐熟剂是由多种微生物复合而成的，因而现有有机物料腐熟剂生产技术，一般是根据不同类微生物的差异对其复合菌种进行混合发酵或者经单一的液体或固体发酵，然后将其菌剂的制品按照一定配比进行混合，再经过载体吸附、干燥等工艺制作而成。

【任务实施】

以功能性有机物料腐熟剂的生产为例，对其具体生产过程进行阐述。

一、菌种的选择

(一)菌种的选择

选择功能性菌种深绿木霉菌、白腐菌、枯草芽孢杆菌、苏云金芽孢杆菌、酿酒酵母菌5个菌种组成复合菌种组合。各个菌种的功能如下：

1. 深绿木霉菌

能够沿着植物的根系生长，分泌大量的胞外降解酶类，从而降解土壤中的纤维素、葡聚糖、几丁质等。深绿木霉菌还能分泌铁载体来螯合环境中的离子，竞争土壤中有限的营养成分从而抑制病原微生物的生长。此外，深绿木霉菌还具有诱导植物抗性产生，激发植物防御机制和重寄生作用机制。

2. 白腐菌

一类丝状真菌，其降解纤维素、半纤维素、木质素的能力非常强。它凭借降解木质纤维材料的能力侵入木质或植物秸秆的细胞腔内，释放降解木质素和其他木质组分的酶，导致木质或秸秆腐烂成为淡色的海绵状团块白腐物质。

3. 枯草芽孢杆菌

在土壤中繁殖能够抑制作物根部病原菌的生长，从而有效抑制作物根部病害的发生，提高作物的抗逆性。

4. 苏云金芽孢杆菌

在其生长发育过程中能够产生芽孢并形成一种蛋白质毒素，从而对棉铃虫、菜青虫、毒蛾、松毛虫、玉米螟、三化螟等多种害虫有不同的致病和毒杀作用。

5. 酵母菌

能够分解营养物质，促进物质转化。

(二)菌种生物安全性鉴定

根据微生物肥料生物安全通用技术，对上述菌种组合中的各个菌种分别进行安全性鉴定，去除有毒不安全的菌株。

二、功能性有机物料腐熟剂的制备

深绿木霉菌采用固体发酵并制成纤维酶制剂。白腐菌采用二次液体发酵并制成白腐菌粉剂。枯草芽孢杆菌、苏云芽孢杆菌和酿酒酵母采用液体深层发酵并制备成菌剂。最后，将上述各菌剂按一定的质量比(纤维酶制剂：白腐菌粉剂：枯草芽孢杆菌剂：苏云金芽孢杆菌剂：酿酒酵母菌剂为1：4：2：1：1)进行混合，从而制得功能性有机物料腐熟剂。

(一)腐熟剂中各菌剂的制备

1. 纤维酶制剂的制备

纤维酶制剂采用深绿木霉菌制备。它是深绿木霉菌经固体发酵、干燥、粉碎、混合而成。

固体发酵培养基配方：麸皮50%～80%、稻草粉25%～40%、硫酸铵1%～5%、磷酸二氢钾1%～5%、碳酸钙1%～5%、硫酸镁0.1%～1.0%、氯化钙0.1%～1.0%、氯化钠0.1%～1.0%，水料重量比为(1：1)～(4：1)，pH自然。

2. 白腐菌粉剂的制备

白腐菌粉剂制备采用二次液体发酵：第一次发酵，在30～35℃下培养2～3 d，每天搅拌2～3次；第二次发酵，在30～35℃下培养8～10 d，每天搅拌5～10次。将第一次发酵物按质量比1∶(5～10)加入到第二次发酵培养基中，培养结束后添加吸附剂，吸附剂的质量为培养底物的10～15倍，压滤后选用腐植酸和轻质碳酸钙进行吸附，低温干燥、粉碎后制备成白腐菌粉剂。

白腐菌发酵培养基配方：葡萄糖20 g、蔗糖15 g、酵母粉2 g、磷酸二氢钾1.5 g、七水硫酸镁0.5 g、维生素B_1 4 mg、水1 000 mL，pH自然。

3. 枯草芽孢杆菌粉剂的制备

将枯草芽孢杆菌的原始菌经摇床培养、种子培养、发酵罐培养后，将发酵液压滤、吸附、干燥、粉碎制备成为枯草芽孢杆菌粉剂。

(1)摇床培养基配方　蛋白胨10.0 g、牛肉膏3.0 g、氯化钠5.0 g、蒸馏水1 000 mL，pH 7.0～7.4。

(2)种子培养基配方　玉米粉1%～10%、蛋白胨0.5%～3.0%、豆饼粉0.5%～3.0%、尿素0.1%～1.0%。

(3)发酵罐培养基配方　玉米粉2%～8%、蛋白胨0.5%～3.0%、豆饼粉0.5%～5.0%、尿素0.1%～1.0%、磷酸氢二钾0.1%～1.0%。

(4)吸附剂　选用腐植酸和轻质碳酸钙。

4. 苏云金芽孢杆菌剂的制备

苏云金芽孢杆菌剂是苏云金芽孢杆菌经液体发酵培养生产的一种微生物制剂，其方法同枯草芽孢杆菌。

5. 酿酒酵母菌粉剂的制备

将酿酒酵母菌接种于豆芽汁种子培养基中，在30℃下培养2 d后，按8%比例接种到发酵罐进行液体发酵。培养结束后添加吸附剂，吸附剂质量为培养底物的10～15倍，干燥、粉碎后制备成菌剂。

豆芽汁种子培养基配方：黄豆芽100 g、葡萄糖50 g、蒸馏水1 000 mL，pH自然。

三、液体发酵生产过程

液体发酵将枯草芽孢杆菌、苏云金芽孢杆菌、酿酒酵母菌等优质专用原始菌株，在无菌环境中进行单个菌种斜面活化，然后将活化好的菌株接入三角瓶培养液中单独进行摇床恒温培养。菌种培养完成后，进行复配混合发酵，待发酵的菌株符合相关标准后对菌液进行压滤或浓缩，并采用超细碳酸钙、腐植酸等固体物料进行吸附，检验合格后，利用包装设备进行计量、封包，即制成有机物料腐熟剂。其生产工艺流程如图6-2所示：

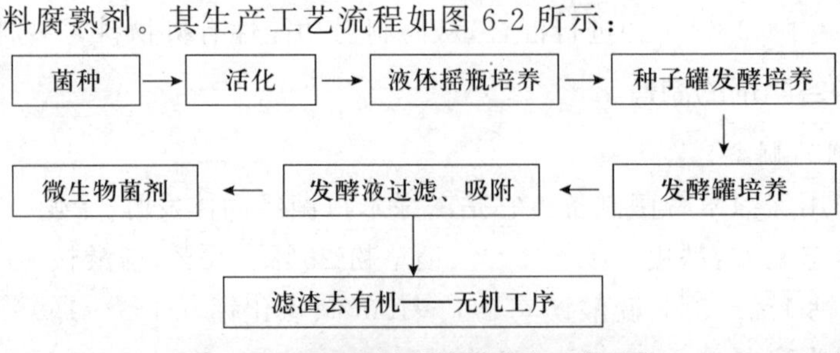

图6-2　有机物料腐熟剂生产工艺流程

四、主要工艺指标

1. 试管、茄子瓶斜面活化

灭菌温度121～125℃，灭菌时间30 min。

2. 摇床恒温培养

灭菌压力1.1～1.2 MPa，灭菌温度121～125℃，灭菌时间30 min。

3. 种子罐发酵培养

种子罐灭菌温度121～125℃，灭菌时间为30 min；培养罐压力0.1 MPa，温度30～32℃，培养时间12～16 h。

4. 发酵罐培养

消毒温度121～125℃，消毒时间30 min；发酵罐压力0.05～0.10 MPa，发酵温度28～32℃，发酵时间30～32 h，发酵罐内物料pH≥6.7；芽孢率80%，菌数100亿个/mL时放罐。

五、产品性能指标

在功能性有机物料腐熟剂生产过程中，将细菌、真菌与酶制剂复配，在植物秆秸腐熟过程中多组分协同发挥效能，比单一菌种效果稳定、快速。产品经过检验，其主要技术指标均符合NY 609—2002《有机物料腐熟剂》的要求才可以出厂销售。功能性有机物料腐熟剂技术指标见表6-1。

表6-1　机物料腐熟剂产品技术指标

项目		剂型		
		液体	粉剂	颗粒
外观		无异臭味液体	粉状、湿润、松散	颗粒、无明显机械杂质
有效活菌数(CFU)/[亿/g(mL)]	≥	1.0	0.50	0.50
水分/%	≤	—	35.0	20.0
纤维素酶活/(U/mL)	≥	30.0	30.0	30.0
蛋白酶活/[U/g(mL)]	≥	15.0	15.0	15.0
淀粉酶活/[U/g(mL)]	≥	10.0	10.0	10.0
pH		5.0～8.5	5.5～8.5	5.5～8.5
有效期/月	≥	6	12	12

注：根据所腐熟的种类测定相应的酶活性。

任务6.3　应用技术及效果

【任务要求】

通过本次任务的学习，能从有机物料腐熟、培肥土壤和改善土壤环境三个方面判断评价有机物料腐熟剂的应用效果，并能根据有机物料腐熟剂的发酵方式不同（堆复发酵、秸秆还田等）

正确的应用有机物料腐熟剂。

【相关知识】

随着好氧高温发酵法生产有机肥料的发展，以及秸秆生物反应堆推广面积的不断扩大，有机物料腐熟剂的应用面愈来愈广，使用量愈来愈大，能准确地评价有机物料腐熟剂应用效果和正确使用机物料腐熟剂对指导农业生产具有重要的实践意义。

有机物料腐熟剂的主要功能表现为：在适宜的条件下，能迅速降解有机物料中的纤维素、半纤维素、木质素、蛋白质等，形成简单的有机物和大量促进植物生长的养分；同时，在发酵过程中产生的高温，可以杀死一些病原菌、虫卵、草籽等，减少病虫害的发生。其应用效果主要体现在有机物料腐熟、培肥土壤、改善土壤环境三个重要方面。

一、有机物料腐熟剂的促腐效果评价

有机物料腐熟剂的应用方式主要有两种：一是堆肥或生物有机原料的堆腐；二是用于秸秆还田。

1. 用于堆肥的促腐效果评价

(1)堆体温度的变化　在堆腐发酵过程中，温度的变化反映了堆体内微生物生命活动的变化，标志着堆腐过程所处的状态。堆腐发酵过程一般分为升温、高温和降温三个阶段。在升温阶段，堆层温度 15～45℃，嗜温菌较为活跃，分解大量的有机成分；在高温阶段，堆温达到 50～65℃，嗜温菌受到抑制，嗜热菌活动旺盛，堆料中木质素和纤维素等降解，同时形成腐殖质；降温阶段，微生物的代谢活性下降，发热量减少，温度降至常温，嗜温菌再次占据优势，进一步分解有机物，腐殖质不断增多且稳定化，因而称为腐熟阶段。

高温阶段维持 5～7 d，是杀死堆料中病原微生物、虫卵和草籽等，保证堆肥卫生学指标合格和堆肥腐熟的重要条件。评价有机物料腐熟剂的好坏，关键是各温度阶段时间的长短，如果高温时间持续的时间长，升温、降温持续的时间短，就会降低料堆中的蛔虫卵、粪大肠菌群数量。

(2)C/N 的下降速度　微生物在分解含碳有机物时，必须同时利用一定的氮素来构成自身细胞体，因此，合理调节堆肥原料的碳氮比，是加速堆肥腐熟、提高腐殖化系数的有效途径。一般碳氮比高的有机物料形成的腐殖质数量较少。秸秆的碳氮比较大时(≥30∶1)，如稻草为 80∶1、小麦秸秆为 87∶1、玉米秸秆为 49∶1，必须通过增施尿素等氮肥的方法调整碳氮比，以促进微生物的生长活动，加速秸秆腐解，避免微生物与作物争氮而影响作物生长。因此，判断有机物料腐热剂的质量，要看堆料 C/N 的下降速度，一般 C/N 下降速度快的比较好。

(3)种子发芽系数　堆腐原料和未腐熟堆料的萃取液会抑制植物种子发芽。随着堆料腐熟度的提高，这种抑制将不断减轻。因此，可用堆腐产品的种子发芽系数(GI)来评价有机物料的腐熟速度，进而反映有机物料腐熟剂的好坏。一般种子发芽系致达到 80%～90%时，基本腐熟；达到 90%以上时，则认为已完全腐熟。达到腐熟所用的时间越短越好。

(4)全氮含量　施用有机物料腐熟剂，在腐熟过程中，有效菌可利用有机物料中的氮素作氮源合成菌体蛋白质，并促进向 NO_3^--N 的转化，从而降低腐解过程中的 NH_3 挥发损失。已有研究发现，添加腐熟剂 EM 的鸡粪，在发酵过程中，通过促进堆腐物料含氮物质向蛋白氮和 NO_3^--N 转化，从而减少 NH_3^+-N 的累积，提高了氮素的保留率，并且降低了氨臭味的产生。

2. 用于秸秆还田的促腐效果评价

(1)抗拉强度　因为小麦等作物秸秆随着腐解度的增加,其抗拉强度越小。可利用测定秸秆断裂时所需力值反应其腐解程度,进而来评价秸秆腐熟剂的效果。

(2)失重率　作物秸秆腐解是微生物降解有机物的过程,其质量逐渐减少,失重率逐渐增加。通过测定秸秆失重率可反映其腐熟程度,从而评价秸秆腐熟剂的效果。

二、有机物料腐熟剂的培肥效果

有机物料腐熟剂含有酵母菌、霉菌和芽孢杆菌等大量的有效微生物。这些有效菌在土壤中大量繁殖活动,既能降解有机物质释放养分,又能促进形成大量的腐殖质。土壤腐殖质越多,调控土壤水、肥、气、热的能力越强。从而,改善土壤团粒结构,提高土壤通气和保肥、保水性能。因此,有必要从以下几个方面评价有机物料腐熟剂的培肥效果。

1. 改善土壤生物学性质

施用有机物料腐熟剂,可改善土壤微生物群落结构和土壤的酶活性,促进土壤的碳氮循环,从而改善土壤的植物营养环境。

(1)改善土壤微生物菌群结构　施用秸秆腐熟剂不仅能加速有机物料腐熟,而且可改善土壤微生物菌群结构。例如,施用快速分解菌的鸡粪与自然发酵的鸡粪相比,各种有益菌数量显著增加。其中,细菌增加了8倍,放线菌增加14倍,酵母菌增加100倍,真菌增加3倍。说明施用腐熟剂的有机物料更有利于形成优势菌群,施入土壤后,有利于形成良好的根际微生物种群结构,对作物促生、防病有较好的效果。

(2)提高土壤的酶活性　土壤中的酶可将土壤有机质及无机物分解转化,使大分子物质降解为小分子物质,促进植物吸收和生长发育。土壤的酶活性可作为评价土壤肥力的指标之一。

盆栽试验表明,施用有机物料腐熟剂可增强连作土壤的酶活性。同对照组相比,添加有机肥料腐熟剂可显著提高连作土壤中蔗糖酶和脲酶的活性,磷酸酶和过氧化氢酶活性也有一定程度的提高。

腐熟剂中蛋白酶活性的高低直接影响堆肥物料的腐熟进程,用腐熟剂发酵的鸡粪比自然发酵的鸡粪其蛋白酶活性高37 U/mL,有利于蛋白质的充分水解,为作物吸收提供较多的养分。

2. 改善土壤化学性质

施用秸秆腐熟剂可改善土壤pH、有机质含量和土壤养分含量等化学性质。已有试验证明,施用有机物料腐熟剂可减缓土壤pH的下降,显著提高土壤有机质的含量。例如,在南方稻草还田土壤中,由于稻草在腐解过程中产生酸性物质,可降低土壤的pH,但施用有机物料腐熟剂后,可使土壤pH下降缓慢。利用有机物料腐熟剂堆沤秸秆后作有机肥施入菜田,发现比施普通农家肥肥效高2倍多,在同样管理条件下,可减少化肥用量40%左右,从而降低了生产成本。

有机物料腐熟剂能快速地腐解秸秆和畜禽粪便,可显著增加土壤养分含量,提高土壤养分供应能力。在不同地区施用秸秆腐熟剂的稻草还田试验表明,土壤全氮、有效磷和速效钾含量均显著高于未施用秸秆腐熟剂的处理。

3. 改善土壤物理性质

土壤物理性质是土壤肥力的主要特征之一。施用有机物料腐熟剂,可使土壤容重降低、孔隙度增加，土壤板结改良。已有研究表明，施用有机物料腐熟剂的早稻秸秆还田后，土壤容重由施用前的1.03 g/cm^3 降低到0.97 g/cm^3；土壤孔隙度比施用前和未施用秸秆腐熟剂分别提高了2.3%和0.8%。

三、有机物料腐熟剂的环境效应

农作物秸秆或畜禽粪便本身带有病原菌、虫卵等有害生物。如果直接还田会将这些有害物质带入土壤，容易诱导下茬作物发生病虫害。施用有机物料腐熟剂后，有效菌在代谢过程中可产生一些抑菌物质，对病虫产生拮抗作用，从而降低病虫害的发生。

1. 抗逆性评价

秸秆还田施用有机物料腐熟剂的抗逆性评价，主要是评价其抑制病虫害发生的功能效果。由于它含有一定拮抗、促生等功能的有效菌，不仅能直接拮抗病原菌，防止病害发生，而且可促进秸秆分能产生多种生理活性物质促进作物生长，增强作物的抗病性和抗逆性。

2. 安全性评价

畜禽粪便堆肥中含有一定量的重金属，在连年大量施用堆肥的情况下，重金属污染应引起高度注意。畜禽粪便在腐熟过程中，由于有机质不断分解，干物质总质量下降，使得堆肥中重金属含量相对增加。施用有机物料腐熟剂可加速有机物料降解，产生一些具有螯合作用的有机酸类物质，与具有生物活性的重金属离子整合，从而降低重金属的生物活性，减轻重金属污染的危害。

【任务实施】

目前，国内外有机物料腐熟剂产品很多，根据产品好氧性，分为好氧型腐熟剂和厌氧型腐熟剂；根据腐熟对象分为秸秆腐熟型和粪便腐熟型；根据发酵方式不同又可分为堆腐型、秸秆还田型、沤腐型等。由于不同类型产品性质不同，因而在使用中的条件、技术及工艺也截然不同。因此，弄清有机物料腐熟剂产品的类型及性质是使用的基础和前提。下面就以有机物料腐熟剂不同发酵方式为例，介绍其应用技术。

一、堆腐发酵技术

（一）粪便堆腐发酵

1. 菌剂的稀释活化

菌剂的稀释活化是发酵堆肥前必须先进行的工作。将有机物料腐熟剂与红糖、米糠（或麦麸、谷粉、粉碎秸秆等均可）按照产品说明比例混匀，再加入水浸泡3～6 h，制成菌剂混合物备用。

2. 粪便的处理

将新鲜牛粪堆风干，剔除杂质，并用草炭、稻糠等调节含水率和碳氮比，水分控制在50%左右（半湿半干的状态）。

3. 混合拌料

把菌剂混合物撒入待发酵的粪便中，逐级混合；如果量大，不容易搅拌，也可以采取铺一层物料撒一层菌剂混合物的方法建堆发酵，直至建为1.5 m×0.8 m×1.0 m（底层宽度×顶层宽度×堆高）的梯形堆，建堆长度根据场地长短而定。物料堆好后，将料堆四周及表面轻轻拍实，并在上面覆盖草帘或麻袋片等透气性覆盖物，以保温、保湿、遮光、避雨，促其发酵。

4. 翻堆

发酵处理开始后，当温度升至 60℃或以上，需要翻动一次，翻堆时应根据物料含水量大小，边翻堆边加水调湿，尽量做到将料堆上下互置、内外对调，搅拌均匀并重新建堆。

累计 2～4 次就可以发酵完成。发酵好的物料呈茶褐色或黑褐色，颜色均匀一致，散发出独特的微甜料香味，没有氨味、臭味。晾干后即可使用。

(二)秸秆堆腐发酵

1. 菌剂的稀释活化

将有机物料腐熟剂与红糖、米糠(或麦麸、谷粉、粉碎秸秆等均可)按照产品说明比例混匀，再加入水浸泡 3～6 h，制成菌剂混合物备用。

2. 秸秆的处理

把秸秆粉碎，长短在 5 cm 左右。用水将秸秆浇湿，湿度控制为 40%～50%，并用尿素或粪肥水等氮肥调整好碎秸秆的碳氮比，以(25～30)：1 为宜。

3. 混合拌料

把菌剂混合物撒入需要发酵的秸秆等原料中，逐级混合，根据原料干湿度洒水，水分控制在 60%左右。

如果量大，不容易搅拌，可建堆发酵。即在地面上铺放吃透水的秸秆，每堆积 20～30 cm 厚时，在上面喷洒 1 次稀释的菌剂混合物，并撒一些尿素，依此类推，直至建为 1.5 m×0.8 m×1.0 m(底层宽度×顶层宽度×堆高)的梯形堆，建堆长度根据场地长短而定。物料堆好后，将料堆四周及表面轻轻拍实，并在上面覆盖草帘或麻袋片等透气性覆盖物，以保温、保湿、遮光、避雨，促其发酵。

4. 翻堆

在发酵过程中注意观察温度，当温度达 60℃以上时，每 5～7 d 翻堆一次，翻堆时应根据物料含水量大小，边翻堆边加水调湿，尽量做到将料堆上下互置、内外对调，搅拌均匀并重新建堆。

累计 2～4 次就可以发酵完成。发酵好的物料呈茶褐色或黑褐色，颜色均匀一致；散发出独特的微甜料香味，没有氨味、臭味；用手握之，湿时柔软有弹性，干时易碎。

5. 粉碎过筛

发酵结束后，把发酵料均匀摊开，晾晒，1 d 后粉碎过筛，即可使用或装袋储存备用。

二、秸秆还田技术

(一)水沤还田

首先是菌剂的稀释活化，将有机物料腐熟剂与红糖、米糠(或麦麸、谷粉、粉碎秸秆等均可)按照产品说明比例混匀，再加入水浸泡 3～6 h，并与细土或腐熟的有机肥混匀制成菌剂混合物备用。然后在作物收获后，将作物秸秆均匀平铺在田间地面，按说明书使用比例撒入菌剂混合物，有条件的每亩田地使用 100～200 kg 人畜粪尿更好。最后用机械、人力、畜力等对秸秆进行旋耕翻压，使之紧贴田面或者翻耕入土。放水泡田，使田间贮水 5～10 cm。

(二)覆盖还田

作物机械收获后，将粉碎的秸秆均匀平铺在田面，做到地不漏白；每亩按使用说明直接撒施有机物料腐熟剂，使用前用细土或腐熟的有机肥与其拌匀，在秸秆较多的情况下，撒入 3～5 kg 尿素或 100～200 kg 人畜粪尿，进行翻耕，使秸秆被土壤覆盖以保持水分，耕翻深度在 15～20 cm 为宜。在没有水源的地区，利用雨水、雪水等促进秸秆腐烂。旱作时，秸秆还田后，灌水一次，使秸秆保持湿润，湿润状态至少保持 7～10 d，水分不足及时灌溉。

（三）墒沟埋草

将麦草秸秆切碎成 20～30 cm 的小段，平铺于麦田内的墒沟。夏季，应灌溉或浇水使秸秆湿透，再按说明说腐熟剂的用量混合均匀，兑水稀释，均匀地淋撒在麦草上，用土覆盖。若秸秆干燥应及时补充水分，无灌溉条件时可利用自然降雨来湿润深沟土草，使秸草在自然状态下逐渐腐解。

掌握适宜埋草量。墒沟埋入稻麦与油菜秸秆的每亩适宜草量为 100～150 kg；玉米整秆沟埋还田每亩适宜用量约 1 000 kg；果园沟埋覆盖秸秆亩适宜用量 1 500～2 000 kg。

在沟内埋入农作物秸秆时，应增施适量速效氮肥，调节碳氮比至（20～25）∶1，以促进秸秆矿化腐解。麦稻轮作或油稻轮作地区每亩增施碳铵 15～20 kg；玉米整秆沟埋还田每亩增施尿素 5 kg。

三、秸秆反应堆技术

作物定植前 7～10 d。将底肥撒于地表后，沿种植行挖坑，埋秸秆的坑宽 70～80 cm，坑深 20～25 cm，坑长与行长相等，起土分放两边。坑挖好后添加秸秆，先铺 1/2 秸秆，厚度为 10～12 cm，注意坑两端露出秸秆 10～15 cm，以利浇水通气。铺匀踏实后，将活化好的腐熟剂均匀地撒在上面（用量为每垄用量的 1/2），然后再铺放剩余 1/2 秸秆，铺匀踏实后喷洒尿素水（每畦用含尿素 50 g 的水溶液），再将剩余 1/2 活化好的腐熟剂均撒在上面。最后往秸秆上浇水，要求浇匀、浇透。

浇水后起土回填于秸秆做畦，覆土厚度为 20～25 cm（也可覆土后从两端向秸秆反应堆内灌水），实行高垄双行覆膜栽培。待定植缓苗 7 d 后在种植行上打孔，孔径为 2 cm，孔深以扎穿铺放物为准，每条垄上孔的位置要均匀分布，数量以 30～50 个为宜，以后每浇水两次需打孔一次。

四、有机物料腐熟剂使用的注意事项

1. 使用通过登记的产品

只有通过农业部登记的有机物料腐熟剂，才是合格的产品。使用时要注意登记证的时限，临时登记证有效期 1 年，正式登记证有效期 5 年，不要使用登记证过期的产品。还要注意产品的保质期，液剂为 6 个月，粉剂和颗粒均为 1 年，超过保质期的不能使用。

2. 使用红糖、麦麸等营养剂（又称激活剂或起爆剂）活化菌剂

有机物料腐熟剂有的产品要求使用红糖、麦麸等营养物质，以激活菌剂活性，使菌种尽快发酵起作用，其作用不可忽视。

3. 按产品说明书的要求操作

有机物料腐熟剂产品很多，总的用法要求是一样的，但有很多细节是不一样的，如用量、以及菌剂是否需要活化等。因此，一定要按不同产品说明书的要求办，不能千篇一律，以免误事。

4. 要及时检查，发现问题应及时处理

如发现不发酵、不升温或升温后不久又降下来等问题，要及时找出产生问题的原因，并进行处理。

如果不发酵、不升温，可能是料太湿，应拆堆加些干料，调整好原料的含水量。如果是升温不久又降下来，可能是原料中缺乏氮素，应该加些干鸡粪或尿素，把原材料的碳氮比调整好。总之，要及时检查发酵堆的温度情况，发现异常要找出原因，及时进行处理，使有机物料腐熟剂充分发挥作用，保障有机物料的分解和腐熟，确保生产成功。

5. 使用禁忌

使用时掌握好使用时间，不能中午施用，避免阳光暴晒。当秸秆量较大时，可加大秸秆腐熟剂用量，注意调节其碳氮比。不能与农药、化肥及其他可能导致微生物菌剂死亡的产品混用。包装开启后一次性用完，未用完应密封保存。存放于阴凉、干燥及儿童不能触及处，勿吞食。

【思考与练习】

1. 什么是有机物料腐熟剂？
2. 有机物料腐熟剂的种类有哪些？
3. 有机物料腐熟剂的菌种筛选的原则是什么？
4. 有机物料腐熟剂菌种检测的技术要求有哪些？
5. 简述有机物料腐熟剂的生产工艺。
6. 如何评价有机物料腐熟剂的应用效果？
7. 有机物料腐熟剂主要应用在哪些方面？

【参考文献】

[1]NY609—2002. 有机物料腐熟剂[S].

[2]张从军，郑曙光. 功能性有机物料腐熟剂生产技术研究[J]. 磷肥与复肥，2015，(9)：19-21.

[3]江志阳，何随成，左伟. 有机物料腐熟剂的研究与应用[J]. 中国腐植酸工业协会会议论文集，2010，(11)：103-108.

[4]郭夏丽. 有机物料腐熟剂制备条件与优化[D]. 郑州：郑州大学，2012.

[5]张丽霞，王琦，侯淑娟，等. 有机物料腐熟剂在秸秆和畜禽粪便中的应用[J]. 中国畜牧兽医学会会议论文集，2018，(11)：305.

[6]李济宸，李群. 有机物料腐熟剂及其使用技术[J]. 科学种养，2010，(5)：6-7.

[7]李晓晖，艾仙斌，黄凯，等. 畜禽粪便中有害成分的无害化处理研究进展[J]. 家畜生态学报，2020，(4)：8-13.

[8]蔡兴旺. 秸秆发酵剂的研究[D]. 天津：天津科技大学，2004.

[9]孙玲. 秸秆降解菌的筛选及促腐菌剂的应用探究[D]. 吉林：吉林农业大学，2018.

[10]刘震飞. 秸秆木质纤维素降解菌的筛选及发酵工艺优化的研究[D]. 兰州交通大学，2018.

[11]宋忠俭，樊继刚，徐同珊. 大棚内置式秸秆“生物反应堆”应用技术[J]. 现代农业，2012，(12)：27.

[12]吴柳燕,等.农业废弃物降解菌研究进展[J].农业灾害研究,2019,(6):95-96+98.
[13]刘艳薇.纤维素降解菌的筛选及其降解性能研究[D].银川:宁夏大学,2019.

下篇

微生物农药

项目7

微生物农药概述

【知识目标】

1. 掌握微生物农药的概念、分类及特点。
2. 了解我国微生物农药登记管理现状。

【技能目标】

1. 能识别不同类型微生物农药产品。
2. 能根据微生物农药产品特点，结合生产需要，合理选择微生物农药产品。

【德育目标】

通过学习微生物农药为绿色农产品提供绿色支撑，树立学生农业绿色发展理念。

农业是人类文明的标志，农产品是人类赖以生存的物质基础。然而，各种有害生物在农作物整个生长过程中造成的损失是惊人的。一般年份，全世界由于病虫草造成的损失约 1 250 亿元，占全部潜在收获量的 30%以上(其中，虫害约 13%，病、草各约 10%)。20 世纪 30 年代，由于化学农药的问世，使人们实现了彻底消灭病虫草的愿望。在化学农药的作用下，病虫草害几乎被一扫而光，农作物损失减少，由此夺回的损失约占世界粮食总产量的 15%。但是，化学防治是一把双刃剑，它在保障农作物产量的同时也带来了诸多的负面效应。农田长期大量使用化学农药，不仅使得病原物、害虫、杂草在选择压力下产生抗药性，而且直接或间接灭杀了大量有益生物。这种情况会造成短暂的生物真空，一旦被适应性、为害性强的病虫和杂草占领空间，就会爆发更严重的危害，形成用药量与病虫草害相互递增的恶性循环。此外，化学农药对土壤、水体的污染和对生态多样性的破坏远远超出了环境的自愈能力，由此带来的生态失衡和食品安全问题严重威胁着人类的生存和发展。

根据农业部的统计资料，我国每年要使用农药 140 多万 t，2015—2017 年农药年平均使用量高达 180 万 t，是世界第一农药消费大国。其中主要是化学农药，占世界总施用量的 1/3；平均每亩用药量约 1 kg，是世界平均水平的 2.5～3.0 倍。2015 年 1 月农业部审议通过了《到 2020 年农药使用零增长行动方案》来控制农药的使用量，随后 2015 年中央一号文件对农药生产与使用提出了新的要求，全国正在进一步探索更有效、更安全的方法来防治农业植物病虫草害。

微生物农药因其具有选择性高、对人畜无害、环境友好、作用对象不易产生抗药性等优点，成为迄今为止最成功的生物防治产品，被视为替代部分化学农药的最好选择，一直是农业病虫害防治领域的研究热点，也代表了植物保护行业发展的新方向。

一、微生物农药的概念与分类

(一)微生物农药的概念

微生物农药是指利用微生物活体或其代谢产物来防治植物病虫害和杂草危害的一种微生物制剂，也称为微生物生防制剂(microbial bio-controlagents，MBCAs)。它是通过筛选的昆虫病原体或病菌拮抗微生物等，用人工方法培养、收集、提取而制成的。当这些病原体和拮抗微生物或其代谢产物被昆虫吞食、接触或病菌感染后，通过微生物的活动、毒素的作用而使害虫和病菌新陈代谢受影响，破坏其机体器官，影响其发育繁殖或变态，从而达到灭虫防病的目的。

我国的微生物农药研究起步较晚，但产业发展很迅速。目前，我国微生物农药的研发、生产和使用技术水平在发展中国家处于领先地位，主要表现在：①微生物农药研发体系完善，昆虫病原、植物病害生防菌、农用抗生素、真菌源激活蛋白、微生物除草等方面均已有大量研究。②产业化水平明显提高，井冈霉素、阿维菌素、赤霉素、春雷霉素、多抗霉素、宁南霉素、中生菌素、嘧啶核苷类抗菌素等农用抗生素均已规模化生产，苏云金杆菌、枯草芽孢杆菌、木霉菌等活菌制剂等产业化发展迅速。③应用技术研究不断深入，众多的科研院所、生产企业已经将微生物农药成功应用于防治农业生产重大病虫害上，例如苏云金杆菌防治棉铃虫、水稻二化螟、蔬菜上的小菜蛾等，井冈霉素与枯草芽孢杆菌或者蜡质芽孢杆菌的复混制剂防治水稻纹枯病、稻曲病等，解淀粉芽孢杆菌、木霉菌等防治设施蔬菜土传病害，极细链格孢激活蛋白与氨基寡糖素复配防治植物病毒病等。这些技术的研究和应用极大地丰富了生物农药群体，也为我国农业的绿色防控体系带来了技术上的保障。

(二)微生物农药的分类及主要作用特点

微生物农药是生物农药中的一大类，它具有较强的专化性，对人畜和环境安全，不易产生抗药性等优点，其中最重要的优点是易于发酵生产，不像其他生物农药那样需要繁琐的生产流程(表 7-1)。

表 7-1 微生物农药主要用途和作用特点

分类	主要类群	作用机制和特点	代表种类
杀虫剂类	病毒类	通过流行病毒传播，产生病毒粒子，致死昆虫	核型多角体病毒、质型多角体病毒、颗粒体病毒
	细菌类	通过细胞吸收进入体内，致病或致死昆虫	苏云金芽孢杆菌、球形芽孢杆菌、金龟子芽孢杆菌、短稳芽孢杆菌
	放线菌类	分泌代谢产物(杀虫素)，杀死害虫	大环内酯类：阿维菌素、浏阳霉素 聚醚类：盐霉素、马杜拉霉素
	真菌类	通过附着体表，萌发菌丝侵染虫体，损害昆虫	白僵菌、绿僵菌

续表7-1

分类	主要类群	作用机制和特点	代表种类
杀菌剂类	细菌类	通过细菌快速定植，形成拮抗保护层，隔离或致死病原菌	枯草芽孢杆菌、解淀粉芽孢杆菌、蜡质芽孢杆菌、荧光假单胞杆菌
	真菌类	通过根围定植和分泌酶、抗生素等形成保护罩，防病	出芽短梗霉、哈茨木霉、棘孢木霉
	放线菌类	主要以抗生素干扰和抑制病原菌细胞的生长和发育	井冈霉素、春雷霉素、农抗120、中生菌素
除草剂类	真菌类	利用活体孢子或代谢物侵染组织，产生毒素，杀灭杂草	稗黑粉菌、稗草链格孢菌
	放线菌类	利用放线菌产生抗生素除草	双丙氨膦
杀线虫类	细菌类	吸附线虫，消解线虫体壁，杀死线虫	解淀粉芽孢杆菌B1619、Bacillus ne-matocid、坚强芽孢杆菌
	真菌类	通过内寄生和分泌线虫素，致死线虫卵、幼虫和使雌虫减轻危害	淡紫拟青霉菌、厚孢轮枝菌
	放线菌类	以抗生素干扰和致死线虫	阿维菌素、伊维菌素
杀病毒剂	放线菌类	通过抗生素对蛋白质和核酸作用，抑制病毒增殖，提高抗病性	嘧肽霉素、宁南霉素(胞嘧啶核苷)
	真菌类	以分泌的激活蛋白诱导植物抗病毒能力，促进生长	真菌微活蛋白、寡糖·链蛋白

微生物农药根据其用途或防治对象不同，可分为杀虫剂类、杀菌剂类、杀线虫类、除草剂类和杀病毒类等；根据微生物的种类不同，可分为细菌类、真菌类、病毒类和原生动物类等；根据来源不同，可分为活体微生物农药和农用抗生素。不同用途的微生物农药是由多种不同微生物组成，其中用途最广和最易于生产的是杀虫剂类和杀菌剂类，无论是国际上还是国内研究推广这两类微生物农药的机构最多。近年来，随着研究团队和人员增多，杀线虫、抗病毒和除草的微生物农药异军突起，不断有创新性产品出现。

二、我国已登记的微生物农药品种介绍

(一)昆虫病原微生物及其制成的杀虫剂

自然环境中存在着许多对昆虫有致病作用的微生物，利用这些微生物的致病性来防治害虫十分有效。从昆虫病原中筛选出使用方便、药效稳定、对人畜和环境安全的菌种，继而开发成微生物杀虫剂(表7-2)。

表7-2 我国已登记的农业昆虫病原菌种类

菌种	类别	防治对象	登记数量
苏云金芽孢杆菌	细菌	菜青虫、小菜蛾、甜菜夜蛾、甲虫等	232
短稳杆菌	细菌	小菜蛾、斜纹夜蛾、稻纵卷叶螟、棉铃虫、烟青虫、茶尺蠖	1
金龟子绿僵菌	真菌	飞蝗、小菜蛾、蛴螬、稻飞虱、稻纵卷叶螟	6

续表7-2

菌种	类别	防治对象	登记数量
大孢绿僵菌	真菌	菜青虫、土天牛幼虫	2
球孢白僵菌	真菌	小菜蛾、蛴螬、松毛虫稻纵卷叶螟、二化螟	13
蝗虫微孢子虫	真菌	蝗虫	1
棉铃虫核型多角体病毒	病毒	棉铃虫	24
斜纹夜蛾核型多角体病毒	病毒	斜纹夜蛾	8
甜菜夜蛾核型多角体病毒	病毒	甜菜夜蛾	7
苜蓿银纹夜蛾核型多角体病毒	病毒	甜菜夜蛾	6
小菜蛾颗粒体病毒	病毒	小菜蛾	1
松毛虫质型多角体病毒	病毒	松毛虫	2

1. 细菌杀虫剂

细菌杀虫剂是利用对某些昆虫有致病或致死作用的昆虫病原细菌，经发酵制成含有杀虫活性成分或菌体本身，用于防治和杀死目标昆虫的生物杀虫制剂。利用细菌杀虫已经有 100 多年的历史，目前已筛选的杀虫细菌有 100 余种，其中制成产品并大面积应用的主要有苏云金芽孢杆菌、日本金龟子芽抱杆菌、球形芽孢杆菌、缓死芽孢杆菌 4 种。其中，苏云金芽孢杆菌（*Bacillus thuringiensis* 简称 Bt）是开发最早、最成功的微生物杀虫剂，已在农业、卫生杀虫、森林害虫防护等领域广泛应用。苏云金芽孢杆菌产生的毒素对多种害虫有特异的毒杀作用。它有很多变种，由于各变种所含蛋白晶体的结构不同，其毒力和适用的害虫对象也不同。在我国，苏云金芽孢杆菌产品登记的有 206 个左右，占到生物杀虫剂的 95%以上，防治对象类别也很多。其全球商业化应用已有 60 多年的历史，多年来一直被认为是安全的生物杀虫剂。最初认为它仅对鳞翅目昆虫有毒性，而对哺乳动物和非靶标生物无毒。但是，随着对 Bt 研究的深入，每年都有新的菌株和毒素被鉴定出来，其杀虫谱也越来越宽广，安全性也受到极大挑战。

2. 真菌杀虫剂

在昆虫病原微生物中，真菌种类占到 60%以上。真菌杀虫剂作为微生物杀虫剂的重要类群，因其具有与环境的相容性好、易于工业化生产、可自然扩散以及持续控制害虫等优点而成为备受业界关注的化学农药替代品。目前，国内外已有 140 多种真菌杀虫剂登记注册，其中白僵菌和绿僵菌占到一半以上，而产品种类正向着多样化的方向发展。

绿僵菌是最早用于防治害虫的一种有效杀虫真菌，是一种昆虫专性寄生菌，对鳞翅目、直翅目、鞘翅目、同翅目等 200 多种害虫有寄生性，可用于防治多种害虫。目前用绿僵菌制成的生物农药已经登记在稻田、草地、蔬菜、花生上防治稻纵卷叶螟、稻飞虱、飞蝗、小菜蛾、蛴螬等。它具有对目标害虫作用专一、不杀伤自然界中的害虫天敌、对人畜无害、不污染环境、害虫不会产生抗药性等优点。

3. 病毒杀虫剂

病毒杀虫剂是利用昆虫病毒的生命活动来控制那些直接和间接对人类和环境造成危害的昆虫。昆虫体内普遍存在病毒，已发现的有 1 600 多种，主要包括核型多角体病毒、颗粒体病毒、质型多角体病毒、昆虫痘病毒和非包涵体病毒，其寄主昆虫主要属于鳞翅目，少数属于双翅目、膜翅目、鞘翅目和脉翅目。主要针对幼虫，当幼虫感染病毒后易死亡，而成虫感染后不易死亡,但成为带毒者后危害会降低,可以和苏云金芽孢杆菌、氟啶脲等生物杀虫剂复配扩大杀虫谱。病毒杀虫剂最早是应用于森林害虫防治,目前其主要在农业上防治夜蛾类害虫。

(二)微生物杀菌剂

1. 以拮抗菌筛选为基础开发的微生物杀菌剂

微生物杀菌剂包括微生物源农用抗生素和拮抗微生物等。其中拮抗微生物是指能够通过寄生、抗生、竞争、溶菌等作用来抑制另一种微生物生长,甚至杀灭另一种微生物的一类微生物。拮抗微生物主要是来源于自然界,对病原菌具备天然的抵抗作用,同时具有对环境友好、病原菌不容易产生抗性、对人畜安全等优点。关于植物病原拮抗菌和代谢产物的研究有很多(表 7-3)。

表 7-3 主要微生物和抗生素(按防治的植物病害分类)

用途	生防微生物及抗生素
防治真菌性病害	木霉菌、毛壳菌、厚壁孢子轮枝菌、盾壳菌、黏帚菌、青霉菌、井冈霉素、多抗霉素等
防治细菌性病害	芽孢杆菌类、假单胞杆菌类、春雷霉素、中生菌素等
防治线虫	淡紫拟青霉、阿维菌素、氨基寡糖素、芽孢杆菌类
防治病毒病	真菌激活蛋白、氨基寡糖素、宁南霉素等

目前,我国植物病害生防细菌种类均为芽孢杆菌,生防真菌为木霉菌。

(1)芽孢杆菌及其登记进展　芽孢杆菌是好氧和兼性厌氧、产芽孢的革兰氏阳性菌的总称,其理化特性丰富多样,分布广泛,是土壤、植物体表和根际微生物的优势种群,在自然界中多以腐生形式存在。它们大部分是重要的有益微生物,可产生多种抗生素,包括脂肽类、肽类、磷脂类、多烯类、氨基酸类、核酸类物质,现在已成为生防领域重点开发的菌种。其在我国的登记情况见表 7-4。

表 7-4 植物病害生防芽孢杆菌在我国的登记情况

菌种	类型	登记数量	菌种	类型	登记数量
枯草芽孢杆菌	杀菌剂	63	坚强芽孢杆菌	杀菌剂	1
地衣芽孢杆菌	杀菌剂	2	海洋芽孢杆菌	杀菌剂	1
蜡质芽孢杆菌	杀菌剂	26	多黏类芽孢杆菌	杀菌剂	7
解淀粉芽孢杆菌	杀菌剂	5			

芽孢杆菌种类很多,登记种类有 7 种,分别是枯草芽孢杆菌、蜡质芽孢杆菌、解淀粉芽孢杆菌、地衣芽孢杆菌、坚强芽孢杆菌、海洋芽孢杆菌、多黏类芽孢杆菌。首先用于防控地上部分病害的代表菌种是枯草芽孢杆菌,它可以在植物体表利用有害病原菌的分泌物进行繁殖,与病原菌竞争生存空间来达到防治病害的作用。在我国农作物生防体系中,枯草芽孢杆菌占据的位置最高,登记的菌株种类也最多,达到 60%以上,登记的作物达到 10 种以上,防治多种病害(表 7-5)。

表 7-5 枯草芽孢杆菌的登记作物和防治对象

作物	防治对象	登记数量	作物	防治对象	登记数量
水稻	纹枯病、稻曲病	63	棉花	黄萎病	6
小麦	赤霉病、白粉病	2	草莓	白粉病、灰霉病	10
番茄	灰霉病、立枯病、青枯病	5	烟草	黑胫病、赤星病	1
黄瓜	白粉、霜霉病、灰霉病、枯萎病	21	柑橘	绿霉病、青霉病、溃疡病	2
辣椒	枯萎病	4	三七	根腐病	2
人参	黑斑病、灰霉病、根腐病、立枯病	2	马铃薯	晚疫病	1

其次，用于防控土传病害的代表菌种是解淀粉芽孢杆菌，它是近年来研究最多，发展最快的拮抗菌。它能够在土壤根围定殖，形成根系内生菌，抑制病原菌对根系的侵染。防控枯萎病、炭疽病、根腐病和根结线虫等病害，并促进植物的生长，其中表现最优秀的是解淀粉芽孢杆菌 B1619（表 7-6）。

表 7-6 解淀粉芽孢杆菌 B1619 应用作物和防控对象

应用作物	防控对象	应用作物	防控对象
番茄	根结线虫、枯萎病、黄萎病、根腐病、立枯病等	草莓	根腐病、红中根腐病、炭疽病、根结线虫
黄瓜	枯萎病、根结线虫	西甜瓜	枯萎病、蔓枯病、根结线虫、猝倒病
四季豆	枯萎病、疫病、根腐病、根结线虫	烟草	根腐病、茎腐病、根结线虫
大蒜	茎腐病、疫病	三七	根腐病、猝倒病、立枯病
甘蓝	根结线虫	芹菜	根结线虫

（2）木霉菌及生防制剂　木霉菌作为土壤及植物表面分布较广的丝状真菌之一，广泛用于微生物肥料中，在植物病害生物防治中的作用也十分重要。常见的木霉菌有哈茨木霉、绿色木霉、钩状木霉、长枝木霉、康氏木霉和绿黏帚霉等。已知的木霉菌至少可寄生 18 属 29 种植物病原菌，如核盘菌属、长孺孢属、镰刀菌属、蜜环菌属、炭疽菌属、丝核菌属、轮枝孢属、黑星菌属等。

目前，在我国主要登记在番茄和黄瓜上防治灰霉病，此外还登记了番茄立枯病、猝倒病、百合根腐病、人参灰霉病、立枯病、葡萄灰霉病等。

（3）拮抗菌防控线虫　寄生性线虫不仅通过直接破坏造成植物毁灭性死亡，还会引起病原性真菌和细菌进一步感染，加重对植物的危害，而伴生在根围的噬线虫真菌却是线虫的天敌，目前登记在册的有淡紫拟青霉和厚孢轮枝菌。它们都是一种兼性寄生菌，既能在土壤中自力更生营腐生生活，又能寄生于植物根围区的球形胞囊线虫、胞囊线虫和根结线虫等，对这些线虫有较强的缠绕作用，并能通过毒素进一步致死线虫，特别是对线虫的卵、幼虫和雌虫有效。

除了真菌外，还有部分芽孢杆菌对线虫有作用，如解淀粉芽孢杆菌 B1619 和坚强芽孢杆菌对杀死线虫有效果，这两种芽孢杆菌主要通过吸附在线虫表面和溶解线虫肠壁来杀死线虫。而部分放线菌则通过分泌抗生素对线虫产生杀伤作用。如除虫链霉菌产生的阿维菌素和伊维菌素，这也是目前生产上应用最多的生物杀线虫剂。

(4)拮抗菌防控病毒病　生物防控植物病毒病主要在放线菌和真菌两个领域,是利用它们分泌的抗生素预防病毒病。放线菌中不吸水链霉菌产生的嘧肽霉素和诺尔斯链霉菌产生的宁南霉素,都可以破坏病毒结构,降低病毒粒体浓度,延长它的潜育期,提高植物抗病毒能力。而由真菌产生的激活蛋白和链格蛋白,则是通过激活植物的防御系统来诱导植物的抗病毒能力。

2. 微生物源农用抗生素

农用抗生素是指由微生物生命活动过程中产生的对植物病原微生物、害虫、螨类、线虫、有害植物(杂草)等其他生物能在很低浓度下显示特异性药理作用的天然有机物。它是微生物产生的次级代谢产物,低微浓度时即可抑制或杀灭作物的病原或调节作物生长发育,是目前使用面积最大、防效最显著的一类生物农药。

关于农用抗生素的研究也是微生物农药中最多的。品种主要有抗细菌病害的链霉素(已停止登记使用),抗真菌性病害的春雷霉素、井岗霉素等,以及杀虫、杀螨的阿维菌素、乙基多杀菌素等(表 7-7)。

表 7-7　农用抗生素种类和防治对象

种类	防治对象	登记数量
春雷霉素	稻瘟病、枯萎病、叶霉病、细菌性角斑病、炭疽病、白粉病、早疫病、叶斑病、苹果黑星病等	113
多抗霉素	烟草锈病、赤星病、苹果斑点落叶病、番茄早疫病、西瓜枯萎病、水稻苗期立枯病等	82
井冈霉素	稻瘟病、番茄炭疽病、晚疫病	>200
嘧啶核苷类抗菌素	白粉病、枯萎病、疫病、炭疽病、水稻纹枯病、小麦锈病等	23
阿维菌素	茶黄螨、二斑叶螨、朱砂叶螨、潜叶蝇、小菜蛾、菜青虫、棉铃虫、稻纵卷叶螟、二化螟、线虫等	>700
乙基多杀菌素	稻纵卷叶螟、豆荚螟、小菜蛾、甜菜夜蛾、美洲斑潜蝇、果蝇、蓟马等	6
中生菌素	多种细菌和真菌性病害	33

三、微生物农药登记管理现状

我国微生物农药登记管理由农业部农药检定所(Institute for the Control of Agrochemicals,ICAMA)负责,《农药登记资料规定》列出了微生物农药登记所需的技术资料要求。自 2006 年以来,我国微生物农药登记产品发展迅速,有效成分数量翻番,截至 2016 年年底,已登记微生物农药有效成分 42 个、产品 495 个,涉及细菌、真菌、病毒、原生动物等不同类别。产品数量较多的品种有苏云金杆菌、枯草芽孢杆菌、蜡质芽孢杆菌、木霉菌、白僵菌、绿僵菌、棉铃虫核型多角体病毒等。登记中明确要求提交微生物农药的国际通用名称(通常为拉丁学名),分类地位(如科、属、种、亚种、株系、血清型、致病变种或其他与微生物相关的命名等)及国家权威微生物研究单位出具的菌种鉴定报告及菌株代号(菌种保藏中心的菌株编号)等,同种微生物农药的不同菌株将按不同的有效成分对待,因此将来的微生物农药有效成分数量将会快速增长。

我国每年登记的微生物农药、农用抗生素的品种、产品数量和应用面积均在不断增加,但这类产品通常成分复杂、作用机制独特,部分品种还存在质量稳定性差、效果缓慢、防治效果低的情况，尤其在质量方面，由于多数产品缺乏统一产品标准，经常因质量差异导致防治效果不稳定。市场上因非法添加隐性化学农药造成的安全性问题也时有发生，同时也给贸易仲裁和市场监督执法带来困难。微生物农药与化学农药相比，其质量控制、药效及安全性评价、农药残留量控制等方面都存在差异。

通过最近20年微生物农药的标准化建设和发展，在标准制定工作上已取得了较大进展。标准类别覆盖产品质量、分析检测方法、药效评价、毒理学、环境风险评价、农药残留等多个领域，对提高生物农药产品整体质量，科学、规范生物农药登记管理政策和要求具有重要意义。

(一)产品质量标准

目前，我国已制定微生物农药产品质量标准28项和方法标准5项，共33项标准(表7-8)。其中细菌微生物农药12项，涉及苏云金杆菌、枯草芽孢杆菌、蜡质芽孢杆菌和荧光假单胞杆菌等，苏云金杆菌有化工行业标准和国家标准。真菌微生物农药11项，涉及球孢白僵菌、木霉菌、绿僵菌以及真菌微生物农药产品质量标准编写规范。现在，已经发布病毒微生物农药有棉铃虫核型多角体病毒悬浮剂的湖北省地方标准(DB42/T 1038—2015)和美国白蛾核型多角体病毒杀虫剂的林业标准(LY/T 2906—2017)。

表7-8 我国已发布的微生物农药产品质量标准

序号	名称	标准号	类别
1	苏云金杆菌原粉	HG 3616—1999	化工行业标准
2	苏云金杆菌可湿性粉剂	HG 3617—1999	化工行业标准
3	苏云金杆菌悬乳剂	HG 3618—1999	化工行业标准
4	苏云金芽孢杆菌母粉	GB/T 19567.1—2004	国家标准
5	苏云金芽孢杆菌悬浮剂	GB/T 195672—2004	国家标准
6	苏云金芽孢杆菌可湿性粉剂	GB/T 195673—2004	国家标准
7	球孢白僵菌粉剂	GB/T 25864—2010	国家标准
8	井冈霉素水剂	GB/T 9553—2017	国家标准
9	阿维菌素原药	GB 19336—2017	国家标准
10	阿维菌素乳油	GB 19337—2017	国家标准
11	井冈霉素可溶性粉剂	GB/T 34154—2017	国家标准
12	井冈霉素原药	GB/T 34155—2017	国家标准
13	春雷霉素原药	GB/T 34758—2017	国家标准
14	春雷霉素可湿性粉剂	GB/T 34761—2017	国家标准
15	春雷霉素水剂	GB/T 34774—2017	国家标准
16	真菌农药母药产品标准编写规范	GB/T 21459.1—2008	国家标准
17	真菌农药粉剂产品标准编写规范	GB/T 21459.2—2008	国家标准
18	真菌农药可湿性粉剂产品标准编写规范	GB/T 21459.3—2008	国家标准
19	真菌农药油悬浮剂产品标准编写规范	GB/T 21459.4—2008	国家标准
20	真菌农药饵剂产品标准编写规范	GB/T 21459.5—2008	国家标准
21	枯草芽孢杆菌母药	NY/T 2293.1—2012	农业行业标准

续表7-8

序号	名称	标准号	类别
22	枯草芽孢杆菌可湿性粉剂	NY/T 2293.2—2012	农业行业标准
23	蜡质芽孢杆菌母药	NY/T 2294.1—2012	农业行业标准
24	蜡质芽孢杆菌可湿性粉剂	NY7T 2294.2—2012	农业行业标准
25	荧光假单胞杆菌母药	NY/T 2296.1—2012	农业行业标准
26	荧光假单胞杆菌可湿性粉剂	NY/T 22962—2012	农业行业标准
27	真菌微生物农药球孢白僵菌第1部分:球孢白僵菌母药	NY/T 2295.1—2012	农业行业标准
28	真菌微生物农药球孢白僵菌第2部分:球孢白僵菌可湿性粉剂	NY/T 2295.2—2012	农业行业标准
29	真菌微生物农药木霉菌第1部分:木霉菌母药	NY/T 2295.1—2012	农业行业标准
30	真菌微生物农药木霉菌第2部分:木霉菌可湿性粉剂	NY/T 2882.2—2016	农业行业标准
31	棉铃虫核型多角体病毒悬浮剂	DB42/T 1038—2015	湖北省地方标准
32	绿僵菌微生物杀虫剂	DB44/T 513—2008	湖北省地方标准
33	美国白蛾核型多角体病毒杀虫剂	LY/T 2906—2017	美国林业标准

(二)药效评价及使用技术类标准

微生物农药药效评价、使用技术规程标准有8项,农用抗生素2项(表7-9)。虽然,我国已制定了200多项农药田间药效试验准则,但针对微生物农药药效评价试验准则尚属空白,完全参照化学农药的药效评价方法和标准是不科学、不合理的。

表7-9　我国生物源农药药效评价及使用技术类标准

序号	标准名称	标准号
1	松毛虫质型多角体病毒生产及使用技术规程	DB44/T 512—2008
2	茶尺蠖核型多角体病毒制剂生产及应用技术规程	DB42/T 675—2010
3	农药在人参上的使用准则第18部分:10亿活芽孢/g枯草芽孢杆菌	DB22/T 1975.18—2016
4	农药在人参上的使用准则第19部分:1 000亿活芽孢/g枯草芽孢杆菌	DB22/T 1975.19—2016
5	农药在人参上的使用准则第20部分:哈茨木霉菌	DB22/T 1975.20—2016
6	解淀粉芽孢杆菌治疗松烂皮病技术规范	DB51/T 2267—2016
7	球孢白僵菌质量控制及防治玉米螟技术规程	DB21/T 2268—2014
8	球孢白僵菌桶混剂机械化防治玉米螟技术规程	DB22/T 2528—2016
9	农药室内生物测定试验准则杀菌剂第18部分:井冈霉素抑制水稻纹枯病菌试验E培养基法	NY/T 1156.18—2013
10	水稻纹枯病菌对井冈霉素抗药性室内测定技术规程	DB51/T 1679—2013

(三)毒理学试验标准

由于微生物农药在暴露途径、毒性症状及染毒时间和观察指标上的差异,我国在农药登记管理中专门针对微生物农药制定了毒理学试验准则,标志着我国微生物农药安全性评价和管理工作进入一个新时期。

该标准共包括6个部分:①急性经口毒性/致病性试验(NY/T 2186.1—2012);②急性经

呼吸道毒性/致病性试验(NY/T 2186.2—2012);③急性注射毒性/致病性试验(NY/T 2186.3—2012);④细胞培养试验(NY/T 2186.4—2012);⑤亚慢性毒性/致病性试验(NY/T 2186.5—2012);⑥繁殖生育影响试验(NY/T 2186.6—2012)。

(四)环境安全试验标准

目前已制定化学农药的环境试验准则近40项,但这些准则大多是急性毒性试验方法,染毒和观察时间较短,不适用于微生物农药。现已完成微生物农药对鱼类、鸟类、蜜蜂、家蚕、藻类等6项毒性试验准则,农业行业标准的制定(表7-10)。另外,2017年制定的《微生物农药环境增值试验准则》(水、土壤、叶面)已完成征求意见稿。尚缺乏微生物农药环境风险评估程序类的标准。

表7-10 微生物农药环境安全试验类标准

序号	标准名称	标准号
1	微生物农药环境风险评价试验准则:第1部分 鸟类毒性试验	NY/T 3152.1—2017
2	微生物农药环境风险评价试验准则:第2部分 蜜蜂毒性试验	NY/T 3152.2—2017
3	微生物农药环境风险评价试验准则:第3部分 家蚕毒性试验	NY/T 3152.3—2017
4	微生物农药环境风险评价试验准则:第4部分 鱼类毒性试验	NY/T 3152.4—2017
5	微生物农药环境风险评价试验准则:第5部分 溞类毒性试验	NY/T 3152.5—2017
6	微生物农药环境风险评价试验准则:第6部分 藻类生长影响试验	NY/T 3152.6—2017

四、微生物农药的问题及发展机遇

生物农药的研发为绿色有机农产品提供了安全生产技术支撑,不仅增加了产量,而且提高了农产品的质量,减少了水土污染等环境压力,为绿色食品生产提供优质安全的技术保障。

(一)微生物农药的问题

我国生物农药的应用技术和使用面积仍不容乐观,主要体现在以下几个方面。

(1)传统生物农药有成本优势,但关键产业化技术改进不快,发展后劲不足。主要是缺乏具有核心竞争力的龙头企业。多数生物农药生产企业大都存在规模小、设备落后、资金短缺、人才缺乏、研发能力薄弱、成本偏高等问题,造成了产品质量不稳定,商品剂型化程度低,缺乏竞争力,容易受市场冲击。在化学农药市场供大于求的形势下销售困难,致使企业无法进入快速发展轨道。但是,在目前举国上下都在大力推进“农药零增长”的形势下,生物农药发展相信会越来越好。

(2)创新研发的微生物农药数量少。新产品研发投入巨大,起步很困难,加上大部分国内企业的研发投入占总销售收入的比例还不到1%,因此生物农药大部分是跟风模仿的,自主创新的很少。不过在当前利好政策条件下,国家加大对新型生物农药创制的项目支持,包括农业部也放宽和支持生物农药的登记手续,创制型生物农药的天地会越走越宽。

(3)生物农药普遍“叫好不叫座”。过去由于生物技术的落后,生物农药普遍存在见效慢、防效不如化学药剂、稳定性差或者使用技术要求过高等原因,导致产品不被市场认可。不过,随着生物技术改进,特别是生物工程和基因工程技术创新,越来越多的科研院所建立生物农药的创新团队,新型生物农药如雨后春笋般不断涌现出来。这些新型生物农药无论在生产工艺和应用技术方面都要优于化学农药。因此,未来中国农药市场上将会出现生物农药的时代。

(4)病虫害绿色防控方案不完善。过去生物农药的推广多依靠企业的市场行为,由于企业生物产品的单一性,造成防治对象相对片面,不能全面地解决作物生产过程的一系列问题。现在随着各级政府加大对绿色防控的支持力度和政府在绿色防控方面的“统防统治”,各个企业的生物农药和生物技术可以聚集在一起,充分发挥各自的优势,为绿色环保的植保技术提出科学解决方案。

(二)发展机遇

如今,随着农药零增长和绿色发展计划的推行,绿色防控产品市场需求正迅速扩大。党的十九大把“农业绿色发展”作为农业发展的重中之重,着力创新推进农业绿色发展的体制机制,加快建立以绿色生态为导向的农业补贴制度,农业绿色发展理念逐步深入人心、形成习惯。农业部也在持续推进“化肥农药双减”政策,力争进一步扩大主要农作物病虫害绿色防控面积,主力推进生物农药的研发和推广。这些政策支持,有力促进了我国生物农药的研发步伐,为生物农药创新研制奠定了较好基础,形成了一支原始创新能力强、具有一定国际竞争力的农业生物药物的研发队伍,促使生物农药迎来了千载难逢的发展机遇。

近年来,我国加大了农民零散、低效益土地的集约化、规模化流转,出现了一批具有现代化意识的新型农场主。这些农场主对新技术和高端农产品的种植非常感兴趣。此外,各地方不断兴起的农业社会服务组织、合作社和农产品经纪人等对高端农业发展起到了促进作用。从市场角度来看,随着我国经济的快速发展,中高端收入人员逐渐增多,人们对食品安全和农药残留问题越来越重视,对绿色和有机农产品需求越来越多,为生物农药的发展提供了良好的市场基础。

如今,我国对生物农药研发、市场准入、农药残留标准、化学农药使用限制,政府财政补贴等多方面出台一系列积极政策,促进生物农药产业发展。在以生物防治为主的绿色防控产业推广过程中,不仅带动了绿色农业产业化发展,而且带动了农业企业的发展,增加了农民经济收入。坚持生物农药创新、注重绿色防控技术,我国的生物农药发展将越来越快,破茧成蝶。

【思考与练习】

1. 什么是微生物农药?
2. 微生物农药有哪些类型?
3. 微生物农药产品有哪些种类?其产品特点是什么?
4. 我国微生物农药标准涉及哪些方面?

【参考文献】

[1]周燚,王中康,喻子牛. 微生物农药研发与应用[M]. 北京:化学工业出版社,2006.

[2]邓彩萍. 微生物杀虫剂的研发与应用[M]. 北京:中国农业科学技术出版社,2012.

[3]前瞻产业研究院. 2020 年生物农药市场现状及发展前景分析——未来前景广阔[J]. 农药市场信息,2020,07(13):32-33.

[4]刘振华,罗远婵,张道敬,等. 农用微生物杀菌剂剂型研究进展[J]. 农药学学报,2014,(5):497-507.

[5]冷阳. 从市场、法规和技术的角度解析中国农药制剂发展态势[J]. 世界农药,2020,(1):1-7.

[6]王开梅，张志刚，刘晓艳，等．微生物农药资源挖掘技术研究进展[J]．生物资源．2018，(4)：293-300.

[7]符泽，邱光．微生物农药的研发推广及未来发展趋势．[J]．农药市场信息，2018，(6)：6-10.

[8]范月蕾，赵晓勤，陈大明，等．微生物杀虫剂研发现状和产业化发展态势[J]．生物产业技术，2016，(1)：54-58.

[9]袁善奎，王以燕，师丽红．我国生物源农药标准制定现状及展望[J]．中国生物防治学报，2018，(1)：1-7.

项目8

苏云金芽孢杆菌

【知识目标】

1. 了解苏云金芽孢杆菌的杀虫机理，掌握苏云金芽孢杆菌的生物学特性。

2. 了解苏云金芽孢杆菌的选育方法，掌握其菌种选育方法和菌种检测要点。

3. 了解苏云金芽孢杆菌的发酵方式及特点，掌握苏云金芽孢杆菌制剂生产工艺。

4. 了解影响苏云金芽孢杆菌制剂杀虫效果的因素，掌握苏云金芽孢杆菌制剂的应用技术。

【技能目标】

1. 能根据苏云金芽孢杆菌的菌种特性进行菌种选育，并根据国家标准要求进行菌种检测。

2. 能根据生产条件选择合适的发酵方式，进行苏云金芽孢杆菌制剂生产及产品检测。

3. 能根据生产实际情况合理选择产品，并能正确地使用苏云金芽孢杆菌制剂进行生物防治。

【德育目标】

1. 通过菌种选育中较为繁琐工作（生物效价测定）的训练，培养学生耐心细致、踏实朴素的工作作风。

2. 通过实践操作锻炼和培养学生有效组织、合理分工的能力。

苏云金芽孢杆菌概述

细菌杀虫剂是利用对某些昆虫有致病或致死作用的昆虫病原细菌，经发酵制成含有生物杀虫活性成分或菌体本身，用于防治和杀死目标昆虫的生物杀虫制剂。利用细菌杀虫剂已经有100多年的历史，目前已筛选的杀虫细菌有100余种，其中制成产品并大面积应用的主要有苏云金芽孢杆菌、日本金龟子芽孢杆菌、球形芽孢杆菌、缓死芽孢杆菌4种。

与其他类型的杀虫剂相比较，细菌杀虫剂具有其独特的作用方式和杀虫机理。它主要是利用自身代谢产生的生物活性毒素对目标昆虫进行毒杀或通过营养体、芽孢在虫体内的繁殖等途径致死目标昆虫。因此，细菌杀虫剂具有如下特点：①具有一定的特异性及选择性的杀虫作用，不杀伤天敌和非目标昆虫。②易于和其他生物学手段相结合来进行害虫综合治理，维持生态平衡。③对人、畜安全。④由于杀虫活性毒素的多样性，昆虫不易产生抗性。⑤可以通过发酵法进行生产，具有相对较低的生产成本及产品登记费用。⑥可通过生物技术途径构建综合性能优良的菌株来满足生产和应用所需等。

一、苏云金芽孢杆菌的生物学特性

在细菌杀虫剂中，苏云金芽孢杆菌是当今用途最广、研究最多、产量最大、应用最成功的微生物杀虫剂，其制剂被用来防治150多种害虫（主要是鳞翅目害虫）。

根据《伯杰细菌鉴定手册》，苏云金芽孢杆菌是一种革兰氏反应呈阳性，周生鞭毛或无鞭毛、能内生孢子（芽孢）的杆状细菌。其大小为(1.2～1.8)μm×(3.0～5.0)μm。在其生长发育过程中，伴随芽孢的产生会有杀虫晶体蛋白形成，这种蛋白被称为伴孢晶体，是区别于蜡状芽孢杆菌和炭疽芽孢杆菌的主要特征（图8-1）。

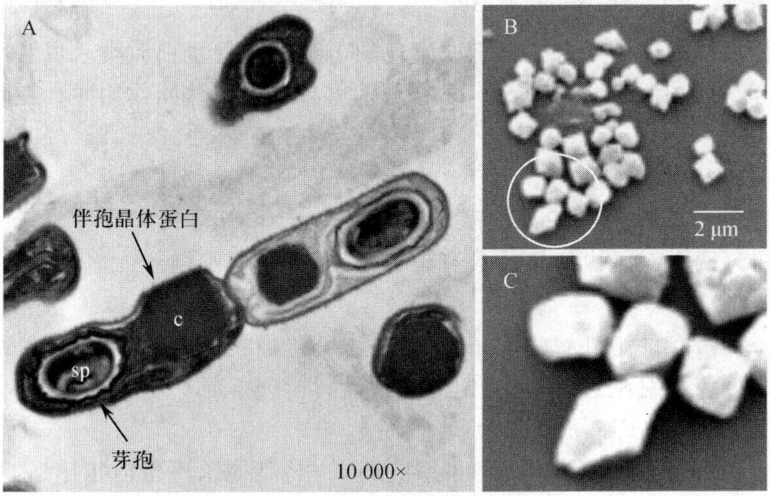

图8-1 苏云金芽孢杆菌

A. 菌体形态、芽孢伴孢晶体蛋白 B. 米粒形晶体蛋白 C. 菱形晶体蛋白

苏云金芽孢杆菌是一种好氧细菌，需要足够的空气才能发育良好，尤其在芽孢形成时，缺乏空气会延迟或甚至不能形成芽孢。苏云金芽孢杆菌对营养条件要求不高，所需主要营养物质为动植物蛋白衍生物，能在多种碳源、氮源和无机盐中正常发育。温度适应范围广，从10～40℃都能生长，以28～32℃最为合适。在适宜温度范围内，温度越高其生长速度越快，但产生伴孢晶体的量不一定多。苏云金芽孢杆菌适应于微碱性条件，最适pH为7.5，当pH达到8.5时能形成芽孢，而pH降到5时则不能形成芽孢。

二、苏云金芽孢杆菌的杀虫活性物质

由于苏云金芽孢杆菌带来的巨大经济效益，科学家们对其遗传机制、基因结构与功能、基因的表达调控、杀虫活性以及在环境保护应用等方面进行大量研究，其生物活性成分也由刚开始的杀虫晶体蛋白发展到多种成分的辅助、协同作用。

目前，已经找出了数十种生物杀虫活性成分，将能分泌到细胞外发挥作用的活性成分称为胞外因子；而滞留在细胞内的活性成分或包含体（如芽孢）统称为胞内因子（表 8-1）。

表 8-1　苏云金芽孢杆菌生物杀虫活性成分

活性成分种类	活性成分物质
胞外因子	酶类：几丁质酶、磷脂酶 C、溶血素、VIP 杀虫蛋白（营养期杀虫蛋白） 醇类：双效菌素 核苷类：苏云金素
胞内因子	蛋白质：杀虫晶体蛋白、免疫抑制因子 A、肠毒素 芽孢：活芽孢

现介绍主要生物杀虫活性物质如下。

1. 几丁质酶

几丁质酶是最早从苏云金芽孢杆菌中发现的可溶性胞外蛋白质类杀虫活性物质。研究表明，几丁质酶不能单独有效地进行杀虫，只有与杀虫晶体蛋白共同作用时具有较高的协同增效作用。

2. 磷脂酶 C

磷脂酶 C 包括磷脂酰胆碱特异的磷脂酶（PCH）和磷脂酰肌醇特异的磷脂酶（PIH，是一种 α 外毒素蛋白），两者对昆虫肠道均具有破坏作用，有助于细菌侵入血腔并繁殖。

3. 溶血素

溶血素是一种潜在的胞外致病因子，由单一组分蛋白构成，主要通过附着细胞后表现出溶血作用。其溶血过程相对延迟，具有一定的潜伏性。

4. 营养期杀虫蛋白（VIP 杀虫蛋白）

营养期杀虫蛋白，是指营养期表达的杀虫蛋白。与其他杀虫蛋白相比，它对鳞翅目昆虫具有广谱杀虫活性，其机理是通过与昆虫中肠上皮细胞受体结合，使中肠溃烂致死。

5. 双效菌素（简称 ZwA）

双效菌素是一种具有抑菌和杀虫双重作用的多元醇类物质。它对多种植物病原真菌和细菌都有抑制效果，对昆虫毒性非常低，但是对杀虫晶体蛋白具有显著的增效作用。

6. 苏云金素

苏云金素又称 β-外毒素，是苏云金杆菌中的几个变种在营养体生长旺盛期产生的一种低分子量、高热稳定性（在 121℃下处理 15 min 仍然具有活性）的胞外毒素，它是一种非特异性的小分子腺苷酸衍生物。

7. 杀虫晶体蛋白

杀虫晶体蛋白（简称 ICP），是苏云金芽孢杆菌制剂的主要杀虫活性成分，蛋白质分子质量在 27～150 ku，其中以 130～140 ku 最多。它是一种 δ-内毒素，在芽孢杆菌后期生物量中占干重的 20%～30%。苏云金芽孢杆菌的杀虫晶体蛋白基因大多数位于质粒(一个质粒上常常携带一个到多个 ICP 基因)上,少数存在于染色体上。

现已知杀虫晶体蛋白对包括鳞翅目、双翅目、鞘翅目等 10 个目的节肢动物门昆虫具有不同程度的生物活性。对线虫动物门中的植物、动物寄生线虫,扁形动物门的吸虫、绦虫,原生动物门的部分种类亦均有杀虫活性。

8. 免疫抑制因子 A(InA)

免疫抑制因子 A 是一种能使其产生免疫反应生物体致病的酶类活性物质,由于其具有降解蛋白质的功能,又被称为蛋白酶Ⅰ。

该蛋白酶因子是一种中性含金属蛋白酶,能够分解寄主产生的抗菌蛋白,主要通过消化免疫球蛋白 IgG 和 IgA 来消除寄主的抗性反应。

9. 肠毒素

在苏云金芽孢杆菌某些菌株中存在着肠毒素。肠毒素对昆虫的致病症状,表现为昆虫腹泻和呕吐,呈现食物中毒综合征。目前,肠毒素对人类健康的影响尚未见报道,这也许是与苏云金芽孢杆菌在人类肠道内不能繁殖有关。

10. 芽孢

芽孢是苏云金芽孢杆菌生长到一定阶段形成的特殊休眠结构,是营养细胞的休眠体。芽孢外层的芽孢衣是富含二硫键的蛋白质,可抵抗溶菌酶的消化,起保护作用。芽孢作为杀虫剂的有效成分,主要有两个因素:①芽孢衣蛋白具有类似伴孢晶体毒素;②芽孢的萌发或营养细胞具有穿透肠壁的能力。

目前,研究认为芽孢的杀虫机理是:在伴孢晶体对中肠上皮细胞造成膜穿孔后,芽孢进入血腔繁殖,营养细胞产生的多种外毒素及酶使幼虫患败血症致死。纯芽孢对昆虫毒力很低,必须与杀虫晶体蛋白协同作用才起到杀虫效果。

三、苏云金芽孢杆菌杀虫机理

(一)晶体蛋白作用机理

苏云金芽孢杆菌毒素进入昆虫体内必须先溶解,然后活化,再与靶标部位结合,进而发生作用。其机理是在中肠上皮细胞形成微孔,使细胞肿胀破裂、肠道溃烂,昆虫死亡。

1. 敏感昆虫的致病症状

食入芽孢杆菌毒素后,昆虫不安、拒食、行动迟缓。随着时间延长,其病状由里到外慢慢显著。一般敏感幼虫被芽孢、伴孢晶体混合物感染后,病症发展过程如下:30 min 内,食欲减退,甚至停止取食,血淋巴 K^+ 增加,pH 升高;30～120 min,幼虫轻度迟钝,中肠不蠕动,前后肠激烈收缩;2～3 h,极度反应迟钝,心跳不规则,仅有反射运动;3～4 h,幼虫完全麻痹和丧失反射运动,前场收缩停止;12～24 h,中肠上皮出现暗黑色斑点,偶见黑斑出现体背或体侧,后肠腐烂状,虫体内充满糜液样物,死后虫体颜色逐渐转暗。

2. 晶体毒素溶解及加工

溶解过程对激活 Cry 晶体蛋白来说是必需的。Cry1 蛋白的激活需在 pH 10 以上的碱性环境。在昆虫中肠的碱性环境中,溶解并释放出 130～140 ku 原毒素,再被胰蛋白酶加工产生具有活性的 60～65 ku 毒素(δ-内毒素)。

3. δ-内毒素与受体结合

成熟的δ-内毒素结合在幼虫肠道上皮细胞质膜的特异性受体上。δ-内毒素与受体结合的动力学性质与毒效之间的关系非常复杂。同一毒素蛋白对不同的昆虫会在受体专一性上显示差异，而同一昆虫对不同的毒蛋白也会表现出受体结合位点的差异，而且δ-内毒素与受体结合能力与毒力并不一定呈正相关。毒蛋白与受体蛋白的结合并不是简单的一一识别关系，还表现出多样性和复杂性。

4. 离子微孔的形成

一般认为昆虫上皮细胞被晶体蛋白破坏的机制是膜上形成1～2 nm直径的微孔。微孔的形成理论：晶体蛋白区域Ⅱ识别受体并与之结合，由区域Ⅰ上特有的穿孔“装置”-α螺旋结构插入，能使膜双层产生缺陷，引起膜穿孔；然后，其他区域参与，分子发生构象变化促使孔的形成；微孔导致渗透不平衡，水随离子流入肠道细胞，导致肠道细胞肿大裂解。离子调节的缺乏也会导致肠道和嘴部肌肉麻痹，昆虫从而停止进食，最终导致死亡。

(二)苏云金素(β-外毒素)作用机理

苏云金素的作用机制是抑制DNA依赖RNA聚合酶的活性、阻断RNA合成，从而影响昆虫生长发育，使其不能蜕皮或羽化，造成昆虫的畸形或不能正常化蛹。据认为，β-外毒素危害昆虫的原因可能是干扰了同发育有关的某些激素的合成。

由于苏云金素可以作用于所有哺乳动物，不同于伴孢晶体作用于中肠上皮细胞，所以不仅其杀虫谱较广，而且对人类和动物有一定的毒性。

(三)晶体蛋白基因(cry基因)

cry基因是苏云金芽孢杆菌的主要杀虫晶体蛋白基因，依据其核苷酸序列的相似性及其编码蛋白质的杀虫范围，至少可以分为4类：专对鳞翅目(cryⅠ)、鳞翅目和双翅目(cryⅡ)、鞘翅目(cryⅢ)以及双翅目(cryⅣ)的基因。

一个特定的苏云金芽孢杆菌菌株的致病性是特定内毒素基因或该菌株所表达的基因的反映。随着基因工程技术的发展，任何生物体都可以获得并表达cry基因或进行相关的修饰，事实上，cry基因已经被转移到不同的细菌和植物中并高效表达。另外，将该基因转移到水生环境中茂盛生长的蓝细菌中，可以使蚊子聚集的环境保持高水平的灭蚊毒素。这种类型的基因转移为作物的保护和致病昆虫的抑制提供了新的思路。

任务8.1 菌种选育与检测

【任务要求】

通过本次任务的学习，能够根据苏云金芽孢杆菌的菌种特性进行菌种选育；并根据国家相关标准对其菌株的要求进行菌种检测和结果分析。

任务8.1.1 菌种选育

【相关知识】

苏云金芽孢杆菌因其在植物害虫防治中发挥的重要作用，而成为目前我国生产和销售量最大的生物杀虫剂，占据了我国微生物农药95%以上的市场。作为Bt制剂生产者，做好菌种选育工作以保持菌种的生产性能，或者通过诱变处理提高其生产能力是必不可少的。

采用基因工程的方法构建工程菌株固然是快速有效的方法，但一般车间没有相应的技术力量，并且费用较高。因此，生产车间一般采取传统的诱变方法进行菌种选育，这就需要大批量处理菌落。Bt的检测方法虽然已经标准化，有生物检测毒力效价法和凝胶电泳检测毒素蛋白法，还有多种其他检测方法，但这些方法都不能适应菌种选育处理大批量菌株的需要。对于生产车间来说，检测Bt毒力问题是Bt菌种选育效率的瓶颈。解决这个问题的途径之一就是提高正突变被选中的概率以减少生物检测效价的样品量，从而提高菌株选育的效率。

随着对伴孢晶体蛋白的研究越来越深入，综合PCR结果、晶体形态和晶体蛋白图谱结果提出，伴孢晶体形态特征(包括形状和大小)可以作为预测毒力大小的一项指标。因此，可以以伴孢晶体形态作为初筛条件，大量筛选菌株，减少生物检测Bt的量，从而提高筛选效率。

【任务实施】

下面以伴孢晶体的形态和大小作为初筛指标，采用传统的菌种选育方法，通过两步初筛和两步复筛的菌种选育流程，对斜面菌株和摇瓶菌株进行大批量初筛，提高了正突变被选中的概率，提高了菌种选育的效率。具体选育方法如下：

一、紫外线处理

将生产菌种接种肉汤培养液，30℃ 200 r/min振荡培养8 h，得到Bt营养体悬液，置平皿中，用功率15 W、波长253 nm的紫外灯，距离30 cm处照射3 min，然后自然分离，挑单菌落转接肉汤斜面培养基中培养。

肉汤培养基配方：牛肉膏5 g、蛋白胨10 g、NaCl 3 g、琼脂20 g、蒸馏水1 000 mL，pH 7.0～7.2。

二、菌株的初筛

第一步初筛：将菌株培养于肉汤斜面上30℃培养48 h，用品红染色液染色镜检伴孢晶体的形态。保留伴孢晶体形态规则、一致、个体较大的或者有特点的菌株进行下一步筛选。第一步初筛留种率控制在30%左右。

第二步初筛：将菌株接种肉汤培养液中，30℃ 200 r/min振荡培养48 h，涂片用品红染色液染色镜检伴孢晶体的形态。保留伴孢晶体形态规则、一致、个体较大的或者有特点的菌株进行复筛。第二步初筛留种率控制在50%左右。

初筛分两步主要考虑是Bt的固体培养和液体培养时其伴孢晶体形态可能不一致，为了提高正突变的被选中概率，分别镜检固体培养和液体培养下的伴孢晶体形态。另外，同一菌株的伴孢晶体形态液体培养的要比固体培养的一致性更好些，由于固体培养方便并且更易于大批量培养，适应生产车间菌种选育的要求，因此固体培养放在第一步进行、液体培养放在第二步进行更合理。镜检伴孢晶体形态过程简单快速，能在短时间内处理大量菌株，较好地避开检测瓶颈，大大提高了菌株选育的效率。

三、菌株的复筛

第一步复筛：将初筛得到的菌株接种到发酵培养液，30℃ 200 r/min 振荡培养 48 h 后，生物检测效价（详见 6.1.2 菌种检测）。保留效价高的菌株以进一步筛选。

第二步复筛：将第一步复筛得到的菌株接种发酵培养液 30℃ 200 r/min 振荡培养 48 h 后，生物检测效价。保留效价高并且发酵水平稳定的菌株作为生产菌种或者作为进一步选育的出发菌株。

复筛也分两步走，主要考虑是生物检测方法允许相对偏差每个样品 3 次重复测定结果最大偏差不超过 20%，范围比较宽。为了保证用于生产的菌种稳定且高产，应重复发酵以检验其发酵水平和稳定性。同时，初筛不同批次的菌株也有必要一起比较。如果两步复筛仍选择了较多菌株留种，可以考虑再集中进一步复筛。而最终保留的菌株可以综合考虑每次发酵结果，以保证菌株的稳定和高产。

发酵培养液配方：黄豆饼粉 45 g、淀粉 20 g、玉米粉 20 g、硫酸镁 1 g、碳酸钙 1 g、磷酸二氢钾 1 g、蒸馏水 1 000 mL，pH 7.0～7.2。

四、复筛菌株的考察

根据复筛结果，选择发酵水平高的菌株用于生产考察，在 18 m^3 罐上生产若干批，平均发酵指数与往年的平均比较，提高显著的菌株留种保存。

任务 8.1.2 菌种检测

【相关知识】

苏云金芽孢杆菌作为用途最多、产量最大的微生物杀虫剂，每年以 20% 的速度增长，为了评价 Bt 的田间防治效果，研究 Bt 的杀虫机制，构建高毒力的 Bt 工程菌，筛选 Bt 高毒力菌株及指导 Bt 制剂的生产和后处理，建立快速、准确的检测方法十分必要。

苏云金芽孢杆菌的毒力检测方法包括生物测定法、HPLC 法、免疫分析法、质谱法和电泳法，其中生物测定法是国际标准方法，已被普遍采用；HPLC 法、免疫分析法、质谱法和电泳法是检测伴孢晶体或外毒素的含量，属于间接毒力测定方法。

【任务实施】

我国农业国家标准 GB/T 19567.1—2004《苏云金芽孢杆菌原粉》规定中生物检测法是以敏感昆虫为试虫，同时测定供试样品和标准样品对昆虫的半致死浓度 LC_{50} 值，并计算待测样品的毒力效价，以此来估计供试样品的毒力。下面以标准中小菜蛾（*Plutella xylostella*）作为试虫的毒力效价测定方法为例对其方法进行阐述。

一、感染液的制备

1. 标准品

用分析天平准确称取标准品(CS-1995,H_{3ab},20 000 IU/mg)100.0～150.0 mg(精确到0.1 mg),放入 250 mL 装有 10 粒玻璃珠的磨口三角瓶中。加入 100 mL 磷酸缓冲液,浸泡 10 min,在振荡器上振荡 3 min,得到浓度为 1 mg/mL 的标准母液(该母液在 4℃冰箱中可存放 10 d)。然后将标准母液稀释成浓度为 1.000、0.500、0.250、0.125、0.0625、0.0313 mg/mL 6 个稀释感染液。

2. 原粉样品

称取相当于标准样品毒力效价的样品适量(精确到 0.2 g),加 100 mL 磷酸缓冲液,然后参照标准品配制方法配制样品感染液。

对效价过高或过低的样品,在测定前需先以 3 个距离差异较大的浓度做预备试验,估计致死中浓度(LC_{50})的范围,据此设计稀释浓度。

二、感染饲料的配制

饲料配方:维生素 C 0.5 g、干酪素溶液 10 mL、菜叶粉 3.0 g、酵母粉 1.5 g、纤维素粉 1.0 g、蔗糖 6.0 g、菜籽油 0.2 mL、10%甲醛溶液 0.5 mL、15%尼泊金 1.0 mL、琼脂粉 2.0 g、蒸馏水 100 mL。

将蔗糖、酵母粉、干酪素溶液、琼脂粉加入 90 mL 的蒸馏水中调匀。搅拌煮沸,使琼脂完全熔化,加入尼泊金搅匀。将苏云金芽孢杆菌成分用剩余的 10 mL 蒸馏水调成糊状。当琼脂冷却至 75℃左右时与之充分混合,搅匀,置于 55℃水浴锅中保温备用。取 50 mL 烧杯 7 只,写好标签,置于 55℃水浴锅中预热,分别向每个烧杯中加入 1 mL 对应浓度的感染液,以缓冲液做空白对照。向每个烧杯中加入 9 mL 溶化的感染饲料,用电动搅拌器搅拌 20 s,使每个烧杯中的感染液与饲料充分混匀。

将烧杯静置,待冷却凝固后,用医用手术刀将感染饲料切成 1 cm×1 cm 的饲料块。每个浓度取 4 个饲料块放入 4 支养虫管中,每管放入一块,写好标签。

三、接虫感染

随机取已放置饲料的养虫管。每管投入 10 头小菜蛾三龄幼虫,每浓度 4 管,塞上棉塞,写好标签,在相同饲养条件下饲养。

四、结果检查及计算

感染 48 h 后检查试虫的死亡情况。判断死虫的标准是以细签轻轻触动虫体,无任何反应者判为死亡。

计算标准品和样品各浓度的供试昆虫死亡率,查 Abbott 表或计算矫正死亡率(X_1)空白对照死亡率 10%以下需要校正,大于 10%试验结果无效。

校正死亡率按式(1)计算:

$$X_1=\frac{T-C}{1-C}\times 100\% \tag{1}$$

式中：

T——药剂处理死亡率；

C——空白对照死亡率。

将感染液各浓度换算成对数值，校正死亡率转换成死亡几率值，用最小二乘法分别求出标准品 LC_{50} 值和待测样品 LC_{50} 值，计算待测样品毒力效价（X_2）。

毒力效价按式(2)计算：

$$X_2 = \frac{S \times P}{Y} \tag{2}$$

式中：

S——标准品 LC_{50} 值；

P——标准品效价；

Y——样品 LC_{50} 值。

五、允许差

毒力测定法允许相对偏差，但每个样品 3 次重复测定结果最大偏差不得超过 20%。毒力测定各浓度所引起的死亡率应在 10%～90%，在 50%死亡率上下至少各有两个浓度。

任务 8.2 生产工艺

【任务要求】

通过本次任务的学习，能根据生产条件选择合适的发酵方式进行苏云金芽孢杆菌杀虫剂生产及产品检测。

【相关知识】

苏云金芽孢杆菌杀虫剂的生产主要包括发酵和制剂成型两部分。发酵可分为固态发酵和液体发酵。剂型是指具有各种特定物理化学性能的农药分散体形式，制剂是各种农药加工品的总称。

一、固态发酵

固态发酵是指在含少量自由水的湿性固态培养基中进行生物反应，以生产微生物菌体和生物制品。它起源于我国传统的“制曲”技术，是利用颗粒载体表面所吸附的营养物质或颗粒本身提供的营养来培养微生物。在相对小的空间内，这些颗粒载体可提供相当大的气液界面，从而满足好气微生物增殖所需要的水分、氧气和营养。

固态发酵与液态发酵相比，具有培养基含水量少、废水废渣少、环境污染少、能耗低、设备和技术较简易、投资低、产物浓度高等优点，同时发酵原料既是营养物质，也是发酵载体，发酵后可直接进行干燥、粉碎，步骤简单，后处理过程节能。但是，固态原料发酵也存在明显的缺点，主要存在发酵温度、湿度难以控制，自动化程度低，易染杂菌和产品湿润性能较差等问题。

固态发酵按设计规模可分为网盘薄层法、皿箱式、大池通风法以及地坪式等发酵方式。其基本生产工艺流程如图 8-2 所示。

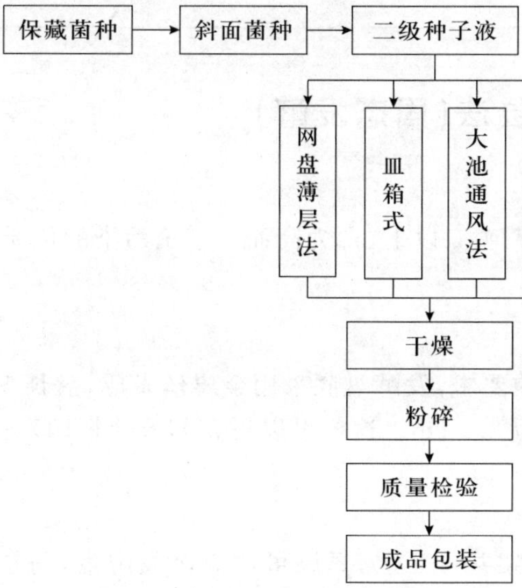

图 8-2 固态发酵基本生产工艺流程

二、液体深层发酵

1956 年苏联发表了用液体培养基摇瓶培养 Bt，并用于防治菜青虫的报道，从而揭开了 Bt 液体培养的序幕。Bt 制剂之所以能广泛应用，关键在于液体深层发酵为 Bt 提供了一个优化的物理及化学环境，使该菌能更好地生长繁殖，从而可以进行 Bt 的工业化大规模生产。

液态发酵与固态发酵相比，具有流动性好，传质、传热性能强，发酵条件控制精确、自动化水平高等优点；但同时又存在对发酵技术要求高、设备投资大、商品制剂成本高、后处理过程中晶体外毒素和芽孢损失等缺点。

液体发酵主要有分批发酵、补料分批发酵和连续发酵三种方式。其基本生产工艺流程如图 8-3 所示。

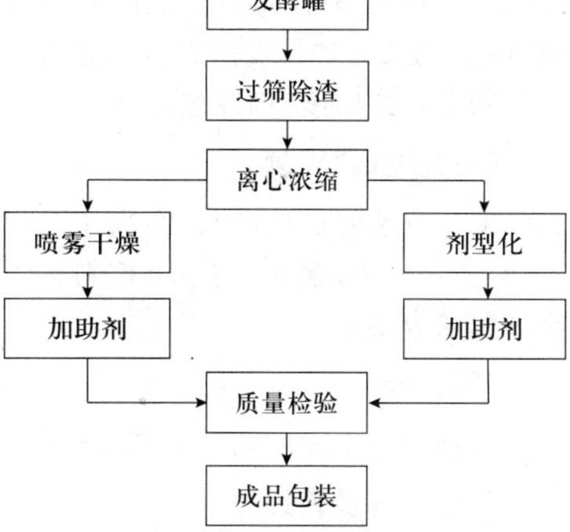

图 8-3 液体深层发酵基本生产工艺流程

三、剂型

在现有 Bt 商品中，剂型多样，有粉剂、可湿性粉剂、悬浮剂、浓水剂、油剂、乳油、颗粒剂、片剂、ES (emulsifiable suspension)、缓释剂、生物包被剂、胶囊剂等。而我国苏云金芽孢杆菌杀虫剂主要问题是剂型品种单一、质量差、加工工艺落后，对专用助剂或对现有助剂缺乏系统研究，同时，由于苏云金芽孢杆菌杀虫剂与化学杀虫剂不同，前者的芽孢和伴孢晶体对助剂有特定的要求，增加了剂型加工的难度。不断开发新制剂产品，这对提高苏云金芽孢杆菌防治效果、提高在综合防治中的地位十分重要。

【任务实施】

一、Bt 制剂网盘薄层法(固态发酵)

(一)生产菌种

选购含菌量在 100 亿活芽孢/g 以上、毒力高而无杂菌污染的优质工业菌粉。

(二)培养设施准备

1. 网盘

根据苏云金杆菌对空气的要求，发酵盘底采用金属丝做成，盘长 52 cm，宽 35 cm，高 5 cm，每盘可装发酵料 750 g，厚度为 2.5 cm。这样可以提高苏云金杆菌对空气的利用，从而使发酵物的含菌量和毒力提高。

2. 培养架

采用角钢做成，每个培养架共分 9 层，每层可放 5 个发酵盘，每层间隔 20 cm。如果通气条件差，可以去掉 4 层，使每层之间的距离为 40 cm，以增加通气。这种培养架的优点是可以充分利用空间，提高产量，经久耐用，培养架可以拆开，随时装卸。

3. 发酵料

用于苏云金杆菌固体发酵的原材料主要有麦麸、米糠、玉米粉、蚕豆粉、黄豆饼粉、黄豆杆粉、花生饼粉、棉籽饼粉、绿肥茎杆粉、草炭粉、豆渣、蚕蛹粉、面条煮水、粉厂下脚水等。用于疏松通气的材料有谷壳、锯末、肥土、细河沙、玉米芯、高粱杆、玉米秆、麦草以及多孔珍珠岩等。原料的种类、发酵料配方不同，产生的毒力也有明显差异。因此，针对苏云金杆菌某一亚种或某一菌株，在采取新配方大规模生产之前，应作毒效试验。选择单位重量培养物毒力最高的发酵料用于扩大生产。

将作为营养成分的原材料，粉碎过筛。用于通气疏松的茎杆切成 0.2～0.5 cm 长的小块。所有原材料准备好后，将干发酵料成分混合均匀，按比例泼上石灰水，边泼边翻，混匀培养料，调节 pH 在 9～10。发酵料含水量以捏之成团，触之即散为宜。发酵料配制好后，根据网盘的大小和上料的厚度，用双层纱布定量分装包好。

(三)发酵料灭菌

上述分装好的发酵料，在高压灭菌锅中灭菌(0.1 MPa，121℃)1 h，或灭菌锅或蒸笼 100℃灭菌 2～3 h。灭菌时，切不可把料包堆压过紧，需留出一些空隙，使蒸汽在蒸笼内循环，达到彻底灭菌的效果。

(四)接种

接种量为干发酵料的 0.5%～1%，接种后的发酵料每克含活芽孢 0.5 亿～1 亿以上。

(五)培养及管理

苏云金芽孢杆菌的固态发酵可分为四个阶段。

第一阶段为发酵初期(6～10 h)。料温逐步下降到接近于室温，接种后再回升到略高于室温，这一阶段芽孢萌发为营养体并开始分裂。这一时期的关键是保温、保湿。室温应控制在30℃左右，空气相对湿度应控制在80%～90%，以促进芽孢萌发，防止污染。

第二阶段为发酵高峰(10～24 h)。营养体进入对数生长期，菌数成倍增长，放出大量热，料温升高，可达34℃以上，pH开始上升。若控温不好，料温可达35℃以上，这一时期的关键是降温、保湿，控制料温在32℃以内，以免菌体毒力降低。

第三阶段是稳定期(24～34 h)。培养料温度逐渐下降，持续10～16 h，这一时期菌数增长缓慢，并趋于稳定，菌体形成芽孢，pH继续上升，升至8.5左右。此时应保持室温在28～32℃，空气相对湿度降到30%以内。

第四阶段是成熟期(34 h以后)。培养料温度与室温一致，pH保持恒定。关键是升温，控制料温在35℃左右，并增大通气，促进菌体迅速老熟。经40～70 h，约20%以上的芽孢晶体脱落后，即可终止培养。如果发酵条件控制得好，一般成品含菌数可达每克150亿～200亿。

二、Bt制剂工业生产法(液态发酵)

苏云金芽孢杆菌的工业生产采用液态深层发酵，经过喷雾干燥制备粉剂，其具体过程如下：

(一)菌种制作

1. 沙土管菌种制备

选育毒力高、发酵性能好的优良菌种，冷冻干燥或者沙土管保存。通常是以沙土管保存的，因在低温干燥及营养缺乏的情况下孢子呈休眠状态，可以长时间保藏，又便于随时使用，还可以避免传代过多引起菌种退化。

取细沙用稀盐酸处理、洗净、烘干，然后用磁铁吸去带磁性的金属微粒，并用250 μm筛孔过筛。再取有机质含量少的土壤研细，用125 μm筛孔过筛。沙与土按3∶1混合均匀，分装于小试管中，每管装量2 g(或直接装入2 g沙)，塞上纱布棉塞，湿热灭菌(0.15 MPa，1 h)2次或干热灭菌(160℃，2 h)1次，经无菌检查合格后备用。

沙土孢子的制作是选虫体复壮或分离筛选并经摇瓶培养检验合格的斜面菌种一支，加无菌水4～5 mL，用接种环轻轻刮下菌苔，即为高浓度的孢子悬液。用无菌吸管吸取菌液0.2 mL至灭菌后的沙土管中，至真空干燥器内(装 $CaCl_2$ 或 P_2O_5)，用真空泵抽干，用石蜡封管口，放入冰箱保存，供生产用。

2. 茄瓶斜面菌种制备

使用前将保存的菌种接种到茄形瓶(牛肉膏蛋白胨琼脂培养基)，每茄瓶装50 mL，经0.11～0.12 MPa灭菌30 min，待温度降至50℃左右，将瓶摆置成斜面，放在30℃下培养72 h，经过检查无杂菌，菌苔丰满、表面白灰色、无噬菌斑。染色制片显微镜观察90%以上芽孢囊破碎，冰箱保存1周即可使用。加无菌水制成菌悬液，水浴75℃处理15 min(游离的噬菌体被灭活，杀灭营养体细胞，活化芽孢，使培养体生长更同步)，即可接种。

(二)发酵

1. 种子罐培养基参考配方

配方一：花生饼粉0.6%、葡萄糖0.12%、糊精0.12%、蛋白胨0.03%、硫酸镁0.03%、硫酸铵 0.03%，pH 7.6。

配方二：豆饼粉 0.7%、玉米浆 2.0%、油 0.3%，pH 7.0～7.2。

配方三：花生豆粉 0.5%、玉米浆 0.5%、葡萄糖 0.2%，pH 为 7.1～7.4。按 0.1%加入甘油聚醚作消泡剂，50 L 种子罐投料 30 L。

配方四：玉米浆 0.8%、黄豆饼粉 0.1%、灭菌前 pH 为 7.5～7.6，灭菌后 pH 为 6.8～7.2。

2. 发酵罐培养基参考配方

配方一：花生饼粉 2%、过磷酸钙 0.2%、糊精 1.25%、蛋白胨 0.1%、硫酸镁 0.05%、硫酸铵 0.1%、碳酸钙 0.1%，花生油 0.03%，pH 7.6。

配方二：豆饼粉 1.5%、玉米浆 3.0%、碳酸钙 0.5%、硫酸铵 0.2%、硫酸镁 0.03%、植物油 0.1%，pH 7.0～7.2。

配方三：豆饼粉 1.5%、鱼粉 0.5%、碳酸钙 0.1%、硫酸镁 0.2%、磷酸二氢钾 0.1%，葡萄糖 1.0%，pH 7.2～7.4。

3. 灭菌

为了保证各管路的蒸汽压力，锅炉的总蒸汽压应达到 0.4～0.45 MPa。

(1)管路灭菌　所有管路、阀门通入蒸汽灭菌 1 h(采用流通蒸汽应维持蒸汽压 0.2～0.3 MPa。)

(2)发酵罐(种子罐)及培养基灭菌　先于夹层(或罐内冷却管道)通入蒸汽，使培养基预热至 90℃左右，直接通入蒸汽，保持罐内压力为 0.1～0.12 MPa(温度为 120～126℃)，时间 30～40 min，然后关闭蒸汽，并用无菌空气放压，使发酵罐罐压始终保持 0.1 MPa，同时夹层通入冷水，使培养基迅速冷却至 30～35℃，备用。

(3)加料罐(油罐)灭菌　油罐贮油量一般不超过总体积的 1/2，灭菌时先于夹层通蒸汽使油温达到 100℃左右，然后通入蒸汽，压力保持在 0.15～0.2 MPa(130℃)，时间 1 h，再放出蒸汽，并用无菌空气补压，冷却至 30～35℃后，备用。

4. 接种

种子罐接种一般采用茄瓶或摇瓶接种，茄瓶接种先用无菌水做成菌液，然后将棉塞换成灭菌橡皮塞，并与种子罐接口接通(无菌操作)。再将无菌空气输入种子罐逐步上升到 0.15 MPa，然后逐步排气，降压过程中，将菌液吸入种子罐。

采用发酵罐接种，当种子罐内的菌种进入生长旺盛期(对数期)时，经检查合格做种子，通过无菌管道输入发酵罐。

5. 发酵条件控制

(1)罐温　种子罐和发酵罐中温度的变化，可通过罐壁插孔放置的温度计进行测量。夹层或罐内冷却管中通入蒸汽或冷水来调节温度，要求温度控制在 28～35℃。

(2)罐压　一般种子罐保持罐压 0.05 MPa，发酵罐为 0.03～0.05 MPa。

(3)搅拌　种子罐搅拌转速为 250～300 r/min，发酵罐为 185 r/min。

(4)空气流通　一般种子期搅拌速度快，通风量小于 1：(0.5～0.8)对种子发育有利，进入大罐后，减低搅拌速度，再加大通风量(1：1)。容量为一吨的发酵罐，配用 1 m^3/min 的空气压缩机，即可达到 1：(0.5～1)的通气量。

(5)抽样检查　每小时取样一次，主要测定 pH 和涂片、染色、镜检菌体发育及有无杂菌污染。在种子罐移种前和大罐成熟期或必要时计菌数。发现菌态异常或菌数骤减的现象，应做平板培养，检查噬菌体。

(6)培养周期　种子罐培养周期一般为 8～10 h，当培养液 pH 降到最低时开始回升，菌数骤然大量增加，菌体涂片，细胞质着色性变强，此时种子菌已达到生长旺盛期。如无污染，即可用以接种。

大罐培养的周期为 16～24 h，当发酵罐内含菌数不再增加，并略有下降，大部分菌体已形成孢子囊，而其中 20%左右的芽孢晶体开始脱落时，停止培养。

(三)产品处理

1. 加填充料

将发酵菌液通过物料管压入储存罐，加入一定量轻质碳酸钙作填充剂，搅拌 30 min。

2. 板框压滤机过滤

0.2 MPa 压力，将物料由贮存罐压入板框，通过 7 号滤布过滤，如有浑浊现象，可适当降低压力，以不浑浊为宜，滤液含菌数不应超过每毫克 0.3 亿个，否则回收率太低。

3. 打浆

过滤后，将滤液饼刮入打浆地下罐，按加入碳酸钙量的 8%加入浓乳 100 号，再加适量滤液搅拌 30 min。

4. 喷雾干燥

在喷雾干燥塔的进口温度达 140℃时，将菌浆喷雾干燥，喷嘴流量为 400～500 L/h，使中层温度保持在 65～75℃或在 60℃以下的烘房内通风干燥。

5. 粉碎、混合、包装

将旋风分离器内的菌粉与喷雾干燥塔底的菌粉和经粉碎的以后粘附塔壁的菌粉混合装袋，并取样进行质量检查。

任务 8.3　应用技术及效果

【任务要求】

通过本次任务的学习，能根据 Bt 的剂型特点和生产实际情况合理使用，并能正确的使用 Bt 制剂进行生物防治。

【相关知识】

一、Bt 的防治对象

目前，Bt 被广泛用于粮食、经济作物、蔬菜、林果以及卫生害虫的防治。世界市场上各类 Bt 制剂的产值接近 2 亿美元。我国 Bt 制剂的产量已超过 2 万 t，每年应用面积可达 6 000 万亩，主要防治对象包括棉铃虫、小菜蛾、菜青虫、玉米螟、水稻三化螟、大豆天蛾、茶毛虫、苹果巢蛾、马尾松毛虫、油桐尺蠖等达 20 多科。

Bt 晶体蛋白活性不仅仅局限在节肢动物门的鳞翅目、双翅目、虱目、同翅目、膜翅目、直翅目等 9 个目，对线形动物门、原生动物门、扁形动物门同样有活性，它们活性范围还有迅速扩大的趋势。

二、Bt 的合理使用

Bt 制剂作为一种微生物农药应用在生物防治中，防治害虫的效果因受到多种因素的影响（如菌种自身因素、剂型、目标昆虫的特性及环境气候条件等）而使田间防治效果不稳定。因此，要充分发挥苏云金芽孢杆菌的杀虫作用，必须有针对性的施药。

1. 针对目标害虫选菌剂

Bt 在我国用于防治农、林、果、蔬、茶害虫达 20 多科，防治效果均在 80%以上。到目前为止，Bt 已区分为 22 个血清型、60 个亚种，不同的亚种对昆虫的毒力有很大的差别，不同菌株间的毒力差异也很明显。同一种菌剂对一种害虫的效果可能很差，但对另一种害虫的效果却很好。大多数 Bt 亚种只对鳞翅目昆虫有活性，对鳞翅目高活性的亚种如库斯塔克亚种和蜡螟亚种对翘翅目昆虫却无杀伤作用。因此很有必要对不同的目标害虫选择最佳的菌株制剂进行防治。

2. 针对不同昆虫选择使用方法

Bt 的主要活性物质是伴孢晶体，它是一种胃毒剂，必须在昆虫中肠的碱性条件下才能发挥作用。因此只有提高昆虫的摄入量，才能保证田间防治效果。防治玉米螟需将菌剂制成毒土，撒播在玉米喇叭口内效果最好。而对于取食量大的昆虫如大菜粉蝶、稻苞虫等，采用喷雾的方法在害虫的各个龄期施药都有很好的效果。因此要摸清害虫的生活习性，搞好虫情预报，在恰当的时期，使用足够的剂量和合理的施药方法，才能保证较好的防治效果。

根据农业部农药检定所发文农药检（生）字第 47 号文件的附件，现将 Bt 防治对象、使用剂量如表 8-2。

表 8-2 苏云金杆菌(Bt)的登记作物使用剂量表

登记作物	防治对象	IU 用药量			
		2 000 IU/μL 悬浮剂	4 000 IU/μL 悬浮剂	8 000 IU/mg 可湿性粉剂	6 000 IU/mg 可湿性粉剂
茶树	茶毛虫	100～200 倍液	200～400 倍液	400～800 倍液	800～1600 倍液
十字花科蔬菜	菜青虫	3 000～4 500 mL/hm²	1 500～2 250 mL/hm²	750～1 500 g/hm²	375～750 g/hm²
十字花科蔬菜	小叶蛾	3 000～4 500 mL/hm²	1 500～2 250 mL/hm²	1 500～2 250 g/hm²	750～1 125 g/hm²
棉花	二代棉铃虫	6 000～7 500 mL/hm²	3 000～3 750 mL/hm²	3 000～4 500 g/hm²	1 500～2 250 g/hm²
水稻	稻纵卷叶螟	6 000～7 500 mL/hm²	3 000～3 750 mL/hm²	3 000～4 500 g/hm²	1 500～2 250 g/hm²
玉米	玉米螟	4 500～6 000 mL/hm²	2 250～3 000 mL/hm²	1 500～3 000 g/hm²	750～1 500 g/hm²
烟草	烟青虫	6 000～7 500 mL/hm²	3 000～3 750 mL/hm²	1 500～3 000 g/hm²	750～1 500 g/hm²
枣树	枣尺蠖	100～200 倍	200～400 倍	600～800 倍	1 200～1 600 倍
森林	松毛虫	100～200 倍	200～400 倍	600～800 倍	1 200～1 600 倍

3. 针对不同目的选择剂型

我国 Bt 制剂的剂型较单一，一般多为粉剂，少部分为可湿性粉剂，近几年才有质量较为稳定的液剂。不同的地区、不同的作物可采用不同的剂型进行防治。粉剂多用于低矮作物或潮湿地区，也可做成颗粒剂使用。用颗粒剂防治玉米螟比其他剂型更合适。用于密集种植区防治蚊类幼虫的菌剂，应采用大颗粒剂，可保持灭蚊效果达 8 周之久。总而言之，根据所处生态环境不同，采用不同的剂型，对稳定 Bt 的防治效果有着重要的意义。

4. 针对昆虫习性选择施药时机

棉铃虫的初孵幼虫有取食卵壳的习惯，出壳后第二天进行转移，因此在产卵期施药的防治效果最好。水稻的稻苞虫白天躲在苞内，傍晚则出外取食，进入 2 龄后即吐丝纵卷稻叶成苞，因此应选择在低龄期喷药效果较好。小菜蛾幼虫喜欢在叶背取食，因此需将菌液喷到叶片的正、反两面才能达到较好的防治效果。所以，充分了解昆虫的生活习性，选择最佳的施药时机，同样的药量相应地增加昆虫的摄入量，才可获得最佳的防治效果。

5. 针对寄主作物选择菌剂

不同的作物类型由于组成成分，特别是次生代谢产物种类及含量不同对制剂防治效果的影响也不同。许多作物的次生代谢产物会对 Bt 有抑制作用，如采用 Bt 防治黄豆中印度谷螟比防治小麦、玉米中的印度谷螟要好得多。并且由于昆虫对不同寄主作物的嗜好性不同，而影响昆虫对黏附在作物表面菌剂的摄入量。因此，可针对不同作物进行施药或在制剂中适量添加一些昆虫取食刺激剂，都有利于提高防效。

6. 选择最佳的施药天气

温度和阳光对 Bt 的防治效果有着一定的影响。温度不仅作用于 Bt，而且作用于昆虫及其寄生植物。一般来说，高温加速被感染昆虫的发病过程，从而加速昆虫的死亡。实际情况是，温度过高一方面破坏了晶体毒素的结构，另一方面使昆虫停止取食，从而影响了 Bt 的防治效果。阳光也可使 Bt 的杀虫活性下降。有试验表明，上午 8 时施药比下午 4 时施药，幼虫死亡率低 20%～30%，所以在田间使用时，下午 4 时后施药为宜。施用药剂要在平均气温 20℃以上，尽可能选择在阴天或晴天的下午 4 时以后进行，这样的效果才更理想。另外，水质对防治效果也有一定的影响。例如，在清水中比富含有机质的浊水和污水中施用时，要适当提高浓度，才能达到有效控制蚊子幼虫的目的。

综上所述，为了提高苏云金芽孢杆菌制剂对害虫的田间毒效，必须了解该菌剂的特性，掌握施药的科学性。

三、Bt 的综合防治

尽管 Bt 应用广泛，但在应用过程中也暴露了一些局限性，如毒力不强、杀虫谱窄、持效期短、害虫产生抗性等。寻找 Bt 与其他方式联合对害虫治理的最佳途径成为近年来的研究和开发热点。

1. Bt 与其他昆虫致病微生物混配

Bt 和病毒联合使用显示出明显的增效效果。虽然这种组合在经济效益上并没有得到证实，但是用 Bt 和病毒混合却可以减少病毒的使用量。

Bt 和真菌混合还没有详细的评价，但是将这种高效的商业化的杀虫真菌与 Bt 按适当的比例混合饲喂刺吸式口器的昆虫，尤其是多种害虫并存的环境中，这种混合使用对蛾、粉虱及蚜虫的综合治理会起到很好的作用。

2. 与昆虫天敌

Bt 和卵寄生昆虫能够共生，这是由于 Bt 对卵不作用的缘故。在施用 Bt 的西红柿田里释放赤眼蜂进行综合治理与施用化学杀虫剂相比更经济。

用Bt与昆虫天敌混合使用杀幼虫要考虑二者的一致性，寄生可引起寄主易被Bt侵入。例如：将寄生马铃薯甲虫或苞叶中的寄蝇长期处于Bt的致死浓度中，会降低寄生昆虫的存活能力。这些不相溶性就导致在寄主中寄生昆虫的后代减少，因此导致寄生昆虫的虫口减少。相继使用Bt和寄生昆虫比同时使用是更值得推荐的方式。这更有利于寄生昆虫寄生三龄或三龄以上寄主，而Bt对初孵幼虫效果显著。

3. 与植物源杀虫剂混配

用从柑橘植物中分离出来的杀虫活性物质柠檬苦素强制饲喂马铃薯甲虫时，发现其与Bt相拮抗。这可能是由于印楝能产生一种拒食素使昆虫停止取食，从而降低了Bt的杀虫效果；另外，植物产生的石炭酸、咖啡因能增加Bt的毒性。

筛选植物源杀虫活性对实现以下3个目标非常有用：①评价Bt和植物源杀虫物质在作物中的兼容性，来增强作物自身的抗虫性。②选择能够与Bt起协同增效作用的植物源杀虫活性成分，应用于微生物对害虫的治理。③发展交替使用Bt和植物杀虫剂来克服昆虫对微生物产生的抗性。

Bt对大多数的农业害虫都有防效，应用前景广阔。对于Bt存在的问题，最主要的就是抗性问题和持效性问题。只要克服了这两个问题，Bt的发展与普及前景广阔。这对于我们来说，是一个严峻的挑战，也是21世纪农业发展的需要。

【任务实施】

一、苏云金杆菌使用方法

杀虫剂苏云金杆菌制剂可用于喷雾、撒施、灌心、制成颗粒剂或毒饵等，也可进行大面积飞机喷洒，也可与低剂量的化学杀虫剂混用以提高防治效果。

此外，死虫还可再利用。将被苏云金杆菌毒死发黑变烂的虫体，在水中揉搓，每50 g虫尸洗液加水50～100 kg喷雾，对多种害虫均有较好的防治效果。

1. 防治草坪害虫

用100亿孢子/g的菌粉750 g/hm^{2}兑水稀释2 000倍喷洒，或用乳剂1 500～3 000 g/hm^{2}与52.5～75 kg的细沙拌匀，制成颗粒剂撒入草坪草根部，防治危害根部的害虫。

2. 防治玉米螟

每亩用可湿性粉剂150～200 g，拌细沙土3～5 kg，拌匀撒于心叶内。

3. 防治菜青虫、小菜蛾、甜菜夜蛾、烟草、烟青虫

每亩用可湿性粉剂100～150 g，兑水50 kg喷雾。

4. 防治棉花、棉铃虫、造桥虫、水稻、稻纵卷叶螟、螟虫

每亩用可湿性粉剂100～200 g，兑水50～70 kg喷雾。

5. 防治果树、林木、松毛虫、食心虫、尺蠖、茶茶毛虫、茶尺蠖

每亩用可湿性粉剂150～200 g/亩，兑水50 kg喷雾。

二、苏云金杆菌使用注意事项

(1)施用期一般比使用化学农药提前2～3 d，对害虫的低龄幼虫效果好。

(2)使用 Bt 需在气温 18℃以上,宜傍晚施药,可发挥其杀虫效果。30℃以上施药效果较好。

(3)不能与内吸性有机磷杀虫剂或碱性农药等物质混合使用。

(4)随配随用,从稀释到使用,一般不要超过 2 h,使用间隔 10~15 d。

(5)建议与其他作用机制不同的杀虫剂轮换使用,以延缓抗性产生。

【思考与练习】

1. 苏云金芽孢杆菌的防治对象主要有哪些?
2. 简述苏云金芽孢杆菌的生物学特性。
3. 苏云金芽孢杆菌菌种筛选的主要方法有哪些?
4. 苏云金芽孢杆菌菌种检测有哪些重要指标?
5. 简述苏云金芽孢杆菌制剂的发酵方式及特点。
6. 简述影响苏云金芽孢杆菌制剂有效性的因素。
7. 苏云金芽孢杆菌制剂在使用过程中应注意哪些问题?

【参考文献】

[1]GB/T 19567.1—2004. 苏云金芽孢杆菌原粉[S].

[2]丁学知. 苏云金杆菌 4.0718 菌株的 cry 杀虫基因和功能蛋白质组学研究[D]. 长沙:湖南农业大学,2006.

[3]刘华梅,胡媇,王应龙,等. 对草地贪夜蛾高毒力的苏云金杆菌菌株筛选[J]. 中国生物防治学报,2019,35(5):721-728.

[4]李依韦,尹萌萌,袁琴. 苏云金芽孢杆菌毒性研究[J]. 安徽农业科学,2019,(20):159-161.

[5]吴丽云,关雄. Bt 发酵生产新型原料的应用进展[J]. 中国农业科技导报,2008,(6):29-34.

[6]韩端丹. 农药苏云金芽孢杆菌的发展方向[J]. 科技视界,2016,(26):334.

[7]施天柱,张碧海,林艳,等. 苏云金杆菌杀虫剂在农业虫害综合防治中的应用[J]. 湖北植保,2006,(5):40-42.

[8]张路路. 苏云金芽孢杆菌的分离、筛选、鉴定及发酵条件优化[D]. 海口:海南大学,2014.05.

[9]曲冬梅,弓爱君,高鹤永,等. 苏云金芽孢杆菌毒力检测方法综述[J]. 生物技术通讯,2004,(6):639-641.

[10]姚江. 苏云金芽孢杆菌及其在害虫防治上的应用(综述)[J]. 生物技术通讯,2002,(1):36-41.

[11]常明,孙启宏,周顺桂,等. 苏云金芽孢杆菌生物杀虫剂发酵生产的影响因素及其工艺选择[J]. 生态环境学报,2010,(6):1471-1477.

[12]彭可凡. 苏云金芽孢杆菌制剂的防治应用技术[J]. 农业科技通讯,1999,(9):3-5.

[13]刘忱,郭志红. 苏云金芽孢杆菌 SFZZ_03 菌株发育过程的电镜观[J]. 电子显微学报,2016,(5):436-439.

[14]关雄,蔡峻. 我国苏云金杆菌研究 60 年[J]. 微生物学通报,2014,(5):459-465.

项目9

绿 僵 菌

【知识目标】

1. 了解绿僵菌的杀虫机理，掌握绿僵菌的生物学特性。
2. 了解绿僵菌的选育方法，掌握诱变育种方法和菌种检测要点。
3. 了解绿僵菌制剂的发酵方式及特点，掌握绿僵菌制剂生产工艺。
4. 了解绿僵菌制剂产品特点，掌握绿僵菌制剂的应用技术。

【技能目标】

1. 能进行绿僵菌的菌种选育，并能针对其菌种特点进行菌种检测和结果分析。
2. 能根据生产条件选择合适的发酵方式，进行绿僵菌制剂生产及产品检测。
3. 能根据生产实际情况选择合适的产品，并能正确的使用绿僵菌制剂进行生物防治。

【德育目标】

1. 通过菌种选育内容的学习，培养学生灵活应用、综合分析问题的能力。
2. 通过课程实践操作锻炼，培养学生的动手能力和团队协作能力。

绿僵菌概述

在昆虫病原微生物中，真菌种类占到60%以上。目前已知约有530余种真菌能侵染昆虫而致病，最常用于微生物防治的虫生真菌有白僵菌、绿僵菌、拟青霉、多毛菌、赤座菌、虫霉等。真菌杀虫剂作为微生物杀虫剂的重要类群，因其具有与环境的相容性好、易于工业化生产、可自然扩散以及持续控制害虫等优点而成为备受业界关注的化学农药替代品。目前，国内外已有140多种真菌杀虫剂登记注册，其中白僵菌和绿僵菌占到一半以上，而产品种类正向着多样化的方向发展。

绿僵菌是最早应用的杀虫真菌，它是一种广谱真菌杀虫剂，具有重要的生态和经济价值。

它能侵染直翅目、鞘翅目、半翅目、同翅目、双翅目、膜翅目、鳞翅目等8个目42个科200多种昆虫，还能寄生螨类及线虫等。它可通过体表入侵作用进入昆虫体内，在昆虫体内不断繁殖，并不断在昆虫种群中传播，使昆虫致死，从而控制昆虫数量。绿僵菌分生孢子具有较好的耐高温和耐旱性，在高温和低湿的条件下，绿僵菌的杀虫效果优于白僵菌。在国外应用其防治害虫的面积超过了白僵菌。如英国蝗虫生物防治国际合作项目组研制的杀蝗绿僵菌生物农药Green Muscle已在非洲注册登记，并大面积用于沙漠蝗的防治，施药10～15 d后防治效果达90%以上。我国目前登记的绿僵菌产品主要防治对象为蝗虫、椰心叶甲和蛴螬。

一、绿僵菌的分类地位

传统的真菌分类学一直都是以真菌的形态学、细胞学、生理学和生态学的特征为依据，尤其是有性生殖阶段的形态特征，解剖结构如细胞和亚细胞水平的超微结构的电镜观察等特征为主要依据。根据形态特征对真菌进行分类，方法简便直观。但随着人们对其认识的深入，传统的真菌分类学的不足之处也日益凸显。一方面，以形态特征为基础的分类系统在一定程度上受人为因素的干扰。另一方面，真菌的形态和解剖结构复杂多变，花时长。而且，有些真菌不易、甚至不能形成有性态。因此使用传统的真菌分类手段已经难以对这些真菌进行准确鉴定。

自1873年Metchnkov首次使用金龟子绿僵菌（*Metarhizium anisopliae*）成功防治奥地利金龟子后，绿僵菌作为真菌杀虫剂被广泛研究。随后在1883年Sorokin以金龟子绿僵菌为模式种建立绿僵菌属（*Metarhizium*），在20世纪80年代以前，绿僵菌的分类主要依靠比较与模式菌株形态特征的差异来鉴定。到90年代，随着分子技术和基因工程的发展，分子数据便被广泛用于系统发育研究。尤其是PCR技术的出现及DNA测序技术的不断完善，使得系统发育分析成为可能。近年来系统发育分析的方法日益完善，多基因系统发育关系分析也被广泛应用于反映物种的进化历史。

Bischoff和Stephen等运用多基因系统发育方法评估了金龟子绿僵菌类群的系统发育关系，确认了各分类单元的分类地位。依据该类群的系统发育关系和形态学特征，将整个绿僵菌类群划分为9个种，即大孢绿僵菌、贵州绿僵菌、棕色绿僵菌、平沙绿僵菌、洛泊斯绿僵菌、金龟子绿僵菌、鳞鳃绿僵菌、蚱蜢绿僵菌和球孢绿僵菌。

二、绿僵菌的生物学特性

1. 绿僵菌生长发育的营养要求

碳水化合物、氮素和矿物质是绿僵菌生长发育所需要的主要营养物质。

(1)常用的碳源有葡萄糖、蔗糖、果糖、乳糖、麦芽糖等　其生长最适的碳源是D-甘露糖，利用最差的是D-阿拉伯糖。但对孢子形成最有利的则是肌醇和甘油，蔗糖、可溶性淀粉和乳糖是液体培养分生孢子的较好碳源。

(2)氮素是真菌合成氨基酸、蛋白质、核酸和细胞质的主要成分　绿僵菌对有机氮的利用能力强于无机氮，但对不同种类有机氮利用能力各异。常用的氮源有：花生饼粉、豆饼粉、麦麸、鱼粉、硝酸钾、蛋白胨、酵母膏。色氨酸、谷氨酸和组氨酸对绿僵菌的生长及孢子形成都有利，但含硫的氮源则不利于其生长。对无机氮的利用在不同培养条件下有差异，绿僵菌大孢变种在以硝态氮为氮源的察氏培养基上只生长菌丝，不形成孢子。

(3)矿物质在虫生真菌生长过程中是必不可少的物质。一般真菌所需的矿物质包括硫、磷、镁、钾、钠、钙等。此外,微量元素包括铜、锰、锌、硼等也是满足其生长发育的必需品,缺乏或过量均严重影响虫生真菌的生命活动。宋漳等研究发现,硼、铜、铁、锰、钼、锌的协同作用对液生分生孢子产生有促进作用,并且在培养基中添加维生素 B_6、维生素 H 或复合维生素 B 能有效促进绿僵菌液生分生孢子的形成。

2. 绿僵菌生长发育的环境要求

绿僵菌的生长和繁殖不仅需要一定的营养物质,而且还离不开一定的环境条件,例如,一定的温度、湿度、酸碱度和光照等环境因子。

(1)温度通常影响孢子萌发、菌丝生长速度、孢子存活时间及致病率的高低　绿僵菌在15～35℃条件下都能生长。生长适温为 20～30℃,最适生长和孢子形成的温度为 25℃。温度高于 40℃和低于 7～8℃时,分生孢子不萌发。菌丝在 30℃条件下生长很快,但不能很好地形成分生孢子,10℃以下菌丝不能生长。在人工培养基上恒温超过 28℃培养时,菌落将出现羊毛状的衰老型菌丝。一些学者研究发现,与白僵菌菌株相比,某些绿僵菌菌株具有较强的耐高温和耐旱的特性。

(2)绿僵菌分生孢子的萌发和菌丝的生长,均要求较高的空气相对湿度　生长发育要求空气相对湿度在 93%以上,最适湿度为 98%～100%。一些研究发现,大多数昆虫病原真菌分生孢子的萌发要求高湿或近饱和的空气湿度甚至自由水的存在,相对湿度 90%～95%即有可能抑制孢子萌发。绿僵菌孢子形成亦要求相对湿度在 93%以上。贮藏孢子的寿命及毒力的保持与温度和湿度的关系也十分密切。在相对湿度 97%,19～26℃下效果都较理想,但相对湿度在 33%～75%则孢子很快死亡。

(3)绿僵菌分生孢子的萌发、菌丝的生长及孢子的形成均受到光照条件的影响　在强烈阳光下照射 5 h,对分生孢子的发芽和菌丝的生长,都有较强的杀伤和抑制作用。一般植物叶面上的孢子,经日晒 100 h,只有 23%发芽,日晒 150 h,孢子失去发芽力。反而叶背面的孢子,虽日晒 130 h,对孢子萌发率基本无影响。紫外光的直接照射可延迟分生孢子萌发,部分分生孢子还会受到破坏。此外,阳光对孢子的形成亦有缓阻作用,交替光照对孢子形成最理想。

(4)绿僵菌是好气性寄生真菌,氧气能促进其分生孢子萌发和菌丝生长　在开放培养中,氧气对形成分生孢子显得更加重要。扩大培养用的二级种子液,应放在摇床上培养 3～4 d,三级固体开放培养,在菌丝旺盛生长期后,开始形成孢子时,将结成块状的培养基充分搅松散,让其获得更多的氧,提高分生孢子的产量。

(5)绿僵菌在 pH 4.7～10.0 的环境中,均能生长　其最适 pH 为 6.9～7.2,在微碱微酸的条件下,生长良好,形成的分生孢子量多。

3. 绿僵菌的生活力

绿僵菌的孢子在自然界中能保持 3～5 年的生活力。只有在较丰富的有机氮条件下,或接触活虫体壁时,才萌发出芽。一般在湿润的土壤中,保存 3 个月对发芽率基本无影响,保存 1 年以上,对昆虫的寄生率仍然很高。在室温条件下保藏的斜面菌种,平均每月转接 1 次,经过 2 年,菌种的生长速率和毒力,均未有明显下降。紫外辐射对孢子活力影响很大,短时紫外照射就可使孢子活力迅速下降。

三、绿僵菌的杀虫机理

大量研究表明,绿僵菌与其他虫生真菌一样,主要经由体壁侵入到寄主昆虫体内(图 9-1)。

除此之外，还有可能经消化道及气孔入侵。金龟子绿僵菌的侵染过程主要分为 4 个阶段：①对寄主的识别与附着。②附着胞形成。③寄主体壁的穿透。④免疫拮抗及体内定殖，致死昆虫。

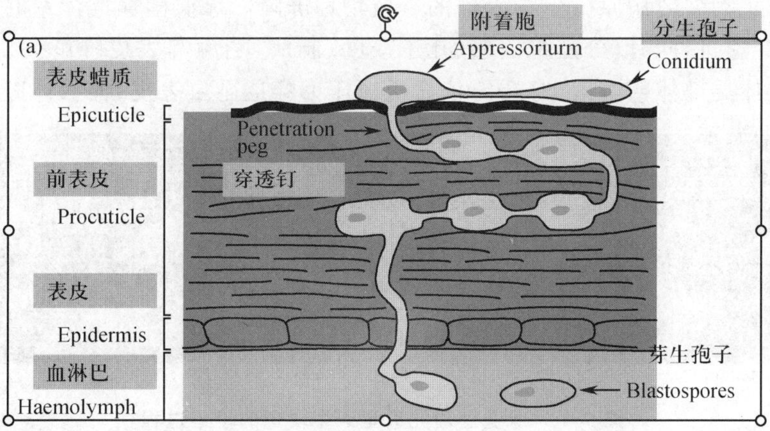

图 9-1　昆虫病原真菌侵染宿主的过程(Clarkson and Charnley,1996)

1. 对寄主的识别与附着

分生孢子附着在寄主昆虫表面是侵染过程的第一步(图 9-2)。绿僵菌的孢子是疏水性的干燥孢子，昆虫表皮具有很强的疏水性，两者接触，共同的疏水作用而介导吸附，促使孢子吸附在昆虫表皮上，这种作用是非特异性的；此外，发现金龟子绿僵菌编码的黏着蛋白 MAD1，可使孢子黏附于昆虫体表，其缺失严重影响了绿僵菌的毒力及细胞分化。

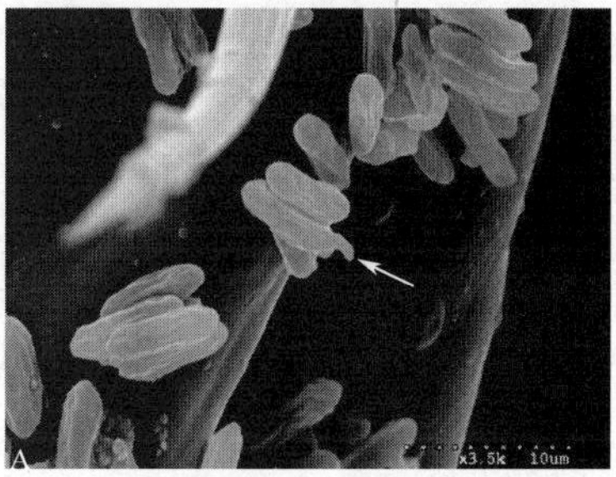

图 9-2　绿僵菌对光肩星天牛幼虫的侵染过程

大量孢子成功附着于体壁，孢子一端萌发芽状体

2. 附着胞形成

绿僵菌孢子在完成寄主识别吸附后，在适宜的条件下开始萌发，形成特殊的侵染结构-附着胞，其内含有大量的线粒体、高尔基体、内质网和核糖体，代谢活动旺盛，可合成和分泌水解酶类。附着胞经过一段时间膨大后，会形成与侵染密切相关的结构-侵染钉，体壁的穿透正是在此处发生，附着胞的成功分化与否决定着真菌能否侵染寄主昆虫。不产生附着胞的绿僵菌可以通过芽管侵入表皮(图 9-3)。

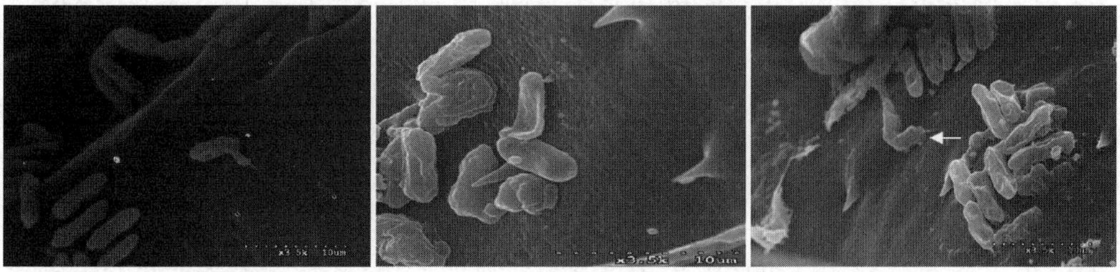

A　　B　　C

图 9-3　绿僵菌对光肩星天牛幼虫的侵染过程

孢子萌发芽管(图 A)，表皮于穿透点处略呈凹陷状(图 B 到图 C)

3. 对寄主体壁的穿透

昆虫体壁由外向内可分为上表皮、前表皮、后表皮和皮脂层 4 层结构，主要由蛋白质和几丁质组成，是防止大多数病原微生物入侵的有效物理屏障。绿僵菌穿透体壁时常产生附着胞，附着胞上产生穿透钉，同时，分泌蛋白酶、几丁质酶、脂酶、酯酶等表皮降解酶。在这些酶的共同作用下，将虫体局部体壁溶解，穿透钉依靠机械压力穿透昆虫表皮，伸入体腔内(图 9-4)。

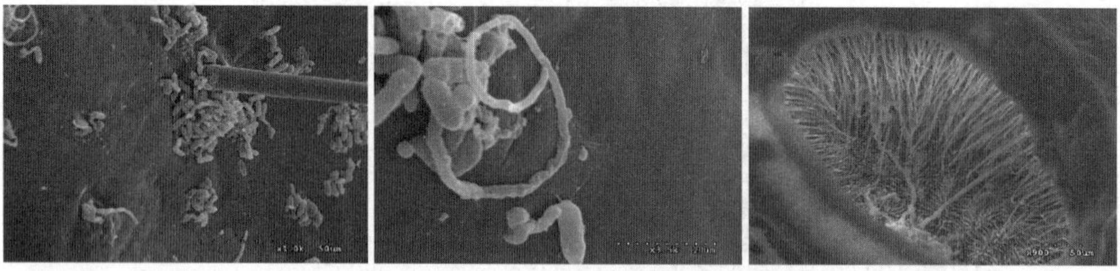

D　　E　　F

图 9-4　绿僵菌对光肩星天牛幼虫的侵染过程

芽管几经弯折沿体壁生长蔓延(图 D 到图 E)，气门里的孢子萌发形成长菌丝向体壁穿透(图 F)

蛋白酶在绿僵菌入侵过程中起着重要的作用。因蛋白质是昆虫表皮的主要组成部分(占 70%左右)，胞外蛋白酶是昆虫病原真菌的一个重要的毒力因子，它主要表现在降解表皮和激活血淋巴中酚氧化酶，其活性高低是决定真菌侵染力的首要因素。几丁质酶是昆虫病原真菌侵入昆虫体壁的关键酶之一。Hassan 等用昆虫几丁质合成抑制素和绿僵菌处理烟草天蛾幼虫，发现二者之间存在协同作用，说明几丁质酶是虫生真菌的毒力因子。此外，Gupta 等发现，酯酶和毒力之间密切相关。由于昆虫表皮最外面有一薄层蜡质，是昆虫病原真菌入侵昆虫表皮的第一道屏障。有研究发现，体表脂肪酸、脂酯、氨基酸、多肽对分生孢子的萌发起促进作用。

4. 免疫拮抗及体内定殖

(1)逃避寄主免疫识别　侵入结构穿透体壁后，通过菌丝的生长延长而进入血腔，产生菌丝段又称虫菌体或延长形成菌丝。为抵御病原菌的入侵，昆虫血细胞大量增殖，以识别、捕获、包裹和破坏外来异物，使菌丝的生长、繁殖受到遏制。为有效克服寄主的抵抗，病菌也发展了逃避寄主免疫识别的机制。昆虫病原真菌侵入寄主后能够以酵母状虫菌体形式在血淋巴生长并逃避寄主的免疫反应。

(2)对血淋巴高渗透压的适应　昆虫血淋巴具有较高的渗透压，昆虫病原真菌进入寄主血淋巴后要适应高渗透压环境。Wang 研究表明，绿僵菌为了适应血淋巴会表达 MOS1 感受器蛋白，MOS1 基因包含跨膜区域。

(3)分泌水解酶类，掠夺寄主营养　在病原真菌侵染昆虫过程中，一旦真菌进入昆虫血腔，寄主体内的营养物质就成为病原真菌唯一的营养来源。病原真菌利用寄主体内营养物质是病原真菌在昆虫体内增殖生长的基础，也是昆虫死亡的重要原因。

海藻糖是一种非还原性二糖，存在于所有已知种类的昆虫中，是昆虫血淋巴中主要的糖类(占 80%～90%)，海藻糖在昆虫血液生理中起着重要的作用，其耗竭可能对昆虫起致命作用。绿僵菌不能直接利用海藻糖，必须使其降解为葡萄糖才能被利用。有研究表明，绿僵菌侵入昆虫血液后会分泌酸性磷酸酶和海藻糖酶到寄主体内，降解昆虫血液中的有机磷和海藻糖，从而为绿僵菌在昆虫体内生长与繁殖提供磷营养和碳源。

(4)分泌毒素　研究表明,昆虫病原真菌毒素能引起部分致病效应并可加快昆虫的致死进程。绿僵菌的破坏菌素是第一个被系统研究的环状缩肽类昆虫病原真菌毒素,是该菌的主要杀虫毒素。

该毒素种类很多,其中破坏素A和破坏素E杀虫活性最强,破坏素E有直接的接触毒性,而其他的具有杀虫活性的破坏素均是通过血腔注射或吞食后才表现出杀虫活性。血腔注射的毒素从以下几方面作用于寄主昆虫:抑制昆虫的免疫系统、影响马氏管和中肠的正常功能、破坏宿主的生理平衡,并扰乱昆虫的蜕皮和变态、使昆虫肌肉发生强直性瘫痪,甚至引起死亡。

研究表明,金龟子绿僵菌的代谢产物(包括破坏素)能够可逆地遏止沙漠蝗和美洲大蠊的酚氧化酶的活性。破坏素对竹节虫、大蜡螟等昆虫都表现出毒性。用破坏素进行体腔注射后不同昆虫表现症状不同,多数鳞翅目昆虫表现为强直性麻痹。Samuels 等把破坏素混合物注人烟草天蛾幼虫体内,发现可立即引起虫体瘫痪及肌肉松弛。

任务9.1　菌种选育与检测

任务9.1.1　菌种选育

【任务要求】

通过本次任务的学习,能够根据所学知识进行绿僵菌菌种的诱变育种选育;并能针对绿僵菌的菌种特点进行菌种检测和结果分析。

【相关知识】

绿僵菌生物制剂在美国、巴西、澳大利亚、加拿大、墨西哥等国家已经产业化生产用于防治农业害虫,但其在田间应用过程中受许多生态因子的影响,包括温度和紫外线,使得其防治效果大大降低。因此,为了更好的利用绿僵菌,筛选出高毒力、产孢量高、抗紫外线的优良菌株是我们迫切需要解决的问题。目前,国内外微生物育种的主要方法有自然选育、诱变育种、杂交育种和基因工程育种。

一、绿僵菌的自然选育

虫生真菌在自然环境下也可以产生自发突变,自发突变频率很低(10^{-8}～10^{-6})。可从自然生长的野生菌株中筛选适合的、高毒力的菌株。宋漳等从8个自然菌株中筛选出2个对马尾松毛虫有毒力的菌株。肖育贵等对云南松切梢小蠹成虫进行毒力测定筛选出具有较高的致病力的3株绿僵菌等。

二、绿僵菌的诱变育种

诱变育种是以人工诱变手段诱发基因突变,从中选育出性状优良的突变株。诱变方法分为物理诱变、化学诱变和复合诱变。胡琼波通过紫外线诱变金龟子绿僵菌的分生孢子和原生质体获得绿僵菌素高产量菌株，比出发菌株增产 48.21%。Rangel 等通过在 PDAY 培养基中添加水杨酸诱导选育出耐热性强的绿僵菌。陈瑞勤通过紫外线-亚硝酸复合诱变选育出一株高抗逆性绿僵菌。

三、绿僵菌的杂交育种

杂交育种是通过两株亲本的原生质体融合而达到杂交的目的，也称为细胞融合技术。农向群等研究了用裂解酶（纤维素酶＋大蜗牛消化液）获得了金龟子绿僵菌原生质体的方法。

四、绿僵菌的基因工程育种

建立高效的转化系统是工程菌株选育的关键技术环节。如 Bermier 等用质粒 PSv50 转化绿僵菌。王晓玲以 $CaCl_2$-PEG 介导法对金龟子绿僵菌 IMI330189 绿僵菌的原生质体进行遗传转化，以 G418 作为筛选标记，构建了遗传转化体系。Fang 等用绿色荧光蛋白基因、苯菌灵抗性基因、benA3 基因的表达为筛选标记，构建了以农杆菌介导的遗传转化体系。

【任务实施】

在实际工作中经常采用自然选育与诱变育种相结合的办法，以提高育种效率。常规的物理和化学因子等诱变方法仍是国内微生物育种的主要手段。接下里，我们以化学因子亚硝基胍（NTG）诱变与物理因子紫外线（UV）诱变两种方法相结合的复合诱变为例阐述绿僵菌诱变育种方法。

一、化学诱变处理

1. 菌悬液的制备

将试管斜面上的绿僵菌原始菌株分生孢子用限量培养液 50 mL 洗下，并装入装有玻璃珠的三角瓶中，在 28℃ 220 r/min 的摇床上培养 12 h，后 5 h 每隔 1 h 镜检一次，检验孢子是否处于将萌发状态，并用血球计数板计数。使孢子数达（1～9）$\times 10^{5\sim6}$ 个/mL。

限量培养液配方：葡萄糖 1.0 g、$(NH_4)_2SO_4$ 0.5 g、蒸馏水 1 000 mL，pH 自然。

2. 最佳 NTG 浓度的确定

将 NTG 溶于丙酮中，配 1.0 g/L 的 NTG 母液于暗红色玻璃瓶中，用孢子菌悬液稀释，使最终 NTG 的浓度为 0.02 g/L、0.04 g/L、0.06 g/L、0.08 g/L。

将不同 NTG 浓度的孢子菌悬液在 28℃ 温箱中反应 90 min，用 10 倍的 0.1 mol/L Na_2HPO_4 终止反应，每个浓度做 3 次重复，以不加 NTG 的菌悬液为对照。

从每个三角瓶中取出 2 mL 反应液放于盛有 50 mL 基本培养液的三角瓶中，28℃ 摇床培养 24 h，三角瓶用黑纸包严避光培养。

从培养好的基本培养液中取出 0.1 mL 涂布完全培养基（PDA）的培养皿中，28℃ 温箱培养 2 d 后，待长出单菌落，统计不同浓度下单菌落的数量。参考对照，计算出不同浓度下绿僵菌的致死率，选择致死率在 70%～80%的浓度为最佳诱变浓度。

$$\text{致死率}=\frac{\text{对照单菌落总数}-\text{各浓度单菌落总数}}{\text{对照单菌落总数}}\times 100\%$$

基本培养液配方：$NaNO_3$ 2 g、K_2HPO_4 1.0 g、KCl 0.5 g、$MgSO_4 \cdot 7H_2O$ 0.5 g、$FeSO_4$ 0.01 g、维生素 B_1 0.1 g、蔗糖 15 g、蒸馏水 1 000 mL，pH 6.0。

3. 最佳 NTG 作用时间的确定

在确定最佳 NTG 浓度的基础上，设定 8 min、15 min、30 min、60 min、90 min 5 个反应时间，以同样的培养方法计算菌落致死率，确定最佳诱变时间，以不用 NTG 处理为对照。同时将长出的单菌落转入诱导培养基，以备初筛。

诱导培养基：蛋白胨 5 g、$MgSO_4$ 0.5 g、KCl 0.5 g、K_2HPO_4 0.5 g、$FeSO_4$ 0.01 g、蚕蛹粉 20 g，琼脂 15 g、蒸馏水 1 000 mL，pH 6.0。

二、物理诱变处理

1. 试验前准备工作

试验前一天，将磁力搅拌器放入超净台，用酒精清洗擦拭超净台和磁力搅拌器，将紫外灯开至过夜，并用红色纸包住白灼灯管，防止突变恢复。

2. 菌悬液的制备

将经化学诱变筛选的菌株分生孢子用 45 mL 限量培养液洗下，分装在 50 mL 三角瓶中，在 28℃ 220 r/min 的摇床上培养 12 h，用血球计数板计数，使孢子数达$(1 \sim 9) \times 10^{5\sim6}$ 个/mL。检验孢子是否处于萌发状态。

3. 诱变处理

在超净台里，分别取 5 mL 上述孢子液于 8 个装有若干大头针的小培养皿中，将培养皿放在照射箱内，距紫外灯(30 W 256 nm 紫外灯管)35 cm 处的磁力搅拌器上，打开皿盖，设置照射时间 10 min、20 min 和 30 min，以不照射作为对照。每个处理做 3 个皿。

4. 诱变后的处理

从 3 个紫外照射处理的每个皿中，分别取出 1 mL 于盛有 25 mL 基本培养液的锥形瓶中，然后 28℃ 220 r/min 摇床培养 24 h，瓶外用黑纸包严，避光。每个皿做 3 次重复，对照做 2 次重复。

计算致死率，同上，确定最佳照射时间。将长出的单菌落转入诱导培养基，以备初筛。

三、高毒力菌株的初筛

水解透明圈法是一个直观而简便的筛选方法。这种方法是利用在平板培养基中加入难溶解的底物，使培养基浑浊，能分解底物的微生物便会在菌落周围产生透明圈，圈的大小初步反应该菌株利用底物的能力。绿僵菌的代谢产物 Pr1 酶可以水解诱导培养基中难溶解的蚕蛹粉，而使菌落周围有直径大小不等的透明圈，透明圈的大小说明 Pr1 酶分解底物的能力，Pr1 酶的活力越大，表现为水解的透明圈越大。所以，透明圈的大小可直接看做 Pr1 酶活力的高低。因此，利用该法可以对绿僵菌高毒力菌株进行初筛。

用接种针挑取单菌落接入加有蚕蛹粉的诱导培养基平板上，使得 Pr1 酶水解底物蚕蛹粉中的蛋白酶形成大小不等的透明圈，28℃温箱培养至透明圈明显可见(7 d)，测量透明圈直径(D)和菌落直径(d)，计算其比值(D/d)，在菌落直径不小于对照的情况下，比值越大说明 Pr1 酶酶活越高，保留比值较大者，以备复筛。为防止菌丝扩散生长，在诱导培养基中加 0.15%的胆酸钠。

四、高毒力菌株的复筛

1. Pr1 酶活的测定

将初筛菌株与原始菌株接在 SDB 培养液中，28℃以 220 r/min 的转速摇瓶培养 48 h，再以 2%的接种量接种到 100 mL 补充蚕蛹粉的基础培养液中 100 r/min 振荡培养 24 h。培养液用滤纸过滤，收集滤液。

培养滤液在离心机中以 5 000 rpm 离心 10 min，收集上清液；离心管装 10 mg 底物(P-NA)，加入 1.5 mL 50 mmol/L 乙酸缓冲液(pH 3.0)和 100 μL 收集的上清液，紫外分光光度计在 595 nm 处测吸光度值；在 30℃水浴锅中反应 10 min 后，加入 TCA 0.25 mL(500 g/L)，终止反应，测 595 nm 处吸光度值。

Pr1 酶活力表示为每隔 10 min，每 mL 反应液在 595 nm 处光密度的变化值。选择酶活高的作为备选生产菌株。[(酶活的单位为 μmol/(NAmin/mL)]

$$\text{Pr1 酶活力表示为：}\frac{(\text{反应后的吸光度值}-\text{反应前的吸光度值})\times \text{NA 的毫摩尔数}}{\text{反应时间}\times\text{反应体积}}$$

SDB 培养液配方：葡萄糖 40 g、蛋白胨 10 g、蒸馏水 1 000 mL，pH 7.0。

补充蚕蛹粉的基础培养液配方：$NaNO_3$ 2 g、K_2HPO_4 1.0 g、KCl 0.5 g、$MgSO_4 \cdot 7H_2O$ 0.5 g、$FeSO_4$ 0.01 g、维生素 B_1 0.1 g、蔗糖 15 g、蒸馏水 1 000 mL，pH 6.0，补充 20 g 蚕蛹粉。

2. 室内生物测定

采集 5～6 龄蝗虫 800 只，经室内饲养 3d 后挑选健壮、灵活的作为试验用虫，每 20 头为一组，饲养在 40 cm×30 cm×30 cm 的养虫箱中。将初筛菌株与原始菌株制成浓度为 1.0×10^6 个/mL 的孢子悬液，用微量喷雾器喷雾，对照喷清水。设三组重复，一组对照。处理后的蝗虫饲喂鲜草，每天观察并记录发病死亡虫数。从第二天开始观察，一直观察到第九天，统计死亡率，进行 LT_{50} 测定。对校正死亡率和死亡时间进行回归分析。

结合 Pr1 酶活力测定结果，选择杀虫毒力致死率高且半致死时间短的菌株作为备选生产菌株。

五、稳定性研究

将备选生产菌株连续 8 次转接，继代培养后，将 8 代菌种活化接入液体摇瓶培养，测定 Pr1 酶活力，观测稳定性。

六、紫外线抗性比较

紫外线对绿僵菌的损伤作用，是其在田间条件下药效迅速损失的主要原因之一。通过紫外诱变育种，一方面筛选毒力有所改善的优良菌株；另一方面也可获得对紫外线有较好抗性的菌株。

把筛选出的生产菌株和原始菌株孢子悬液分别涂布在 PDA 平板上，然后置于 30 W 紫外灯下照射，测定孢子存活率。通过统计学分析，在相同紫外线照射条件下，比较生产菌株和原始菌株的孢子存活率。

任务 9.1.2　菌种检测

【相关知识】

绿僵菌作为真菌杀虫剂，其产品必须是活的菌体，并且具有毒力高，抗逆性强、寄主谱广、贮藏期长等特点。菌种作为真菌杀虫剂的核心，其特定功能也对应着真菌杀虫剂相应的效应。因此菌种纯度、产孢量、蛋白酶活等成为菌种检测的首要指标。

【任务实施】

一、菌种纯度的检测

限于生产企业的实际情况，菌种纯度的检测我们选择简单快速的传统真菌分类鉴别方法—形态特征鉴别。用于绿僵菌分类鉴定的形态特征主要有分生孢子的大小、分生孢子梗和产孢结构的形状大小，纯培养的菌落形态、颜色及生长速度。

1. 菌落形态观察

将待测菌株转接至 1/4SDAY 平板培养基，25℃培养，记录菌落大小、菌丝层厚薄，疏密，颜色变化等并计算菌丝生长速度。

1/4SDAY 培养基配方：葡萄糖 10 g、酵母浸出粉 2.5 g、蛋白胨 2.5 g、琼脂 20 g、蒸馏水 1 000 mL，pH 自然。

2. 个体形态观察

于超净工作台上，挑取在 1/4SDAY 上培养了 4 d 的绿僵菌菌丝，在灭菌的载玻片均匀的加 1 薄层 1/4SDAY 培养基，接菌，置于培养皿中保湿。25℃培养，在 10×40 倍显微镜下观察，产孢结构、孢子形状、菌丝等，并记录孢子大小、瓶梗大小和菌丝宽度等参数。利用显微成像系统拍照。根据绿僵菌种群分类模式菌株进行分类鉴定。

3. 绿僵菌形态学鉴定

(1)金龟子绿僵菌(*Metarhizium anisopliae*)的形态特征　在 1/4SDAY 培养基上 25℃培养，14 d 菌落直径达到 25～39 mm。菌落绒毛状，最初白色，产孢时孢子由黄色变为绿色，一般从第 7～8 天开始产孢，孢子平铺在菌丝上。边缘规则平整，背面黄色。菌丝有隔、透明、光滑，直径 1.4～2.6 μm。分生孢子梗上多为 2～3 个瓶梗，瓶梗柱形，(7.0～16.1)μm×(1.7～2.5)μm。分生孢子单细胞，柱状，(5.3～7.5)μm×(2.4～3.5)μm。孢子一般在瓶梗上向基性排列成分生孢子长链(图 9-5)。

(2)平沙绿僵菌(*Metarhizium pingshaense*)的形态特征　在 1/4SDAY 培养基上 25℃培养，14 d 菌落直径达到 28～31 mm。菌落绒毛状，最初白色，产孢时孢子橄榄绿色，从第 4～5 天开始产孢。一般是在菌落是中心部位开始产孢，向外周延伸。边缘规则平整，背面黄色。菌丝有隔、透明、光滑，直径 1.5～2.9 μm。分生孢子梗上多为 2 个瓶梗，瓶梗柱形，(4.2～15.0)μm×(I.5～2.6)μm。分生孢子单细胞，柱状，(5.8～8.4)μm×(1.4～2.8)μm。孢子一般在瓶梗上向基性排列成分生孢子长链(图 9-6)。

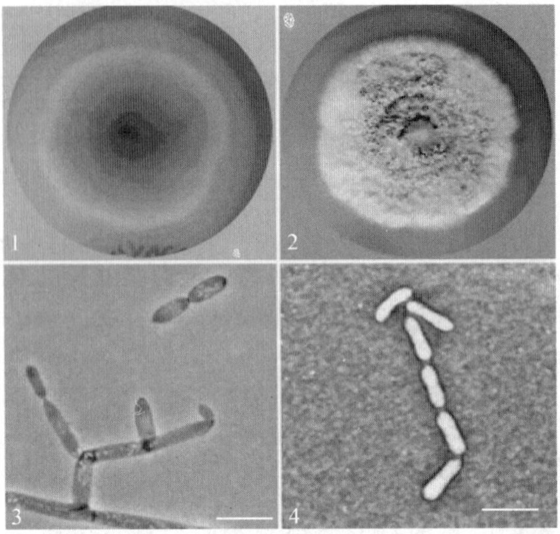

图 9-5　金龟子绿僵菌 Ma48 的菌落形态、产孢结构和孢子形态

标尺＝10 μm. 1. 菌落背面　2. 菌落表面　3. 产孢结构　4. 成熟孢子

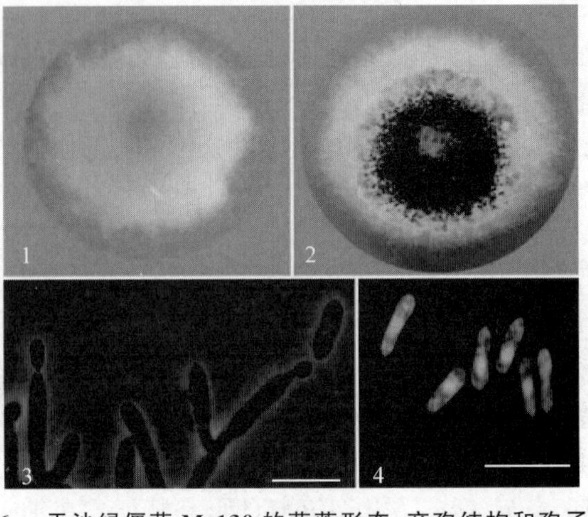

图 9-6　平沙绿僵菌 Ma130 的菌落形态、产孢结构和孢子形态

标尺＝10 μm. 1. 菌落背面　2. 菌落表面　3. 产孢结构　4. 成熟孢子

(3)柱孢绿僵菌(*Metarhizium cylindrospora*)的形态特征　在 1/4SDAY 培养基上 25℃培养，14 d 菌落直径达到 28～33 mm。菌落绒毛状，最初白色，产孢时深绿色。背面淡黄色。菌丝有隔、透明、光滑，直径 1.5～3.5 μm。分生孢子梗上多 2～3 个瓶梗，瓶梗柱形，(4.8～8.1)μm×(1.9～3.3)μm。有大小 2 种分生孢子，柱状单细胞，大孢子(11.0～20.8)μm×(1.6～4.1)μm，小孢子(3.5～7.4)μm×(1.6～2.6)μm，孢子一般在瓶梗上向基性排列成分生孢子长链(图 9-7)。

(4)贵州绿僵菌(*Metarhizium guizhouense*)的形态特征　在 1/4SDAY 培养基上 25℃培养，14 d 菌落直径达到 30～46 mm。菌落绒毛状或絮状，最初白色，产孢时孢子由黄色变为绿色。产孢从周边开始，中心部位的菌丝密集形成一个小凸起。边缘规则平整，背面黄色。菌丝有隔、透明、光滑，直径 13～3.4 μm。分生孢子梗上多为 2 个瓶梗，瓶梗柱形，(5.1～13.8)μm

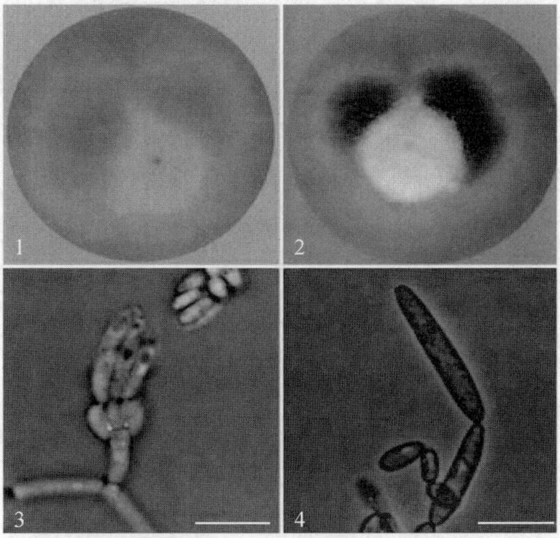

图 9-7 柱孢绿僵菌 Mc10 的菌落形态、产孢结构和孢子形态

标尺＝10 μm. 1. 菌落背面 2. 菌落表面 3. 产孢结构 4. 成熟孢子

×(1.7～3.5)μm。分生孢子单细胞，柱状，(5.9～8.3)μm×(1.7～3.4)μm。孢子一般在瓶梗上向基性排列成分生孢子长链(图 9-8)。

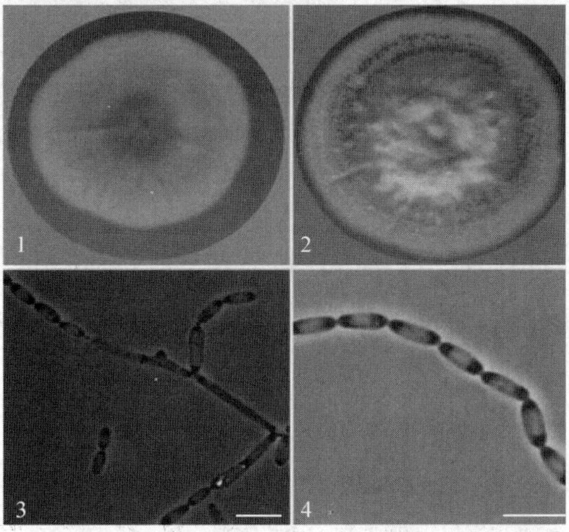

图 9-8 贵州绿僵菌 M109 的菌落形态，产孢结构和孢子形态

标尺＝10 μm. 1. 菌落背面 2. 菌落表面 3. 产孢结构 4. 成熟孢子

(5)大孢绿僵菌(*Metarhizium majus*)的形态特征 在 1/4SDAY 培养基上 25℃培养，14 d 菌落直径达到 29～39 mm。菌落绒毛状或絮状，最初白色，产孢时从中心部位开始产孢，孢子先为黄色，然后逐渐变为棕绿色或墨绿色。周边菌丝密集，边缘规则平整，背面黄色。菌丝有隔、透明、光滑，直径 1.9～3.4 μm。分生孢子梗上多为 2～3 个瓶梗，瓶梗柱形，(5.5～15.2)μm×(1.5～3.5)μm。分生孢子单细胞，柱状，(6.2～11.1)μm×(1.9～3.4)μm，大多在 8.0～9.5 μm。孢子一般在瓶梗上向基性排列成分生孢子长链(图 9-9)。

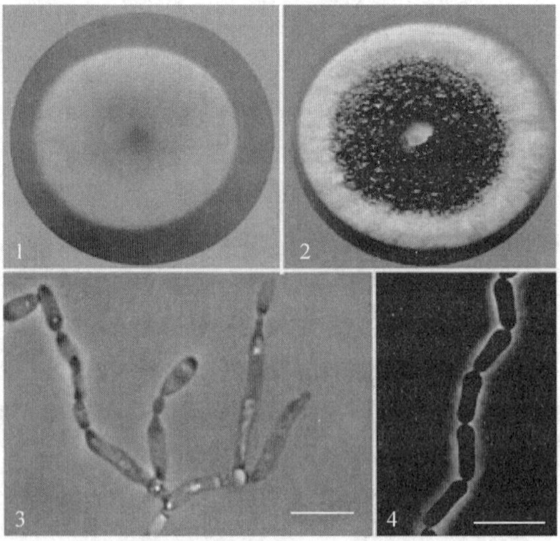

图 9-9　大孢绿僵菌 Ma5 的菌落形态、产孢结构和孢子形态

标尺＝10 μm. 1. 菌落背面　2. 菌落表面　3. 产孢结构　4. 成熟孢子

绿僵菌属不同种的菌落特征差异较大，但是同一个种中不同菌株菌落颜色也会出现变异，且不同种菌株的菌落颜色也会出现重叠现象。因此，菌落形态不是绿僵菌分类的一个可靠标准。尽管如此，纯培养特征在该属的分类中有一定参考价值。分生孢子形态大小、颜色、分生孢子的形状以及孢子链的聚集方式等在区分绿僵菌属种上具有重要的分类价值，而菌丝和分生孢子的颜色则作为次要地位。分生孢子梗瓶梗的形态长期以来作为绿僵菌鉴定种的一个重要特征。研究者认为，瓶梗和分生孢子的形状及排列方式，能作为有效区分绿僵菌种的标准。

二、产孢量检测

菌落生长 14 d 后，用直径是 6 mm 的打孔器在菌落核心至边缘 1/2 处取菌块，置于含 5 mL 0.1%吐温-80 溶液的试管中，微型漩涡振荡仪充分振荡，血球计数板计数，换算成单位面积(cm^2)产孢量。

三、蛋白酶活检测

平板由 1%明胶和 1.5%琼脂(均为 W/V)配成。取斜面菌株，加入 5 mL 0.1%吐温-80 溶液，微型漩祸振荡仪充分振荡均匀，血球计数板计数，通过稀释法使其最终含孢量为 1×10^8 个/mL。微量移液枪取 5 μL 点接在平板中间位置，每处理 6 次重复，置于生化培养箱 28℃下培养 5 d。待菌落周围显现出清晰的透明圈后，游标卡尺量度纵横方向透明圈直径(D)及菌落直径(d)，以透明圈与菌落直径平均值之比(D/d)作为胞外蛋白酶产酶量的指示值。

任务9.2 生产工艺

【任务要求】

通过本次任务的学习，能根据生产条件选择合适的发酵方式进行绿僵菌制剂生产及产品检测。

【相关知识】

绿僵菌制剂的大量生产主要有液体深层发酵、固体发酵及液固双相发酵3种生产方式，通常以廉价易得的农副产品为原料。

一、液体深层发酵

1. 发酵流程为：斜面菌种→摇瓶培养→发酵罐培养→干燥→包装

绿僵菌的液体深层发酵主要是在发酵罐里进行。绿僵菌在液体培养条件下，通过菌丝隔膜间裂殖或细胞酵母式芽殖产生芽生孢子或深层发酵分生孢子。在液体深层发酵中其生长发育过程大致为：振荡培养24 h后，分生孢子开始萌发，原生质转移至芽管生长点，芽管自孢子一端或两端伸出。36 h菌体呈网状，48 h菌体呈团状，60 h菌体出现产孢结构，开始形成液生芽孢子，液生芽孢子呈长卵形。72 h液生芽孢子开始大量形成。部分芽孢子以循环产孢方式，不经营养生长阶段，直接从芽孢子上形成分生孢子，液生分生孢子卵球形，与气生分生孢子有明显差异。

2. 培养基质

蔗糖、可溶性淀粉和乳糖是液体培养分生孢子的较好碳源，而花生饼粉、酵母浸出汁和蛋白胨是较理想的氮源，且复杂的氮源比简单的氮源更有利于液生分生孢子的形成。

3. 影响因素

绿僵菌液生分生孢子的形成与培养基成分、表面活性剂和环境条件关系密切。不同的菌株、碳氮源对菌丝生长量和液生分生孢子产孢量有显著性影响。添加不同的氨基酸、维生素和微量元素对金龟子绿僵菌的生长和液生分生孢子的形成影响极显著。添加吐温-80，使其在培养基中含量在0.6%～1.0%时，可获得最大的产孢量；适当磁化强度的磁化水能显著提高液生分生孢子产量，但不同菌株对磁化水的生物效应表现出明显的差异性；光照对菌丝生长和液生分生孢子产量均无显著影响，但是培养温度和pH显著影响菌丝生长和液生分生孢子的产出率。

4. 应用情况

宋璋报道在供试的8种碳源和6种氮源相互组配的培养液中，以蔗糖和花生饼粉的组合最佳，液生分生孢子产量达14.13×10^{9}个/L。

5. 发酵特点

液体发酵的优点是发酵过程易于控制并且发酵速度比起固体发酵快。但缺点是绿僵菌液体发酵产生的菌丝体、芽生孢子由于细胞壁太薄而不能耐受诸如发酵后的干燥，田间应用受到紫外线照射等不利环境而容易丧失活性，并且不能够悬浮在油里，这就限制了绿僵菌液体发酵的进一步应用。

二、固体发酵

固体发酵是指利用自然底物作碳源及能源，或利用惰性底物做固体支持物，其体系无水或接近无水的发酵过程。

1. 发酵流程：斜面菌种→固体种子→固体培养→预干燥→分离孢子→后干燥→包装→保存

固体发酵根据具体条件和生产规模可采用多种方式，如瓶、盘培养及厚层通风培养等。固体发酵比较适合真菌杀虫剂的生产，因为虫生真菌几乎都是好氧的。它们在固态培养料的细小颗粒表面可形成大量的气生分生孢子。而绿僵菌在固体发酵中能产生气生分生孢子。这种分生孢子在形态学和侵染力方面类似绿僵菌侵染昆虫后在昆虫尸体表面产生的气生分生孢子，所以优于液体发酵产生的菌丝体和芽生孢子。气生分生孢子是一些植物病害的生物防治剂的首选。所以，固体发酵在绿僵菌生产中越来越受到人们的重视。

2. 培养基质

固体发酵培养基组成简单，常采用来源广泛且便宜的天然基质或工农业下脚料，如麸皮、玉米芯粉、大米等，同时也可以包括没有营养的蛭石、海绵甚至织物等。

3. 影响因素

影响固体发酵的因素有培养基质（载体和营养物）、湿度、接种量、光照及发酵时间的长短。吴振强等研究了培养温度、光照、培养基初始 pH 等环境因素对金龟子绿僵菌生长及产孢量的影响，总结了发酵过程培养物含水量的变化及其与产孢量的关系。经过优化，得到金龟子绿僵菌产孢的最佳培养条件为：培养温度 27℃、避光培养、培养基初始 pH 6.0，培养 6 d 孢子产量可达每克干培养基 1.21×10^{10} 个；培养基的湿含量控制应为发酵前期高湿、后期低湿。

4. 应用情况

许多生物反应器诸如填充床反应器、转鼓式发酵器和气固流化床反应器都曾应用于固体发酵，但是能应用在绿僵菌固体发酵上的生物反应器很少。Ye 等人报道一种新的固体发酵装置即垂直多盘分生孢子室，它能很好的发酵绿僵菌和白僵菌等虫生真菌的气生分生孢子，在这个发酵系统中每公斤大米产白僵菌 2.4×10^{12} 个。Dorta 等人以米糠为培养基质固体发酵绿僵菌，90～100 h 后，孢子量为每克米糠 2.3×10^{10} 个孢子。

5. 发酵特点

虽然固体发酵比起液体发酵存在难以控制 pH、温度、营养、通气等问题，但是固体发酵也具有自己的优势：①固体发酵使用的培养条件相对粗放，而且培养基只需要比较简单的前期处理；②工业生产的资金投入比较小，尤其在工业生产前期投入少，利于规模化生产；③固体发酵的产品性能较好、而且工业生产时环境污染比较小，更有利于生物循环；④最后是固体发酵过程一般不需要严格的无菌操作，通气不需要连续通风，空气一般也不需要严格的无菌空气。

三、液固双相发酵

液固双相发酵是指经液体深层培养出菌丝或芽生孢子后，接入浅盘或其他容器的固体培养基上产生分生孢子的方法。

由于物理学、酶学及生物学特性，液固双相发酵是迄今所知国内外气生分生孢子最成熟的生产工艺，由于其经济实用、生产效率高而被广泛采用。其发酵过程包括液体发酵和固体发酵两个阶段，具体是通过摇瓶或发酵罐快速产生大量菌丝或芽生孢子，然后转接到固体培养基或惰性基质上产生孢子。

1. 生产流程

斜面菌种→摇瓶培养→发酵罐→固体培养→预干燥→分离孢子→后干燥→包装→保存。

2. 培养基质

大规模发酵生产绿僵菌分生孢子主要以大米、麦麸和米糠为基质。其中大米及其大米副产品广泛应用于绿僵菌发酵的培养基质。但是，当大米单独使用，大米颗粒较大的表面积限制了真菌的利用空间，如果单独使用底物，就需要引进一种增加水和空气利用率的介质。据报道，甘蔗渣和固体发酵底物的混合使用能够促进水利用率进而促进真菌的生长。到目前为止，最经常使用的培养绿僵菌分生孢子的基质是大米。这是基于多种因素的考虑，包括营养平衡、费用、利用的地域性、颗粒大小形状、接种真菌后的湿度和颗粒完整性等物理性质。

3. 影响因素

包括了影响液体深层发酵和固体发酵的因素。张丽萍、农向群等研究结果表明：蛭石和稻壳均可作为固相培养的优良载体，以蛭石为载体的产孢量稍高于稻壳。玉米粉和麦麸组合是该菌的良好营养源，与不同载体配合均可使产孢量达到 2.0×10^9 个/g 以上。以小米提供营养的不如麦麸加玉米粉，当小米与载体的质量比大于 3∶1 可获得 1.5×10^9 个/g 的产孢量。

4. 应用情况

Lomer 等人报道以水稻或谷子为基质用液固双相系统生产黄绿绿僵菌，可得到 100 g/kg 孢子的产量。这种方法首先是在蔗糖、啤酒酵母介质中接种孢子，并于摇瓶中生长，3 d 后将液体培养基转入高压灭菌的大米中，通过开袋通风，10～14 d 后用过筛法将孢子分离出来，干燥后孢子的湿度可达 25%，然后在低温下保存。Jenkins 和 Lomer 将用蔗糖液培养 2～3 d 的绿僵菌种子液接种到布料上，垂直悬挂在无菌钢盒中，9 d 后布料的两面均长满分生孢子，产孢量达 3×10^8 个/cm^2。Jenkin 等人在 LUBILOSA 项目中以大米为培养基质，用液固双相系统生产黄绿绿僵菌，平均产孢量达 1.5×10^9 个/g。虽然有的研究者认为这种发酵系统不适合大规模的生产，要提高孢子的产量只能通过增加成本和劳动力，但是这种简单的劳动密集型发酵系统比较适合中国市场的需要。

5. 发酵特点

液体深层发酵得到的芽生孢子寿命短且活力弱，而固体发酵虽可得到分生孢子，但是其生产周期长、菌剂含孢量低而导致成本高的弊端同样阻碍了实用化进程。利用液固双相发酵工艺，仅用两种廉价、易得的农副产品为原料，控制适当的培养条件，能得到高含量的孢子粉。液固双相发酵综合了液体发酵和固体发酵的这两者的优势：①提高培养真菌的竞争力，降低杂菌的污染；②提高真菌产分生孢子速度，降低真菌的培养时间和使用空间；③液体培养阶段对可能受杂菌污染种子斜面培养基的做进一步筛选；④确保接种菌液对固体颗粒物质的均匀覆盖，使菌体能同步生长。

【任务实施】

液固双相发酵生产绿僵菌分生孢子是迄今所知国内外气生分生孢子最成熟的生产工艺，

是最有可能在农业生产中大规模应用的。接下来以金龟子绿僵菌液固双相发酵为例，阐述具体操作方法。

一、斜面菌种活化

将生产菌种金龟子绿僵菌接种于 PDA 斜面培养基上，25℃培养 10 d，备用。

二、液体种子制备

按配方量称取液体种子培养基各成分，将称好的已经粉碎的黄豆放于清水中煮开 30 min，先用纱布粗过滤，然后再用脱脂棉做成的薄层过滤，直到溶液澄清。最后将其他成分按比例加进去，煮溶后调 pH 至 6.5～6.8。分装后，灭菌备用。

将已经培养成熟产孢的斜面菌种，用已灭菌的 0.1%的吐温-80 溶液将之混匀、稀释，使其含孢量约为 1.0×10^9 个/L，洗入干净的小烧瓶内，然后用灭菌过的移液管将绿僵菌孢子菌悬液接入种子培养液中。于 25℃振荡频率为 130 r/min 的恒温摇床中振荡培养 72h，作为接种用的液体种子。

液体种子培养基成配方：黄豆粉 5%、蔗糖 1%、KH_2PO_4 0.15%、NaCl 0.5%、$CaCO_3$ 0.2%，pH 6.5～6.8。

三、浅盘发酵

将比例为 2∶2∶3 的麦麸、米糠和谷壳的混合物混合均匀，添加 2%蔗糖和 0.2% KNO_3 水拌匀，以手抓上去感到湿，但是又不滴水为最佳，然后将固体发酵料按相同的体积装入耐高温的聚乙烯塑料袋中进行高温灭菌备用。

用 0.1%的 $KMnO_4$ 将定制的塑料网格篮（$r=13$ cm，$h=5$ cm）浸泡消毒 12 h 备用。将已经振荡培养 72 h 的液体种子，在无菌条件下，以 10%的接种量接入已灭菌的袋装固体培养料中，搅拌均匀，倒入塑料网格篮内，用玻璃棒将其平铺开来。用消毒塑料薄膜覆盖以便保湿保温，置 25℃，相对环境湿度为 83%～94%的条件下培养 10 d。并每天观察其内部的湿度变化情况，做好生长状况记录。

四、菌剂烘干处理

将液固体发酵的新鲜孢子粉在 35℃温度下经 24 h 烘干测定含水率和活孢率。

$$含水量=\frac{原始质量-烘干后质量}{原始质量}\times100\%$$

$$活孢量=\frac{发芽孢子数}{检查孢子总数}\times100\%$$

分生孢子萌发测定方法是用无菌毛刷蘸取灭菌过的萌发培养基均匀涂布于无菌载玻片上并使之成一薄层，再用无菌毛刷蘸取用 0.05%吐温-80 无菌水配制的分生孢子悬浮液均匀涂布于载玻片的培养基薄层上，放入具有保湿作用的饭盒里，然后置于 25℃下恒温培养箱中保湿培养 24 h，统计发芽率。

任务 9.3 应用技术及效果

【任务要求】

通过本次任务的学习，能根据绿僵菌的剂型特点和生产实际情况选择合适的产品，并能正确的使用绿僵菌制剂进行生物防治。

【相关知识】

一、绿僵菌的生物防治应用

绿僵菌是世界性分布的昆虫病原真菌，能寄生 8 目 50 科 200 余种昆虫、螨类及线虫，作为农林、园艺、卫生害虫的生物杀虫剂，在害虫生物防治中具有重要作用。

(一)防治蝗虫

自 Prior 和 Greathead 提出用绿僵菌分生孢子油悬浮剂防治蝗虫的策略后，大量室内实验和非洲、澳大利亚的田间试验表明，将绿僵菌分生孢子制成油悬浮剂采用超低容量喷雾能有效地防治多种蝗虫，证明绿僵菌油悬浮剂是一种有效控制蝗虫的生物防治方法。

20 世纪 80 年代末，在非洲 IIBC 筛选出高效杀蝗黄绿绿僵菌菌株 IMI330189，其孢子粉油悬浮剂能有效控制多种蝗虫种群数量。在干旱条件下，施药后 7～9 d 对沙漠蝗虫的防效达到 70%～90%，对南非的褐飞蝗防效在施药后 16～18 d 达到 80%左右，1998 年在西非防治稻蝗，试验面积达 800 hm^2，防治效果持续 60～90 d，防效达到 80%以上。

20 世纪 90 年开始，我国也开始从事这方面的研究。中国农科院生防所 1993 年应用绿僵菌防治东亚飞蝗。室内试验，第 7 天死亡率超过 50%，第 10 天达 100%。陆光庆等报道了 4 种绿僵菌菌株对东亚飞蝗的毒力。1999 年内蒙古应用绿僵菌油剂防治亚洲小车蝗，在 20 hm^2 草原上喷洒油剂后，8 d 的虫口减退率为 50.8%，防治效果达 48%，12 d 的虫口减退率为 89.2%，防治效果达 88.1%。2000 年新疆应用绿僵菌诱饵防治意大利蝗虫，7d 的防治效果达 74.3%，30 d 的防治效果达 88.7%，应用绿僵菌油剂防治意大利蝗虫，30 d 的防治效果达 82.4%。2001 年在甘肃祁连山山地的 833.3 hm^2 草原上喷洒油剂后，7 d 的防治效果达 76%，12 d 的防治效果达 84.6%。

重庆大学基因工程中心研制的真菌杀蝗生物制剂“100 亿个/mL 杀蝗绿僵菌油悬浮剂”，在农业部全国农业技术推广服务中心的组织下，在山东、天津、河北、河南、安徽、山西、新疆、内蒙等 10 多个省区的蝗虫发生区，经过 2 年田间药效登记试验和 3 年大面积应用示范试验，防蝗效果良好。在 3～4 龄蝗蝻期施药后 10 d 内虫口减退率可达 90%以上。2003—2004 年在天津、河北等地采用飞机施药灭蝗 2 000 hm^2，防治效果达 85%以上。

杀蝗绿僵菌制剂主要应用区域集中在半干旱沙漠地带、草原地带和水旱交替的荒地。随着杀蝗绿僵菌制剂研究的深入与发展，利用绿僵菌防治蝗虫的种类逐渐增多，据不完全统计已有数十种，主要包括扩散面积大、危害严重的蝗虫种类，如沙漠蝗、东亚飞蝗、亚洲飞蝗等。

生物防治在我国蝗虫防治规划中已作为蝗虫可持续防治的主要手段，我国农业部制定的《全国蝗虫灾害可持续治理方案》中，明确要求加快杀蝗绿僵菌的产业化步伐，为大面积示范推广治蝗提供合格的生物制剂产品。

(二)防治蛴螬

关于利用绿僵菌防治蛴螬的应用研究，国内外已有不少报道。1992 年美国的 Raid 和 Cherry 从甘蔗蛴螬中分离出高致病力绿僵菌菌株，室内毒力测定结果显示，蛴螬的死亡率可达 92%。2006 年比利时的 Ansari 等利用绿僵菌和昆虫病原线虫混合制剂防治草坪蛴螬，蛴螬死亡率高达 95%以上。澳大利亚从 1985 年开始研究利用绿僵菌防治甘蔗蛴螬，现已注册产品 BioCane 并大量生产及应用，作为澳大利亚对甘蔗蛴螬进行综合防治的主要方法之一。

我国对绿僵菌的研究始于 1914 年日本学者引进金龟子绿僵菌到台湾，并于 20 世纪 80 年代开始进行绿僵菌防治蛴螬的研究和应用。1994 年李贵芳等利用绿僵菌对危害天麻的双叉犀金龟子进行田间防治试验，结果表明在大田应用金龟子绿僵菌对蛴螬感染致病后的死亡率达 75%，防治双叉犀金龟子越冬幼虫寄生率达 85%～90%。中国农业科学院植物保护研究所在绿僵菌防治蛴螬方面的研究主要包括大规模生产条件、剂型加工、在土壤中宿存时空动态、田间使用技术及防效等，为商品制剂的研制奠定了基础。安徽农业大学对金龟子绿僵菌的生物学进行了研究，室内及田间试验表明其对花生蛴螬有良好防效，并以玉米蛴螬为目标害虫进行了种衣剂的研制。谢宁等筛选出蛴螬高致病力金龟子绿僵菌菌株已生产出微粒剂和乳粉剂等剂型，可有效控制田间花生蛴螬，且对蛴螬寄生蜂臀钩土蜂没有不良影响。目前防治蛴螬的绿僵菌制剂有 19 个，全部来自金龟子绿僵菌。

(三)防治天牛

樊美珍对 12 个绿僵菌菌株进行了生物测定，筛选出对青杨天牛、光肩星天牛和黄斑星天牛毒力高的 Ma83 菌株和 3 305 菌株，采用固体发酵工艺成功地生产出菌粉，并采取喷粉、喷雾和人工涂抹等方法进行了林间小区试验，在此基础上采用喷雾的方法在陕西省渭河林场进行了大面积(130 多公顷)林间防治实验，防治效率达 73%～85%。为寻找更有效的侵染途径，在室内试验利用肿腿蜂携带绿僵菌感染光肩星天牛，获得较高的感染率，在此基础上，林间放蜂 15 万只防治光肩屋天牛约 7 hm^2，感染率平均在 40%左右。

(四)防治其他害虫

1984 年谢杏杨等应用自澳大利亚引进的美国品系的绿僵菌对白蚁进行了成功的人工感染，在 4～9 d 内能使供试白蚁全部死亡。樊美珍等自青杨天牛罹病幼虫上分离到 1 株金龟子绿僵菌短孢变种后，并对枇杷天牛、柑橘吉丁虫、吹绵蚧等 5 种经济林本害虫进行了防治试验，致死率为 24.2%～92.8%。1987—1990 年在陕西南部利用其孢子粉，防治柑橘丁，无论在成虫期或幼虫期均收到了良好的防治效果。1988—1990 年，他们又研究利用绿僵菌防治苹果桃小食心虫，室内试验的幼虫死亡率可达 100%。

菲律宾、韩国等利用金龟子绿僵菌小孢变种和黄绿绿僵菌小孢变种在控制稻褐飞虱、电光叶蝉等水稻主要害虫中获得较好效果，每公顷施用$(2.5\sim7.5)\times10^{12}$个孢子或 1.5～2.0 kg 的干菌丝粉，2～3 周后稻褐飞虱成虫死亡率达 63%～98%。一些热带国家曾利用绿僵菌防治多种害虫，例如巴西用每公顷$(5\times10^{10})\sim(6\times10^{12})$个孢子的粉剂防治稻绿蝽，印度用于防治玉米螟和棉铃虫，古巴用于防治丽甘薯象甲等，都取得较好的效果。

美国生态科学公司研制了一种有效成分为0.35%绿僵菌的高效生物灭蟑螂盒，其对德国小镰有很好的防治效果。中国农科院生物防治所也研制出一种以绿僵菌为有效成分的专门杀灭蟑螂的诱饵制剂“百澳克”。

二、绿僵菌产品的主要剂型及特点

目前报道较多和应用较广的绿僵菌剂型主要有可湿性粉剂、油悬浮剂和颗粒剂。剂型化作用不仅是便于施菌应用，更重要的是能改善产品贮存活力和控害效果性能。

1. 可湿性粉剂

可湿性粉剂是含有原药(孢子粉)、载体、填料、表面活性剂(润湿剂、分散剂等)、辅助剂(稳定剂、警色剂等)并粉碎得很细的农药制剂。由于它是干粉体，包装廉价，便于贮存，使用过程粉尘少，又可低容量或超低容量喷雾，施药分布均匀，在真菌生物农药中得到亲睐，改良品种也不断增加。目前全世界已有11个绿僵菌可湿性粉剂登记注册，是已登记产品中数量最多的加工剂型。

如同其他真菌制剂，保持孢子活力稳定性是研制绿僵菌可湿性粉剂的首要问题，在选择载体、填料、润湿剂、分散剂等以及加工过程中都必须优先考虑。真菌孢子表面具有疏水性，可湿性粉剂的润湿性和悬浮稳定性是研究的关键。近年来虽然已有若干登记产品，但依然存在润湿慢、不均匀、悬浮稳定性差等问题，造成兑水应用时有漂浮或容易沉淀，常出现喷雾不畅、喷头堵塞的现象。另外，从发酵生产和孢子收集过程分析，孢子粉中残存的培养基杂质也可能影响制剂的悬浮稳定性。一般可湿性粉剂的细度越小，悬浮性越好，对细度不符合要求的载体、分散剂等原料在加工前要进行研磨，孢子粉则需要适度干燥、过筛(＞200目)才能满足加工要求。在抵御环境不利因子方面，以高岭土配制分生孢子可湿性粉剂，可有效抵御长达12h阳光和UV-B辐射，显著提高田间防治效果。

2. 油悬浮剂

油悬浮剂是指以油为基质，将分生孢子制成悬液的一种制剂。也称为“油剂”，根据农药命名定义及绿僵菌孢子油基中的存在状态，应当归为“油悬浮剂”。其优点主要是油基利于孢子对疏水基质如昆虫体壁或植物表面的附着，适宜的油基可进行超低量喷雾。研究发现，适宜的油基能够保持孢子较长的寿命，应用在相对湿度较低环境中比其他剂型更有利于孢子的萌发，并能耐受较高的环境温度。研究表明色拉油、菜籽油、花生油、煤油、石蜡油等均适宜作绿僵菌的油基，还可通过添加抗氧化剂、保护剂和增效剂来提高综合效果。

目前，油悬浮剂被认为是绿僵菌贮存性能和应用效果较好的剂型。我国近年来登记了3项绿僵菌油悬浮剂，分别用于蝗虫和夜蛾科害虫防治。澳大利亚的防蝗绿僵菌油悬浮剂也于2008年在我国获得了临时登记。

3. 颗粒剂

颗粒剂为松散粒状产品，由原药(孢子粉或菌丝)、载体和助剂制成。已登记的绿僵菌产品中有7个颗粒剂，主要靶标为地下害虫。颗粒剂的独特优势在于可提供微环境，有利于提高绿僵菌对环境的抗逆性。此外，撒施过程无粉尘，可借助施肥机操作，安全方便。

颗粒剂粒度一般为10～80目，按其在水中的性状分为解体型和非解体型。真菌颗粒剂造粒可采用与化学农药相似的加工工艺，如包衣造粒法、挤出成型造粒法、吸附(浸渍)造粒法、流化床造粒法、转动造粒法。

根据真菌特点和应用环境特点，研究者还开创了一些独特的加工方式。分生孢子制剂中有将分生孢子悬液喷到粗玉米芯粉中混合制成颗粒剂，有将分生孢子、麦麸和植物油混合加工成颗粒剂，还有用凝胶吸附或包埋分生孢子制成的凝胶颗粒制剂。菌丝制剂是以湿菌丝与海藻酸钠混合、借助钙离子交联反应制成颗粒剂。但贮存期短和田间防效不稳定是颗粒剂的主要问题。如有可能使用抗逆性强的有效成分如厚垣孢子、菌核或微菌核等加工的制剂，有可能解决保质期短的问题。

4. 粉剂

粉剂是由孢子粉、载体和少量助剂混合而成的粉状制剂。其优点是无需兑水可直接使用，加工成本低，撒布工效高，缺点是叶面附着性差，漂移分散严重，易被风吹雨刷，有效利用率低，药效期较短。该剂型一般载体填充比例高达 90%～95%，而孢子含量仅为 5%～10%。大比例载体造成运输成本高和粉尘污染大，可增加粉体直径至 20～30 μm 或使粉体 95%通过 320 目筛，形成无漂移粉剂。载体的 pH 及其缓冲能力、吸附能力、光吸收能力等理化性能对粉剂微环境及孢子存活率有重要影响。由于绿僵菌田间应用时需要较高的环境湿度以侵染目标害虫，因此粉剂剂型及撒布方式不利于绿僵菌作用的发挥。该剂型在早期研究应用中较多见，但未见绿僵菌粉剂产品登记注册。

5. 其他剂型

已登记注册及应用的绿僵菌剂型还有乳剂、悬乳剂、饵剂、超低量剂等，但极少报道研究内容。在对登革热病媒埃及伊蚊的防治中，以水包油型乳剂间接应用于蚊虫产卵基质上，能够使孵化的幼蚊受到感染，比直接用菌体或水剂杀卵效果有显著提高。应用黄绿绿僵菌防治褐飞虱时，乳化剂的 LT_{50} 从 8.9 d 显著缩短到 5.7 d。近年有绿僵菌带剂的试验报道，用于防治桑小枝天牛，但未见公告注册产品。不同剂型主要是为了适应于不同作物与害虫生存环境的应用，便于储运、施用，以提高工效及防效。

【任务实施】

一、绿僵菌的应用技术

绿僵菌寄主范围广，主要用于防治飞蝗、地下害虫、蛀干害虫、桃小食心虫、小菜蛾、菜青虫、蚜虫等。

1. 防治蝗虫

对飞蝗、土蝗、稻蝗、竹蝗等多种蝗虫有效。尤其对滩涂、非耕地的飞蝗，每亩用 100 亿孢子/g 可湿性粉剂 20～30 g，兑水喷雾，或亩用 100 亿孢子/mL 油悬浮剂 250～500 mL，或 60 亿孢子/mL 油悬浮剂 200～250 mL，用植物油稀释 2～4 倍，进行超低容量喷雾。飞机喷雾时有效喷幅可达 150 m。也可将相同用量的菌剂喷洒在 2～2.5 kg 饵剂上，拌匀后田间撒施。

一般于蝗蝻 3 龄盛期施药，由于该药速效性差，着药后 3～7 d 蝗蝻表现出食欲减退，取食困难，行动迟缓等中毒症状，7～10 d 集中大量死亡。由于速效性差，不宜在蝗虫大发生的年份或地区使用。

2. 防治蛴螬

防治蛴螬包括东北大黑鳃金龟子、暗黑金龟子、铜绿金龟子等的多种幼虫，在花生、大豆等中耕时，采用菌土或菌肥方式撒施。亩用23亿～28亿孢子/g菌粉2 kg，分别与细土50 kg或有机肥100 kg混匀后使用。

3. 防治小菜蛾和菜青虫

将菌粉加水稀释成每毫升含孢子0.05亿～0.1亿个的菌液喷雾。

4. 防治蛀干害虫

防治柑橘吉丁虫，在害虫危害柑橘的“吐沫”和“流胶”期，用小刀在“吐沫”处刻几刀，深达形成层，再用毛笔或小刷涂刷菌液（2亿孢子/mL）或菌药混合液（2亿孢子/mL加45%杀螟硫磷乳油200倍液）。

5. 防治天牛

防治青杨天牛可喷洒2亿孢子/mL菌液。防治云斑天牛可用2亿孢子/mL菌液与40%乐果乳油500倍液的混合液注射虫孔。

注意：部分化学杀虫剂对绿僵菌分生孢子的萌发有抑制作用，且药液浓度越高，抑制作用越强，混用前须查阅有关资料或先行试验。

二、注意事项

(1)家蚕养殖区严禁使用。

(2)菌液要随配随用，存放时间不宜超过2 h，以免孢子过早萌发而失去致病的能力。与化学杀虫剂混用，也应随配随用，以免孢子受药害而失效。

(3)严禁与杀菌剂混用。

(4)避免阳光直射，治地上害虫时尽可能选择阴雨天施药，晴天一定要在傍晚时施药。防治地下害虫时应及时覆土，不可将绿僵菌制剂暴露在阳光下。

(5)土壤过于干燥会影响防治效果，一定注意土壤湿度。

【知识拓展】

早期的绿僵菌田间应用都是直接采用发酵产品，并不做制剂加工，产品贮存和施菌方式均受到了限制。为了便于产品贮藏、田间施用和提高防治效果，需要将生产的菌体制剂化。近40年来，绿僵菌的生产和制剂化技术逐步发展，目前除了绿僵菌孢子原药（technical material，TC）或母药（technical concentrate，TK）外，已研制有粉剂（dustable powder，DP）、可湿性粉剂（wettable powder，WP）、乳油（emulsifiable concentrate，EC）、颗粒剂（granule，CR）、饵剂（bait，RB）、油分散剂（oil dispersion，OD）、油悬浮剂（oil miscible flowable concentrate，OF）、水悬浮剂（aqueous suspension concentrate，SC）、浸渍剂（impregnated materials，IM）、超低容量剂（ultra low volume concentrate，ULV）等剂型。

至今，已有83个绿僵菌产品在13个国家或地区获得注册。按制剂类型统计，原药和母药合占产品总数的37.4%，可湿性粉剂占12.1%，颗粒剂和油分散剂各占8.4%，油悬浮剂和饵剂各占4.8%，水悬浮剂和浸渍剂各占2.4%，乳油和超低量剂各占1.2%，未标明剂型类型的占16.9%，这些产品中有61项在有效期内，占73.5%，18项已经失效，4项现状不明确。根据防治对象统计，这些产品的靶标害虫分属12目33科，其中同翅目最多，含5科，即沫蝉科、蚜科、飞虱科、粉虱科和蝉科，产品数共39项，占总数的47.0%，有37项用于防治沫蝉；其次是鞘翅目，含金龟子科、象甲科、露尾甲科，产品数共22项，占总数的26.5%，有20项产品用于防治金龟子科害虫；直翅目靶标有蝗科、飞蝗科和锥头蝗科，产品数共 11 项，另外分别是双翅目 5 科，等翅目 3 科，鳞翅目、半翅目、蜚蠊目和蜱螨目各 2 科，膜翅目、缨翅目和蚤目各 1 科，有 9 项产品未提及防治对象。按注册所在地统计，巴西占 31.3%，美国和中国各占 13.2%，欧盟占 12.0%，澳大利亚占 8.4%。

我国自 20 世纪 70 年代以来，持续开展绿僵菌等昆虫病原真菌防治害虫的研究和应用，但一直未有产品注册登记。直到 2002 年绿僵菌杀蟑饵剂、2004 年杀蝗绿僵菌母药和油悬浮剂才开始有绿僵菌登记注册。随着市场需求的增加和我国生物农药管理的加强，绿僵菌制剂研究和应用已有长足进展，先后有重大生物技术发展有限公司、江西天人生态股份有限公司、江苏省南通派斯第农药化工有限公司、中国农业科学院植物保护研究所廊坊农药中试厂等企业登记注册了绿僵菌母药或制剂，产品包括饵剂、可湿性粉剂和油悬浮剂等剂型。

【思考与练习】

1. 绿僵菌的防治对象主要有哪些？
2. 简述绿僵菌的生物学特性。
3. 绿僵菌菌种筛选的主要方法有哪些？
4. 绿僵菌菌种检测有哪些重要指标？
5. 简述绿僵菌制剂的发酵方式及特点。
6. 简述绿僵菌制剂的剂型及特点。
7. 绿僵菌制剂在使用过程中应注意哪些问题？

【参考文献】

[1]王达．对光肩天牛幼虫高致病力绿僵菌菌株筛选及致病机理研究[D]．保定：河北农业大学，2009.

[2]施宠．绿僵菌高毒力菌株的诱变选育及其生防制剂研究[D]．乌鲁木齐：新疆农业大学，2005.

[3]程辉彩，敦冬梅，张丽萍．高毒力杀蝗绿僵菌的紫外线诱变选育[J]．江苏农业科学，2008，(3)，106-107.

[4]韦云．两株绿僵菌紫外诱变的生物学特性研究[D]．广州：华南农业大学，2016.

[5]赵晶．绿僵菌紫外诱变及高毒力菌株的筛选．广州：华南农业大学，2016.

[6]李宝玉．金龟子绿僵菌孢子制备、贮存及检测标准化研究[D]．北京：中国农业科学院，2005.

[7]全字，刘永翔，刘作易．绿僵菌属分类的研究进展[J]．贵州农业科学，2011，39(10)：113-117.

[8]章西．中国绿僵菌分子分类的研究[D]．合肥：安徽农业大学，2015.

[9]叶斌．绿僵菌培养及防治马尾松毛虫的研究[D]．福州：福建农林大学，2005.

[10]宋漳，叶小真，叶斌．液固两相法培养金龟子绿僵菌的研究[J]．福建林学院学报，2012，32(2)：163-168.

[11]梁昌聪，彭军，黄志等．绿僵菌发酵工艺的研究进展[J]．热带农业科学，2008，28(6)：87-91.

[12]徐阿妹．黄绿绿僵菌培养生产技术及其在害虫防治中的应用[D]．合肥：安徽农业大

学,2013.

[13]马丽娟．优良绿僵菌菌株的筛选及应用性研究[D]. 保定:河北农业大学,2012.

[14]彭国雄．杀蝗绿僵菌生物农药研制及其应用技术研究[D]. 重庆:重庆大学 2008.

[15]农向群,张英财,王以燕．国内外杀虫绿僵菌制剂的登记现状与剂型技术进展[J]. 植物保护学报,2015,42(5):702-714.

项目10

木 霉 菌

【知识目标】

1. 了解木霉菌的抑菌防病机理，掌握木霉菌的生物学特性和拮抗对象。
2. 了解木霉菌的常用选育方法，掌握诱变育种方法和菌种检测要点。
3. 了解木霉菌制剂的发酵方式及特点，掌握木霉菌制剂生产工艺。
4. 了解木霉菌制剂应用特点，掌握木霉菌制剂的使用技术。

【技能目标】

1. 能进行木霉菌的菌种选育，并能针对其的菌种特点进行菌种检测和结果分析。
2. 能根据生产条件选择合适的发酵方式，进行木霉菌制剂生产及产品检测。
3. 能根据生产实际情况合理应用木霉菌制剂，并能正确的使用木霉菌制剂进行生物防治。

【德育目标】

1. 通过菌种检测内容的学习，培养学生认真细致、科学严谨的工作作风。
2. 通过木霉菌制剂应用的学习，培养学生发散思维能力及创新创造能力。

木霉菌概述

在农业生产中，每年由植物病原菌引起的植物病害都会给农业生产者造成巨大的经济损失。化学杀菌剂作为一种有效控制植物病害的途径，给人类做出了巨大贡献。但是，同时也带来了诸如杀死益生菌、引起病原菌抗药性、污染水源、引起瓜果蔬菜农药残留等污染环境和威胁人类健康的一系列问题。据美国环保署(EPA)的研究显示，美国每年有 3 000～6 000 例癌症病例与食品的农药残留有关，这一发现引起了各地政府的高度重视，公众对限制使用化学杀菌剂的呼声越来越强烈。因此，探索新的防治方法势在必行。

一、抗病微生物

在自然界中，植物的体内、体表及根茎叶等各部分都存在病原菌和对植物有益的腐生微生物系，它们之间存在着拮抗、寄生和竞争等各种各样的关系。而利用对植物病原菌具有拮抗、寄生等作用的微生物防治植物病害，已成为可能替代化学杀菌剂的新方法，并得到各国学者的广泛研究与应用。我们把这类能通过寄生、抗生、竞争、溶菌等作用来抑制或杀灭另一种微生物的微生物，称为抗病微生物。由于抗病微生物来源于自然界，对环境的影响小，毒副作用低，因而作为生物杀菌剂具有十分广阔的应用前景。

已报道的抗病微生物种类很多，主要包括病毒、细菌、放线菌和真菌。

1. 病毒

一般而言，每一种细菌和真菌都能作为病毒的宿主，植物病原微生物也不例外，受到病毒侵染也时有发生，因此噬菌体也可以作为生防手段来防治植物病害。如 Leverentz 利用噬菌体来防治新采水果上的沙门菌；McKenna 等利用噬菌体防治马铃薯中由链霉菌引起的疮痂病等。由于噬菌体与寄主是协同进化的，细菌总是在设法规避噬菌体的感染，而噬菌体总在适应新的寄主和环境，所以有关病毒防治植物病原菌的研究报道不多。

2. 细菌

细菌作为生防菌主要是利用它的强有力的竞争作用。从整体上讲，产生抗菌物质并不是所有细菌的特征，有些生防菌不仅能抑菌防病，而且还有促进植物生长和增产作用。应用较多的生防细菌主要有芽孢杆菌（*Bacillus* spp.）、假单胞杆菌（*Pseudomonas* spp.）和土壤放射杆菌（*Agrobacterium radiobacter*）等属的细菌。

3. 放线菌

放线菌的抑病作用在于它们能产生抗生物质（抗生素）。在已知的放线菌中，半数以上发现有拮抗性。产生抗生素的放线菌主要是链霉菌属（*Streptomyces*）的种类，其次有诺卡菌属（*Nocardia*）、游动放线菌属（*Actino-planes*）、小单孢菌属（*Micromonospora*）等。已知链霉菌属能产生 1 000 多种抗生素类，其中有不少对植物病原菌具有较强的抑制作用。

4. 真菌

具有抑菌抗病作用的真菌多属半知菌和子囊菌，担子菌中也有不少抑菌类群。研究和用于实验的真菌主要有木霉（*Trichoderma*）、白僵菌（*Beau-veria*）、黏帚霉属（*Gliocladium*）、青霉（*Penicillium*）、毛壳霉（*Chaetomi-um*）、腐霉菌（*Pythium*）、黄丝曲霉（*Talaromyces*）、寄生菌属（*Ampelo-myces*）、丝核菌属（*Rhizoctonia*）和孢霉（*Sporidesmium*）等。木霉菌（*Trichoderma*. spp）自被发现对植物病原菌有抑制作用以来，一直作为重要的植物病害生物防治因子而倍受关注。

二、木霉菌的分布和生物学特性

自 Weindling 于 1932 年首次发现木素木霉菌（*T. lignorum*）对多种植物病原菌具有寄生作用以来，应用其进行植物病害的防治已有大量的报道。近几年随着多种商品化木霉菌制剂研制开发的成功，使得木霉菌应用于植物真菌病害生物防治的研究得到迅速发展，为植物病原真菌的生物防治在实际操作上的可行性利用提供了有效的探索途径，并展示出可喜的应用前景。

(一)分布

木霉菌属世界性分布,广泛存在于各种耕作土壤、根围、叶围、种子和球茎生态环境中,且极易分离和培养。但植被差、贫瘠的土壤里很难分离到木霉菌,说明不同的生态条件对木霉菌的生存有影响。

(二)生物学特性

1. 生态习性

木霉菌的生长最适温度为25～30℃,最适pH为4～5,最适光条件为半黑暗半光照。孢子萌发对营养环境要求不严格,但在营养丰富的条件下萌发得更好。木霉菌对环境的广泛适应性与低标准需求,使它能够在我国不同生态条件下生存和繁殖,对利用该菌防治各种作物病害极为有利。

2. 木霉菌的形态

木霉菌的菌落在PDA培养基上初为棉絮状或致密丛束状,颜色为白色至灰白色,无固定形状。当分生孢子成熟后,菌落自中央到边缘渐渐变为不同程度的绿色,极少数为白色粉状,分生孢子梗从菌丝的侧枝生出,直立分支,小枝常对生,顶端不膨大,上生分生孢子团。分生孢子球形,浅色或无色。

3. 木霉菌的分类

木霉菌属半知菌亚门,其有性世代未知,无性世代的木霉菌株的形态稳定性较差,因此木霉菌的种类区别和鉴定长期处于较混乱的状态。直到1969年,Rifai和Webster依据对分生孢子阶段的研究,对木霉属的种类进行了修订,确定了9个集合种包括哈茨木霉(*T. harzianum*)、绿色木霉(*T. viride*)、黄绿木霉(*T. aureovirid*)、长枝木霉(*T. longibrachiatum*)、拟康氏木霉(*T. pseudokoningii*)、多孢木霉(*T. polysporum*)、康氏木霉(*T. koningii*)、小球木霉(*T. piluliferm*)及钩状木霉(*T. lamatum*)。此后,Bissett于1984年至1991年又对木霉属的分类进行了修订,在Rifail确定的种的基础上,又追加了许多种,并将木霉属分成5组。

随着生命科学技术的发展,生物学的检测方法已经用于木霉菌的分类研究,包括RAPD分析、同工酶分析、ITS序列分析、蛋白电泳分析、线粒体DNA分析、DNA指纹分析以及核型分析等,从不同的角度对木霉菌的界定及其属下分类单元之间的系统发育关系进行研究,从而使木霉菌的分类更加科学、合理。分子检测手段准确、快捷而方便,是形态学鉴定的有益补充。目前,鉴于木霉的重要性,国际真菌分类委员会(International Commission for the Taxonomy of Fungi,ICTF)专门成立了木霉及其有性态的分会(the International Subcommission on Trichoderma and Hypocrea,ISTH),并利用互联网技术,与International Union of Microbiological Societies(IUMS,Mycology Division)共同创建了专门用于木霉菌形态学鉴定和分子生物学鉴定的ISTH网站,记录了木霉菌的33个种的形态学信息和分子生物学信息,网址:http://www.isth.info/index.php。

三、木霉菌的拮抗对象

木霉菌作为一种资源丰富的拮抗微生物,其拮抗作用具有广谱性,已知木霉菌至少对18个属的29种病原真菌有拮抗作用。现已发现木霉菌对土传真菌有显著的拮抗效果。研究较多的有丝核菌属、小核菌属、核盘菌属、长蠕孢属、镰孢属、毛盘菌属、轮枝孢属、内座壳属、腐霉属、疫霉属、间座壳属和黑星孢属等。研究表明，木霉菌的不同种、同种的不同菌株、甚至同一菌株的不同后代个体都存在着拮抗性的差异及拮抗对象种类上的差别。

四、木霉菌的抑菌防病机理

木霉菌作为一种优良的生物防治资源，具有广谱性、广泛适应性和多机制性等特点。其作用机理几乎包括了所有可能，这也是木霉菌用途广泛，效果突出的重要原因。

1. 重寄生作用

重寄生作用是指包括识别、接触、缠绕、穿透和寄生等一系列连续步骤的复杂过程。它是木霉菌的主要拮抗机制。木霉菌对寄主首先是识别，木霉菌菌丝具有趋化性，能够识别并趋向寄主菌体生长；其次是接触，木霉菌的菌丝以菌丝卷须、菌丝钩或附着胞等吸附结构附于寄主菌丝上，或沿着病原菌的菌丝平行或波浪式生长，或缠绕病原菌的菌丝；再次是寄生，通过分泌各种胞解酶类及次生代谢物质溶解寄主细胞壁，产生溶解位点或侵入孔，穿入寄生菌丝于寄主菌丝中，并在其内生长（图 10-1）。

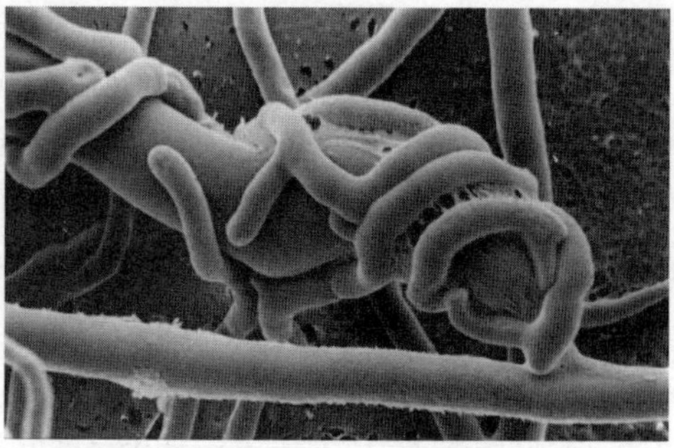

图 10-1　木霉菌攻击植物病原菌

2. 抗生作用

木霉菌在代谢过程中可产生拮抗性化学物质来毒害植物病原真菌，这些抗生物质包括木霉菌素、胶霉毒素、绿木霉素和抗菌肽及挥发性乙醛等，超过 32 种。多数木霉菌产生的抗生素不只一种（图 10-2）。

图 10-2　木霉菌对立枯丝核菌对峙培养（张茹，2009 年）

3. 诱导抗性

以往木霉菌的生防机制研究大多集中在微生物间的互作，而忽视了寄主植物的参与。Lorit 指出，木霉菌的生防机制还包括提高植物的抗逆性、抗病性以及影响病原菌的致病性。植物对病原菌的抗性可以通过诱导产生，利用生物、物理或化学因子处理植株，改变植物对病害的反应，使植物产生局部的或系统的抗性。诱导植物产生抗性的生物因子有真菌、细菌或病毒。一些病原菌的非致病性生理小种、弱致病性病原体、非致病性病原体及真菌细胞的细胞壁都可以用来作为诱导因子。植株经诱导后激发产生一系列的防卫反应，加强了与植物抗病性有关的物质代谢。目前，已有研究揭示木霉菌产生的木聚糖酶或其他激发子能够诱导植物的抗病性。

4. 溶菌作用

木霉菌有时不与寄主菌丝有直接接触，同样可引起它们解体。这与木霉菌的各种酶类等有关，如几丁质酶、纤维素酶、木聚糖酶、葡聚糖酶及蛋白霉等。其中几丁质酶和葡聚糖酶，可以水解植物病原菌的细胞壁，从而抑制病原菌孢子萌发并引起菌丝和孢子的崩溃。蛋白酶直接阻遏病原菌的萌发，使病原菌的酶钝化，阻止病原菌侵入植物细胞。

5. 竞争作用

木霉菌是其生活环境中生存空间和营养资源的强有力竞争者。木霉菌生命力强，生长快，能够迅速占领空间，与病原菌争夺营养，以此削弱甚至消灭同一环境中的病原菌，达到拮抗目的。王未名等通过对 6 种土传病菌的抑菌研究，证明瓜蒌蔫镰刀菌等被木霉菌争夺生活空间，病原菌菌丝生长受到限制，生长混乱、扭曲、不规则，甚至停止生长。

6. 协同作用

木霉菌的拮抗作用可能有 2 种或者 3 种生物防治机制同时或者按顺序起作用。有研究发现，木霉菌在产生抗生素的同时，也产生各种降解细胞壁的胞外酶以抑制土传植物病原菌的菌丝生长和孢子萌发。Pietro 等从哈茨木霉和终极腐霉的相互作用的培养液中提取出胶霉素，发现每升培养液中增加 75 mg 几丁质酶可以减少 50%胶霉素用量而起到同样的效果。Jones 等提出的胶霉素和细胞壁降解酶的协同作用模型，认为细胞壁降解酶使毒素快速传递，并且作用于病原菌原生质膜的特异位点，起到增效作用。哈茨木霉 T39 能够抑制病原菌灰葡萄孢果胶溶酶的活性，从而抑制病原菌灰葡萄孢对植物叶部的侵染，降低多聚半乳糖醛酸酶活性，导致寡聚半乳糖醛酸酶的积累，后者能够作为植物防御反应的诱导因子。

由此可见，利用木霉菌进行生物防治，其机制的多样性是毋庸置疑的。所以不难理解不同的木霉菌株具有不同的生防能力，即使同源菌株的突变体也表现出不同的生防机制。另外，许多植病学者在研究木霉菌对植物病原菌的生物防治时发现木霉菌还可以明显的促进植物的生长。

任务 10.1 菌种选育与检测

任务 10.1.1 菌种选育

【任务要求】

通过本次任务的学习，能够根据木霉菌的拮抗特性进行高效菌种选育；能根据木霉菌形态特征进行菌种检测和结果分析。

【相关知识】

木霉菌的孢子制剂多为活菌制剂，因此其田间应用常常受到温度、湿度、雨水及化学农药等多种因素的干扰，田间试验性状表现极不稳定。这也是所有生防拮抗菌在应用上的主要问题。

木霉菌在自然界的分布非常广泛，从自然界分离获得木霉菌菌株并不难，但是自然筛选的野生木霉菌株很难满足理想生防菌株的要求。因此为了获得更多高效、稳定且适合工厂化的菌株，还需要对自然筛选的菌株加以改良。改良微生物菌株的手段主要有诱变育种、原生质体融合、基因工程技术等。到目前为止关于木霉菌功能改良的筛选方法和技术已有一些研究，并取得了显著成效，如：紫外线诱变获得了抗苯并咪唑类杀菌剂苯来特或多菌灵的木霉菌株；化学诱变获得了抗腐霉利菌株；微波诱变获得了拮抗能力强且溶磷量高的木霉菌株；空间诱变育种技术获得产酶高的木霉菌株；原生质体融合获得了生防能力强且酶活高的木霉菌株；基因工程手段获得抗多菌的木霉菌株等等。其中，紫外诱变育种是最常用的物理诱变方法，也是最有效的诱变手段。

【任务实施】

由于紫外诱变具有操作简单、经济实用、出现正突变率高的优点，因而我们以紫外诱变育种为例阐述紫外诱变筛选抗菌效果较好的木霉菌株的方法。

一、菌种活化和纯化

将 4℃低温保藏的木霉菌和植物病原菌镰刀菌分别接种于 PDA 培养基进行活化，并置于 28℃光照培养箱中培养，每个菌种活化 3 皿。培养 6 d 后选择长势较好的 1 皿，采用连续划线的方法，接种于新的 PDA 培养基上，继续 28℃恒温培养，进行二次纯化，每个菌种 3 次重复。将划线分离的单菌落进行传代培养。将传代培养的病原菌接种于斜面上，培养 3 d 后放置于冰箱中保存备用。

二、具有抑菌能力的木霉菌的选育

1. 菌种的初筛

采用“对峙培养法”选出生长较稳定且抑菌力较强的菌株。用灭菌的打孔器(直径 5 mm)在木霉菌和镰刀菌(PDA 平板上培养 5 d)菌落边缘制取菌饼，再分别将两菌接种于制备好的 PDA 平板上，使两接种点相对且距离平板中心 3 cm，28℃下培养，以不接种木霉菌而只接种镰刀菌的为对照，3 次重复。每天观察并记录木霉菌和镰刀菌的对峙生长情况，并于第 3 d 开始采用“十字交叉法”测量各处理和对照菌落半径，每天测定 1 次，连续测定 4 d，根据生长抑制率公式计算抑菌效果。

$$生长抑制率=(1-R_1/R_2)\times 100\%$$

式中：R_1 为病原菌的菌落中心到木霉菌落边缘的直线距离；R_2 为对照病原菌的菌落半径。经过以上拮抗菌株的初筛，得到具有拮抗性的菌株，转接到 PDA 平板培养基上作为复筛菌株。

2. 菌种的复筛

将初筛得到菌株用察氏培养基进行液体发酵，5 d 后用离心法除去菌体，取发酵液，并在培养皿的中央滴加 0.5 mL 发酵液，用涂布器均匀涂抹于培养基表面，待液体完全渗入后在培养皿中央接病原菌，28℃恒温培养，以滴加 0.5 mL 蒸馏水为对照，3 次重复。每天观察病原菌的生长状况，3 d 后测定菌落直径，计算生长抑菌率：

$$生长抑菌率=(1-D_1/D_2)\times 100\%$$

式中：D_1 为病原菌的菌落直径；D_2 为木霉菌的菌落直径。筛选出抑菌效果较好的菌株。

三、高抑菌能力木霉菌的选育

1. 木霉分生孢子悬液的制备

取木霉菌试管斜面，用无菌生理盐水洗菌种，将分生孢子洗入装有玻璃珠的 250 mL 三角瓶中，28℃振荡 2～3 h，显微镜观察，调节分生孢子浓度至 10^6 个/mL，备用。

2. 紫外线诱变

将制备好的孢子悬液 2 mL 于无菌培养皿中，预热紫外灯 30 min，然后开启培养皿盖，分别照射 5～25 min，照射距离是 30 cm，紫外灯功率为 20 W。取照射后的菌悬液 0.1 mL 均匀涂布接种于 PDA 培养基平板，并在皿盖上标明稀释度及辐射时间，用报纸包起黑暗培养 1 d，而后打开报纸培养，以同样方法，取未经紫外线处理的孢子悬液稀释涂平板作为对照接种。

3. 诱变后致死率和正突变率计算

将孢子悬液在紫外线下照射不同的时间后，按不同的稀释梯度涂布接种于 PDA 培养基。随着紫外线辐照时间的延长，菌的死亡率逐渐上升，而其正突变率则有先升后降的趋势，以此选择合适的紫外线诱变照射时间。

$$致死率=(1-存活菌数/活菌总数)\times 100\%$$

$$正突变率=\frac{诱变抑菌率大于出发菌株的菌落总数}{诱变后存活的菌落总数}\times 100\%$$

4. 遗传稳定性实验

对选出的有利诱变菌落进行传代接种培养，测其抑菌率，初步考察其遗传稳定性。将经过诱变筛选出的木霉菌连续传代 10 次，测其抑菌率从中筛选遗传性状稳定的木霉菌菌株。

四、变异菌株的保藏

以上筛选得到的菌株，通过对其长势情况及对病原菌的拮抗性与出发菌株比较，将有较大提高的变异菌株接种到 PDA 培养基上，将纯化后的菌株接种到试管斜面培养基上，28℃下恒温培养，待其长出成熟孢子后置于 4℃冰箱中保藏，备用。

任务 10.1.2 菌种检测

【相关知识】

由于木霉菌株的形态特征复杂，又缺乏稳定性，霉菌的种类鉴定长期处于混乱状态，自 1991 年 Bissett 建立了将木霉菌归为 5 组的分类体系后，木霉菌的分类体系才逐步系统化和稳定化。2002 年 Kullnig 等根据木霉菌核酸序列的分子数据进行了改进，而形态学鉴定仍然是木霉菌分类最为方便、最为常用的方法。

【任务实施】

一、菌落形态观察

将纯化木霉菌株转接至 PDA 平板培养基，观察菌落大小、菌丝层厚薄，疏密，颜色变化等并计算菌丝生长速度。

二、个体形态观察

于超净工作台上，挑取在 PDA 上培养了 4 d 的木霉菌菌丝，在灭菌的载玻片上均匀地加 1 薄层 PDA 培养基，接菌，置于培养皿中保湿。28℃培养 2 d 后，在 10×40 倍显微镜下观察分生孢子梗分枝、瓶梗形态特征以及分生孢子形态并测量孢子大小，利用显微成像系统拍照。根据培养性状和形态特征按 Rifai 和 Bissett 修订的木霉种群分类系统对菌株进行分类鉴定。

三、木霉菌形态学鉴定

1. 哈茨木霉

菌落在 PDA 平板上初期为白色，2～3 d 产孢后呈绿色，菌落老熟时暗绿色，反面同色（图 10-3A）。孢子梗丛束疏松，环状排列。主分枝呈树状，其上很多次级分枝，常常 2～3 个 1 组，直角伸出（图 10-3B）。整个分枝系统呈金字塔状，瓶梗短，基部变细，中间膨大，大角度伸出（图 10-3C），终极瓶梗长而细，5 个以内的瓶梗近似轮状排列。分生孢子球形，短的倒卵形，基部平截，孢子小。

2. 绿色木霉

菌落在 PDA 平板上生长快，菌丝层较厚，致密丛束状，初期为白色，平坦，后期因产生分生

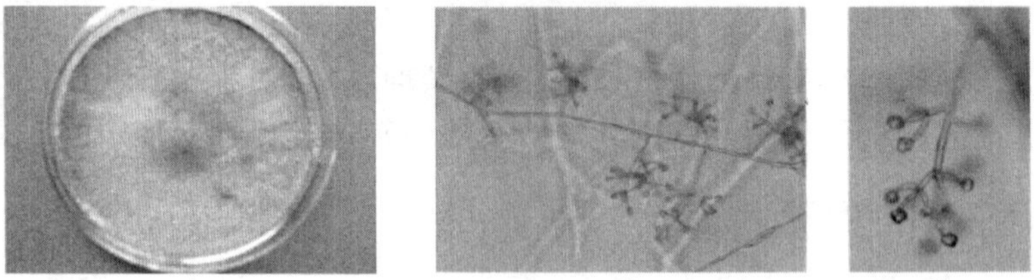

图 10-3　哈茨木霉 *T. harzianum* 的菌落形态、分生孢子梗及分生孢子

A. 菌落形态　B. 分生孢子梗　C. 分生孢子

孢子而呈深绿色，产孢区常排列成同心轮纹状。菌落背面无色，有时呈浅黄色，菌丝透明，有隔，细胞壁光滑(图 10-4A)。分生孢子梗由菌丝直立生出，无色，分枝多，对生或互生 2～3 级分枝，整体像树枝(图 10-4B)；分枝与分生孢子梗近似直角，末端为小梗。小梗瓶形，分生孢子球形或长椭圆形，表面粗糙，布满小刺(图 10-4C)。

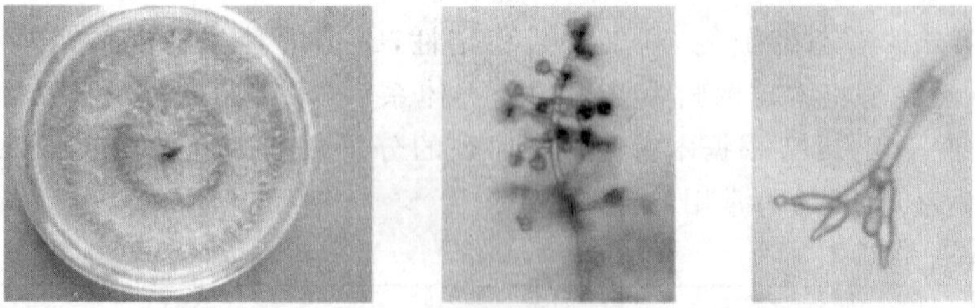

图 10-4　绿色木霉 *T. viride* 的菌落形态、分生孢子梗及分生孢子

A. 菌落形态　B. 分生孢子梗　C. 分生孢子

3. 长枝木霉

菌落生长迅速。产孢区域初期缩聚在一起，后期合并形成硬壳。深绿色反面通常浅黄绿色(图 10-5A)，分生孢子梗典型特征为瓶梗葫芦形，单生，对生或 3 个轮状分枝，(5.3～1.6)μm×(2.0～3.2)μm，或瓶梗末端劈锥曲面形，并且长至 14 μm，中游的瓶梗经常比末端的短(图 10-5B)。孢子浅绿或中绿色，倒卵球形至椭圆形，(3.4～6.6)μm×(2.3～3.5)μm。

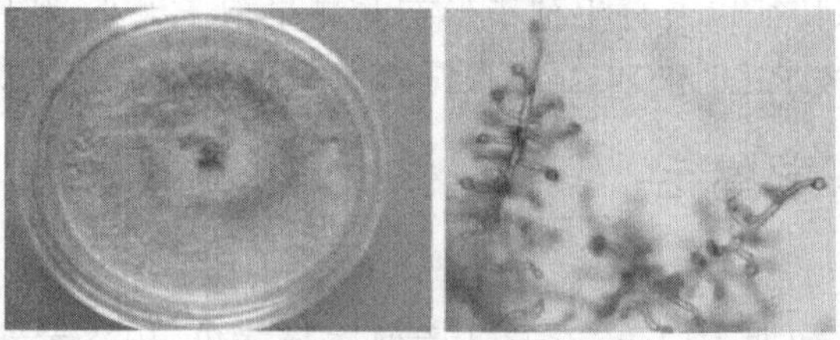

图 10-5　长枝木霉 *T. longibrachiatum* 的菌落形态、分生孢子梗及分生孢子

A. 菌落形态　B. 分生孢子梗

4. 侧沟木霉

菌落生长迅速。产孢区域多数平整的散布，密集表面有疣泡直径达 2 mm。后期经常聚集在一起，迅速的转为暗绿色，培养皿反面通常是浅黄绿色(图 10-6A)。气味不清楚。瓶梗大多单生，(5.2～10.0)μm×(2.1～3.3)μm，基部有些小或收缩，后期瓶梗大多变长，能长至14 μm(图 10-6B)。分生孢子大多暗绿色，或多或少呈椭圆形，大多(4.3～6.0)μm×(2.0～2.7～3.7)μm，但是经常和窄的、浅色的孢子混合在一起，(5.0～6.0)μm×(2.0～2.5)μm。

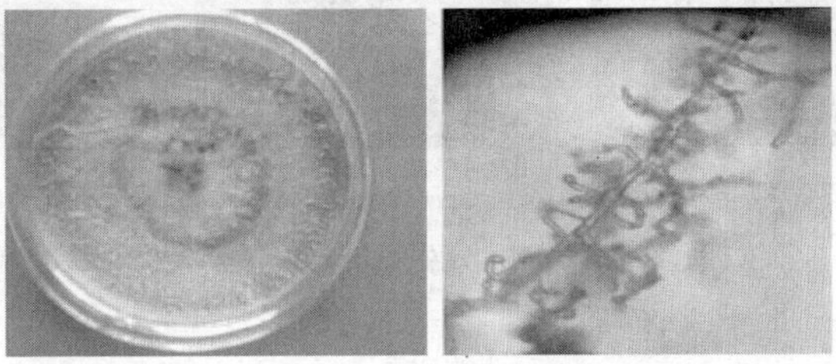

A　　B

图 10-6　侧沟木霉 *T. parceramosum* 的菌落形态、分生孢子梗及分生孢子

A. 菌落形态　B. 分生孢子梗

5. 康宁木霉

菌落生长的快(7～9 cm)，产孢区域经常是紧密的簇状或甚至愈合在一起，形成硬壳，暗绿色至蓝绿色(图 10-7A)，反面通常无色，少数是淡黄色。分生孢子梗多样，在有的系群里窄并且弯曲成对出现，或在另一些系群里宽呈轮状分支。瓶梗坛型或葫芦型通常成对或不规则出现，或 3～5 轮生(图 10-7B)，一些系群中有相对宽的分生孢子梗，(7.5～12)μm×(2.5～3.5)μm，或者后期瓶梗长成长型。分生孢子近圆柱型或窄椭圆型，绿色，(3.0～5.5)μm×(1.9～3.2)μm(图 10-7C)。

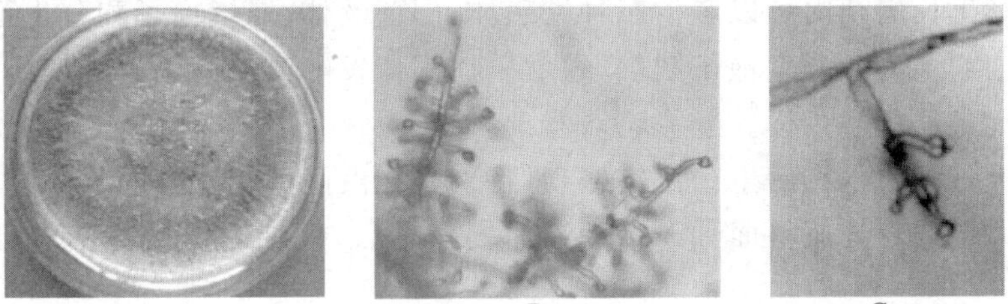

A　　B　　C

图 10-7　康宁木霉 *T. koningii* 的菌落形态、分生孢子梗及分生孢子

A. 菌落形态　B. 分生孢子梗　C. 分生孢子

6. 深绿木霉

该菌落生长迅速，后期呈颗粒状并有硬壳，在初期为灰绿色，迅速转变为黑绿色(图 10-8A)。背面通常无色或在后期呈深黄色或土黄色。通常具有椰子的芳香味。分生孢子梗瓶梗单生或 2～4 轮生，弯曲呈葫芦状(图 10-8B)，(6～12)μm×(2.4～3.0)μm。分生孢子深绿色，光滑，成熟时呈近球型，2.6～3.8(4.2)μm×2.2～3.4(3.8)μm(图 10-8C)。

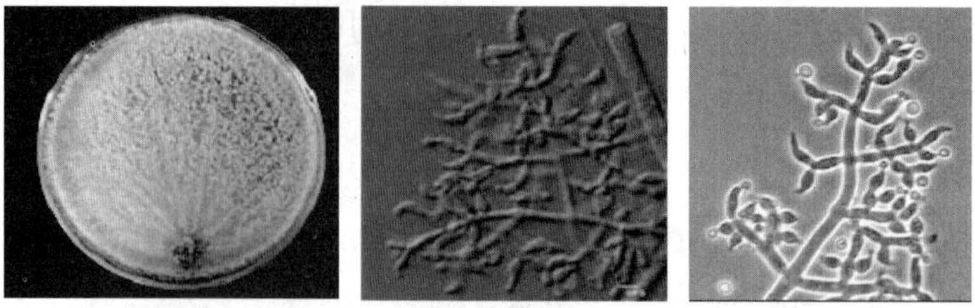

图 10-8　深绿木霉 *Trichoderma atroviride* 的菌落形态、分生孢子梗及分生孢子

A. 菌落形态　B. 分生孢子梗　C. 分生孢子

任务 10.2　生产工艺

【任务要求】

通过本次任务的学习，能根据生产条件选择合适的发酵方式进行木霉菌制剂生产及产品检测。

【相关知识】

木霉菌在其生长周期内可以产生三种繁殖体，即菌丝体、厚垣孢子和分生孢子。目前生产上常用的木霉菌剂多为活分生孢子制剂，通常采用固体发酵或液固两相发酵生产，孢子产量被作为衡量发酵优劣的核心指标。

在实际生产过程中木霉菌生产比较繁琐，特别是在液固两相发酵的生产过程中，通常是通过液体种子或大量的克氏瓶斜面种子接种液体发酵罐后，接种固体培养基进行固体发酵生产木霉菌制剂。

对产孢真菌而言，孢子相对于菌丝体更容易保存和利用。而固态发酵是获得大量真菌孢子的最好方法，通过固态发酵产生的孢子质量较高。孢子在干燥或紫外照射等环境下的抵抗性更强，贮存后孢子的存活率较高，并且发酵产品干燥后可直接制备成菌剂，工艺流程短，工艺环节少，生产成本低，产品质量可靠，所以在需要收获孢子时多采用固体发酵方法。

【任务实施】

木霉菌的固体发酵具体方法如下：

一、保藏菌种的活化

挑取保藏的木霉菌种接种于 PDA 试管斜面培养基，28℃培养 7 d。

二、孢子悬液的制备

将活化好的菌种接种于 70 mL/250 mL 克氏瓶 PDA 斜面培养基中，置于 28℃恒温培养箱静置培养 7 d,用 0.1%的无菌吐温水冲洗 3 次洗下斜面孢子制成孢子悬液,利用血球板计数法对所得孢子悬液进行孢子数计数,稀释成 1×10^{6} CFU/mL 左右浓度备用。

三、固体发酵培养基的配制

木霉菌可产生丰富的纤维素酶分解富含纤维素的基质,其固体发酵基质原料可充分利用农产品下脚料如米糠、麸皮、木屑等,既可以很大程度上降低生产成本,同时又能够提高农产品下脚料的利用率,提高经济效益。

固体发酵基质参考配方:

配方 1:锯末∶玉米粉的比例为 1∶0.7,添加 KH_2PO_4 3%,含水量 55%,接种量 10%,pH 6。

配方 2:米糠作为发酵基质,添加 D-果糖 0.5%、蛋白胨 1%、磷酸氢二钠 0.5%,含水量 40%,pH 自然。

配方 3:玉米粉∶麸皮的比例为 1∶1,添加 $MgSO_4$ 0.8%,$CaCO_3$ 0.8%,含水量 50%,pH 自然。

配方 4:麸皮∶稻壳∶稻草∶玉米粉的比例为 6∶1∶3∶1.2,含水量 60%,pH 6。

配方 5:米糠∶麸皮比例为 2∶3,添加 $ZnSO_4$ 2%、蔗糖 0.5%、蛋白胨 1%,含水量为 60%,pH 自然。

选择合适的配方,根据生产量按比例将各原料充分混匀,将固体培养基装入专用的聚丙烯酰胺灭菌袋 121℃灭菌 1 h,冷却至室温备用。

四、接种与发酵

无菌条件下,将准备好的孢子悬液以 10%接种量,接种于固体培养基中,充分搅拌均匀后,装入不锈钢托盘(45 cm×31 cm×5 cm)中,培养基厚度为 3 cm,置于 28℃相对湿度 80%的发酵室(发酵室预先消毒)培养架上培养。发酵室配备冷暖空调、加湿器和全自动温湿度计,可根据培养情况及时调节环境条件。

五、烘干

待发酵结束后自然干燥或用 40℃烘干,利用产热量较低的切割式研磨仪粉碎。

六、孢子含量测定

将待测样品充分混匀。称取样品 10.00 g,加入带玻璃珠的无菌水 100.00 mL。静置 20 min,在 200 r/min 旋转式摇床上振荡 30 min,即成母液菌悬液。

用无菌移液管分别吸取 5 mL 上述母液菌悬液,加入 45.00 mL 无菌水按 1 到 10 进行系列稀释。调节合适的稀释倍数,利用血球计数板于显微镜下计数。

木霉发酵产物孢子含量计算公式为:

$$n=N\times5\times10^{5}\times B$$

式中:

n——样品孢子含量,单位为个/g;

N——5 个中方格的孢子总数,单位为个;

B——稀释倍数。

七、木霉菌制剂的制备

木霉菌应用所面临的最大问题是如何保持木霉菌制剂的活性并使其在田间发挥高的活力,研制出货架期长、田间防效高的木霉菌制剂具有非常重要的作用。因此木霉菌发酵结束后,需进行进一步的剂型加工。目前,研究者已经开发出多种类型的木霉菌制剂,包括可湿性粉剂、分散颗粒剂等。

木霉菌制剂的制备主要是添加助剂(指在木霉剂型制作的过程中加入辅助物质的总称。)。助剂的作用主要是提高制剂的稳定性、改善制剂的性能。常见的助剂有载体、崩解剂、黏着剂、湿润剂、分散剂、紫外保护剂。常用于载体的物质为高岭土、硅藻土、草炭、硅砂、滑石粉、膨润土等;常用作崩解剂的物质为硫酸铵、硫酸钠、可溶性淀粉;常用的黏着剂为聚乙烯醇、羧甲基纤维素、聚乙烯基吡咯烷酮、木质素磺酸钠等;常用的润湿剂为十二烷基硫酸钠(SDS)、十二烷基苯磺酸钠(SD-BS)、吐温-80;分散剂为皂荚粉、2-萘磺酸甲醛聚合物钠盐(NNO)、拉开粉;紫外保护剂为黄原胶、腐植酸、糊精、荧光素钠、甲基纤维素。

包装时为避免运输及储藏过程中菌剂因受阳光照射而影响活性,选用铝箔袋作为菌剂包装袋。

任务 10.3　应用技术及效果

【任务要求】

通过本次任务的学习,能根据生产实际情况合理应用木霉菌制剂,并能正确的使用木霉菌制剂进行生物防治。

【相关知识】

一、木霉菌的生物防治应用

1. 在防治植物土传及根部真菌病害中的应用

木霉菌类群中的哈茨木霉、绿色木霉、钩状木霉都是植物病原真菌的拮抗菌。用以防治李属果树银叶病的木霉菌制剂早在 1981 年就在西欧国家进行了商品化生产,而我国江浙一带也早有用木霉菌制剂防治茉莉花白绢病的报道。杨雨环在用木霉菌防治辣椒白绢病试验中,发现菌剂在发病前施用时可大大减少发病株率。徐同等用 0.6% T8 麸皮培养物处理土壤,人工接种白绢病菌、立枯丝核菌及瓜果腐霉菌后,发现其发病率大大降低。马平等在对木霉菌与棉铃疫病菌作用的研究中,将木霉与寡雄腐霉进行拌种处理制成颗粒剂撒入土中,其防效较好。一些研究也表明,木霉菌的分生孢子对病原真菌的生防效果也很好。

另外,在土壤中使用钩状木霉、哈茨木霉、绿色木霉发酵颗粒制剂,可以减少丝核菌的存活和生长,也能减轻其引起的番茄果腐病。但大面积土壤处理需要大量的木霉菌制剂,这已成为限制其应用的重要因素之一,因此对种子采用木霉菌处理的研究较多。用钩状木霉分生孢子悬浮液或拌有黏土的孢子悬浮液处理豌豆和萝卜种子，对其猝倒病有较好的防效。用哈茨木霉紫外光突变株的分生孢子悬浮液处理种子，也获得很好效果。用拟亚木霉处理大豆种子和哈茨木霉处理玉米种子都可提高出苗率，并刺激植株生长。

2. 在防治植物地上部真菌病害中的应用

木霉菌在防治植物地上部真菌病害中的应用主要体现在植物叶部病害的防治上。叶面微生物的种群可直接或间接地影响叶面以至其他部位病害。但与土传病害的生物防治相比，对叶面病害的生物防治研究由于叶面生物组分受环境影响较大而较少进行。Elad 等用哈茨木霉、赵蕾用绿色木霉防治大棚黄瓜灰霉病，其防效均达 80%以上。目前，木霉菌是惟一可用于叶面病害生物防治的产品，其在植物叶部病害防治上的广泛应用有待于进一步运用分子生物学技术、生态学理论等深入探索。

二、木霉菌在其他方面的应用

1. 木霉菌的环境修复应用

木霉菌能降解和转化多种有机大分子，还可以跟土壤中的微量元素亲和吸附，以降低土壤中微量元素的含量，从而改善和修复土壤。靳治国等用绿色木霉菌(*Trichoderma virens*)菌丝体活细胞吸附 Pb^{2+} 4.8%，高永东也用木霉菌和油菜的联合体吸附 Cd^{2+}。付文祥和郭立正从受过有机磷农药污染的污泥中分离到一株降解敌敌畏的木霉属，与葡萄糖共同代谢，对敌敌畏降解率为 82.4%。田连生等用木霉菌株 T8-2 对多菌灵、克灵丹、扑海因、甲基托布津和三唑酮的降解，降解率达到 91%、65.1%、45.3%、40.1%和 57.5%。朱福兴在报道中提到木霉菌可降解下列农药，包括马拉硫磷、DDT、BHC、灭幼脲、七氯、艾氏剂等。

2. 木霉菌在抗病育种上的应用

木霉菌的代谢产物中含有许多水解酶，能够启动植物防御系统，增强植物的抗病性。张茹和李金花等人利用木霉菌的一个内切酶基因进行扩增，构建植物表达载体，通过农杆菌介导的转化方法转化到马铃薯体内，以期获得植株抗性。

3. 木霉菌在果蔬防腐保鲜中的应用

木霉菌在果蔬防腐保鲜中应用很少，SivakumarD 等人用哈次木霉菌 TH40 防治红毛丹采后病害，发现在湿度为 95%，温度为 13.5℃保存 18d 红毛丹色泽和质量等因素保持不变。

【任务实施】

木霉菌在生产中的应用方式有很多种，根据防治对象、作物种类、栽培方式等不同，可以采用种子处理、土壤处理和叶面喷施等不同施用技术。

一、种子处理

1. 拌种

木霉菌的种子处理可以预防一些种传性和土传性真菌病害，如玉米等直播大田作物，用木霉菌拌种，可以有效的预防茎基腐病。

拌种方法很简单，将塑料薄膜铺在干净的地面上，倒上要处理的玉米种子。用水将种子喷潮、拌匀。然后按照使用说明的用量，将木霉菌制成的粉剂倒在种子上，再拌匀，摊平阴干后就可以直接播种了。

2. 浸种

对于蔬菜等园艺作物，可以采用浸种。用木霉菌浸种最好和温汤浸种结合起来，这样效果会更好。我们以辣椒种子为例，现将辣椒种子加入 55～60℃的热水中，不断搅拌，使其逐渐降温，当温度降到 30℃以下时，再按木霉菌使用说明，加入比较纯的木霉菌孢子制剂，搅匀，浸泡 4～5 h 后将种子过滤出来，就可以进行播种了。

3. 种子包衣

将木霉菌菌粉或 5 亿个/mL 分生孢子制成包衣剂(可用甲基纤维素作黏着剂)拌种，可以有效地防治菜豆、番茄、辣椒和棉花等作物的猝倒病。

二、苗床处理

育苗蔬菜可以在播完种后，直接对苗床基质处理。将木霉菌按照需要的浓度配成溶液，用喷壶直接浇在播完种的基质上。要注意浇水的量，做到浇透不滴水，以免造成木霉菌的浪费。对于像辣椒这样苗龄时间比较长的蔬菜，隔 3～4 d 以后，可以再浇施一次。也可以用含木霉菌的土壤处理剂与苗床基质按照 1∶100 的比例均匀搅拌，然后播种。

苗床处理，可以有效的预防猝倒、立枯等蔬菜苗期常见病害。

三、土壤处理

对于田里的一些土传性真菌病害，如蔬菜里的辣椒疫病、黄瓜枯萎病等，我们可以在蔬菜定殖以后，将木霉菌按要求配成菌液进行灌根。

有滴灌条件的，也可以将木霉菌加入施肥罐中，随滴灌进行。一般隔 30d 处理一次，连续处理两次就能收到较好的防治效果。

另外，对于使用多年的蔬菜大棚，在整地时加入含有木霉菌的土壤添加剂，还可以起到防重茬和改良土壤的目的。

四、叶面喷施

木霉菌制剂不仅可以有效地防治土壤传播病害，而且对于枝、叶、果实的病害也有较好的防治效果。田连声等利用木霉菌 T5 菌株的孢子悬液定时喷施防治草莓灰霉病，防治效果可与常用的化学农药相媲美，其防治效果均在 80%以上，而且利用这种生物防治制剂无残毒、无污染、使用安全，在草莓等鲜食果品生产中具有较大的推广价值。

五、与杀菌剂结合使用

木霉菌和杀菌剂组合应用可以明显增强生物防治效果，同时减少杀菌剂的用量，减少环境污染，降低农药残留量，减轻对环境中有益微生物的破坏。

木霉菌作为一种腐生真菌，通常要比致病真菌能抵抗一些极端的理化逆境。木霉菌对广谱性杀菌剂有较强的耐性，而且在被处理的土壤中木霉菌远比其他真菌定殖迅速，而病原菌和土壤微生物区系可被化学农药所减弱，因此使用木霉菌防治效果更好。如在用溴甲烷、五氯硝基苯等杀菌剂处理土壤后，施入木霉菌制剂，可以在人工控制和大田条件下防治病原菌的再侵染，提高了对花生立枯丝核菌和白绢菌的防治效果。

【知识拓展】

木霉菌作为生物防治菌具有如下优势：①腐生性强，适应范围广，产孢量大，易于工业化生产；②寄生范围广，一药多用，降低防治成本，易于被农户接受；③寄生的同时可产生各种抗生素和溶解酶，降低病原的抗药性，加强抑菌强度；④木霉菌的几丁质酶基因可在细菌、真菌和植物上表达，可以利用基因工程技术获取抗病品种。

但作为非常有潜力的生防菌，最初用于生产上的效果并不理想，其主要原因是没有用生态学的观点去看问题，人为地在田间施入了大量的木霉，但是能够定殖下来的并不多。这是因为土壤中有相对稳定的微生态系统，而木霉作为外来的物种，并不能顺利的定殖、扩繁，最终导致防病效果远远小于预期。因此要发挥木霉菌的抗病增产作用，必须先解决好三方面的问题：首先是要有高效的菌株；其次，要有成熟的技术，能获得大量的木霉繁殖体（分生孢子）或休眠体（厚垣孢子），并且添加适当的助剂来保持木霉孢子的生命力，从而保证木霉菌剂的有效期；最后，要选择合适的剂型，根据所防治的病害不同，通过添加不同的助剂，提高木霉菌在有效地部位的定殖数量，开发出最适合使用的木霉菌剂。

目前，大多研究集中于利用激光、低能离子束、紫外线诱导筛选优良的木霉生防工程菌株及木霉菌发酵液物质（如一系列几丁质酶和β-1,3-葡聚糖酶）等来进行植物病原真菌的生物防治。但其应用的瓶颈及今后面临的问题是遗传特性优良菌系及抗药性菌株的定向筛选与基因操作、抑制土壤微生物种群活动并适宜于木霉菌剂增殖菌剂处理方法的建构、木霉菌应用条件的优化、木霉菌对病原真菌防治效果的经济竞争力水平的提高、大量木霉菌剂的有效生产，以及大田的实际应用等方面。尽管如此，随着分子生物学等技术与方法的进步，将会开发出越来越高效的木霉菌生防菌剂，利用木霉菌防治植物病原真菌病害正方兴未艾。

【思考与练习】

1. 木霉菌的拮抗对象主要有哪些？
2. 简述木霉菌的生物学特性。
3. 木霉菌菌种筛选的主要方法有哪些？
4. 木霉菌菌种检测有哪些重要指标？
5. 简述木霉菌制剂的发酵方式及特点。
6. 木霉菌制剂在使用过程中应注意哪些问题？

【参考文献】

[1]董海燕. 刺孢木霉固体发酵及应用研究[D]. 天津：天津科技大学，2018.1.

[2]梁昌聪，刘磊，张建华，等. 绿色木霉菌 H06 固体浅盘发酵工艺优化[J]. 菌物学报，2014，33(6)：1313-1326.

[3]肖淑芹，白戈，姜晓颖，等. 沈阳地区土壤木霉菌分类鉴定[J]. 北方园艺，2013(23)：129-132.

[4]于雪云. 土壤中多功能木霉菌的筛选鉴定及木霉多样性分析[D]. 淄博：山东理工大学，2007.5.

[5]李聪. 芦笋立枯病拮抗木霉菌的筛选及防效研究[D]. 洛阳：河南科技大学，2014.6.

[6]张茹，李金花，柴兆祥，等. 甘肃河西马铃薯根际生防木霉菌对接骨木镰刀菌的拮抗筛

选及鉴定[J]. 草业学报,2009,(2):138-145.

[7]胡娴,何珊,史红安,等. 木霉菌应用研究进展[J]. 湖北工程学院学报,2019,(6):50-55.

[8]石一珺,申屠旭萍,俞晓平,等. 木霉菌素产生菌的诱变育种[J]. 安徽农业科学,2008,(29):12806-12807+12812.

[9]刘霞. 木霉菌的选育及活性成分的分离纯化[D]. 济南:山东轻工学院,2009.6.

[10]程丽云. 木霉菌(*Trichodermaspp*)的种类鉴定及生防菌株的筛选[D]. 福州:福建农业大学,2007.4.

[11]李宝成,满丽萍,果然,等. 绿色木霉菌种制备工艺优化与工业化制备考察[J]. 中国农业信息,2015,(16):114-116.

[12]曹翠玲. 康氏木霉的拮抗机制及发酵条件的初步研究[D]. 太原:山西农业大学,2005.6.

[13]吴梅红. 木霉菌制剂研制及其培养基质的资源化利用[D]. 福州:福建农林大学,2012.4.

[14]NY/T 2888.1—2016. 真菌微生物农药 木霉菌 第1部分 木霉菌母药[S].

[15]NY/T 2888.2—2016. 真菌微生物农药 木霉菌 第2部分 木霉菌可湿性粉剂[S].

项目11

井冈霉素

【知识目标】

1. 了解井冈霉素高产菌株的抑菌防病机理，掌握井冈霉素的性质和拮抗对象。
2. 了解井冈霉素的常用选育方法，掌握复合诱变的育种方法和菌种检测要点。
3. 了解井冈霉素生产菌株的营养和环境条件需求，掌握井冈霉素制剂的生产工艺。
4. 了解井冈霉素应用特点，掌握井冈霉素的使用技术。

【技能目标】

1. 能进行井冈霉素高产菌种的选育，并能对其生产菌株进行菌种检测和结果分析。
2. 能根据井冈霉素生产菌株的营养和环境条件需求进行发酵生产及产品检验。
3. 能根据生产实际情况合理应用井冈霉素，并能正确地使用井冈霉素进行生物防治。

【德育目标】

1. 通过井冈霉素生产发酵的学习，培养学生勤于思考、灵活处理和解决实际问题的能力。
2. 通过井冈霉素应用特点的学习，培养学生自主学习、查阅资料综合分析问题的能力。

井冈霉素概述

农用抗生素是我国应用面积最大、防效最显著的一类生物农药。它是微生物产生的次级代谢产物，低微浓度时即可抑制或杀灭作物的病原菌或调节作物生长发育。我国的农用抗生素研究起步于20世纪50年代，经过几十年的研究，取得了很大的成就，其品种按大类可分抗真菌病害、抗细菌病害、杀虫杀螨的抗生素，除此之外，还有一些用于防治植物病毒病害和作为除草剂使用。农用抗生素主要有井冈霉素、农抗120、春雷霉素、多抗霉素、中生菌素、武夷霉素、阿维菌素、乙基多杀菌素等。目前，我国农用抗生素年产量超过8万t。其中，井冈霉素作为我国产业化最为成功的少数高效生物农药之一，年产量已达6万～7万t，居世界首位，年产值超4亿元，并大量出口。

农用抗生素是一类由生物合成的化学物质，与一般化学农药相比具有以下特点：①化学结构较繁杂，比一般化学农药的有效成分更为繁杂。②活性高，选择性强，使用剂量低。③与环境相容性好，是生物合成的天然物质，在自然界容易降解。④毒性差别很大，大多农用抗生素对高等动物和非靶标生物的毒性很低，但也有一些是中毒和高毒的。⑤生产原料多为可再生性资源，如农副产品淀粉、葡萄糖等。⑥生产设备通用性强。

一、井冈霉素及其菌种特性

1. 井冈霉素

井冈霉素又名有效霉素，是由吸水链霉菌产生的一种农用抗生素。井冈霉素是由上海农药研究所科研人员于1973年在江西省井冈山地区分离到的一株对水稻纹枯病菌有极强抑制作用的吸水链霉菌产生的代谢产物，后因地得名为“井冈霉素”。此外，井冈霉素的衍生物可用作合成糖尿病治疗药物—伏格列波糖和阿卡波糖，具有巨大的药用价值和经济价值。

2. 菌种特性

井冈霉素的产生菌为吸水链霉菌井冈变种。经过单菌落分离，井冈霉素生产菌在天冬素葡萄糖培养基上菌落形态基本上有四种类型：

(1)中心吸水型　菌落呈圆形，先长成黄色营养菌丝，后转白并逐渐变灰，孢子成熟后，中心先吸水，逐渐向外移最后留外圈不吸水，吸水后基内菌丝由黄转褐色。

(2)周边吸水型　吸水从外圈开始向圆心推进，最后中心不吸水，基内菌丝呈黄褐色。

(3)凹陷型　菌落中心成平面凹陷，边缘齐，能吸水。

(4)褶皱型　菌落表面成放射形，边缘不整齐，大多白色，气生菌丝不易转灰，基内菌丝呈黄色。

孢子丝大部分为紧密螺旋形，少数柔曲至圈卷。孢子呈椭圆形或卵形，大小不匀，孢子表面光滑。

二、井冈霉素的结构与组分

井冈霉素属于氨基糖苷化合物，主要成分由A、B、C、D、E、F、G和H8种组分组成(图11-1)。从井冈霉素的结构中可以发现，它们都是由井冈霉烯胺和D-葡萄糖等组成。农业上应用的井冈霉素中，其主要活性成分为井冈霉素A，含量最高约占60%；其次是井冈霉素B，约占15%；剩余部分为井冈霉素的其他组分。

三、井冈霉素的性质

1. 理化性质

井冈霉素是一种由多组分构成的弱碱性水溶性抗生素。纯品为白色粉末，无一定熔点，102℃软化，135℃分解。易溶于水、甲醇、二甲基亚砜、二甲基亚酰胺。微溶于丙酮、乙醇。不溶于乙醚、苯、氯仿等有机溶剂。井冈霉素对热、酸、碱均较稳定，在pH 4～9，50℃的水溶液中保存1个月，活性无显著下降。

2. 抗菌活性

用一般抗菌圈方法测定，井冈霉素A对多种真菌和细菌均无抑制作用(表11-1)。

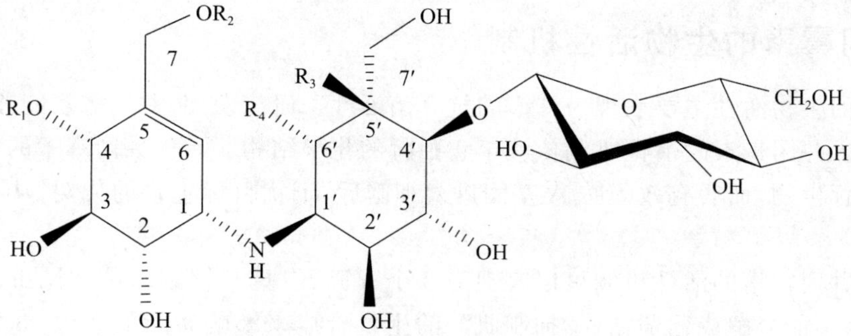

井冈霉素A：R_1=H，R_2=H，R_3=H，R_4=H；井冈霉素B：R_1=H，R_2=H，R_3=H，R_4=OH；
井冈霉素C：R_1=H，R_2=aD-Glc，R_3=H，R_4=H；井冈霉素F：R_1=aD-Glc，R_2=H，R_3=H，R_4=H；
井冈霉素G：R_1=H，R_2=H，R_3=OH，R_4=H

图 11-1　井冈霉素 A-H 的化学结构式

表 11-1　井冈霉素 A 的抗菌谱

试验菌	拮抗性	试验菌	拮抗性
金黄色葡萄球菌	—	变形杆菌	—
绿脓杆菌	—	痢疾杆菌	—
大肠杆菌	—	产碱杆菌	—
以上均以 100 mg/kg 抑菌圈法测定			
水稻纹枯病菌	—	梨轮纹病菌	—
水稻小球菌核病菌	—	苹果腐烂病菌	—
水稻小褐菌丝核病菌	—	烟草赤星病菌	—
水稻小黑菌核病菌	—	玉米大斑病菌	—
小麦赤霉病菌	—	玉米小斑病菌	—
油菜菌核病菌	—	毛竹枯梢病菌	—
水稻白叶枯病菌	—	蜡状芽孢杆菌	—
油菜炭疽病菌	—	枯草杆菌	—
清酒酵母	—	棉花枯萎病菌	—
以上均以 1 000 mg/kg 抑菌圈法测定			

注:“—”表示无抗性。

3. 毒性和安全性

井冈霉素对哺乳动物毒性极低,它可以被动物肠道内微生物分解成井冈胺和葡萄糖,井冈胺不为肠道吸收,从而被排到体外。井冈霉素的毒理试验表明,大鼠半数致死剂量达到 20 000 mg/kg,小鼠半数致死剂量也达到 2 000 mg/kg,对有益生物及水生动物均无显著毒性。同时井冈霉素被认为是低残留的农药,土壤中的半衰期分别为 1.6～2.9 d。在稻田水中半衰期分别为 2.3～3.0 d,收获水稻中井冈霉素的残留量均未检出。另外,研究还发现较高浓度的井冈霉素对土壤微生物有一定影响,但这种影响可以在短期内恢复。

慢性毒性试验以及对环境评价的研究数据表明,井冈霉素的长期使用对人和环境都是安全的。美国环境保护委员会(EPA)已经将井冈霉素列为有毒物质第四类,即实际无毒性。

四、井冈霉素的生物活性机制

井冈霉素的生物活性主要表现为广谱的抗真菌活性。研究发现，井冈霉素能够抑制 61 株常见土壤真菌。井冈霉素的活性机制依赖于它独特的化学结构。首先井冈霉素的糖基帮助井冈霉素进入目标生物，而后有效氧胺 A 基团进入细胞后，干扰目标生物的代谢，从而表现出各种活性。

目前发现井冈霉素的活性机制可以表现为 3 个方面：①具有抑制真菌和昆虫的海藻糖酶活性，使海藻糖不能分解成葡萄糖；②抑制肌醇的生物合成来影响磷脂的产生；③抑制致病真菌的纤维素降解酶和多聚半乳糖醛酸酶的活性，从而降低致病力。其中抑制海藻糖酶的活性被认为是井冈霉素最主要的生物活性机制。许多昆虫和真菌利用海藻糖储存能量，井冈霉素通过抑制海藻糖酶来干扰能量代谢。

在抗虫方面，井冈霉素可以致使昆虫不能飞行或者发育不正常。

在抗菌方面，井冈霉素还可以非系统性地抑制真菌的生长，改变菌丝的生长形态。井冈霉素可以通过抑制真菌初级菌丝和初生次级菌丝的伸长来抑制菌丝生长的总长度。但是并不抑制其他次级菌丝伸长（甚至刺激了其他次级菌丝的伸长），而且增加了菌丝的分支数，最终改变了菌丝的正常生长形态。

在防治植物病害方面，井冈霉素除了直接作用于病原真菌外，还可以提高植物的抗性，从而达到防治植物病害的目的。在大田试验中，井冈霉素对水稻纹枯病菌的药效明显高于室内培养基毒力效果。井冈霉素使植物防御反应相关酶如过氧化物酶、苯丙氨酸解氨酶、几丁质酶和 β-1，3-葡聚糖酶的活性增强，从而诱导植株产生防御反应，达到防治植物病害的作用。

任务 11.1　菌种选育与检测

【任务要求】

通过本次任务的学习，能够运用复合诱变的方法进行井冈霉素高产菌种的选育，并能对井冈霉素生产菌株进行菌种检测和结果分析。

任务 11.1.1　菌种选育

【相关知识】

优良的菌种是抗生素生产的基础，一般从自然界中找到的菌种即所谓野生型，在许多方面都不能适应生产需要，必须经过反复的人工选育，使菌种的生产能力得到不断提高。井冈霉素产生菌因其遗传背景和生物合成途径尚未完全清楚，当前发酵工业所使用的高产菌株，几乎毫无例外地都是通过诱变育种得到的。多年来人们对抗生素的菌种选育主要集中在菌株生产能力的提高，随着井冈霉素生物合成及调节机制的深入研究，通过分子生物学的手段高表达对井冈霉素合成有正效应基因或敲除负效应基因将进一步提高其发酵产量，菌种选育技术也已从传统的诱变育种发展到通过代谢工程的手段定向的进行菌种选育。

传统的诱变育种常采用多种出发菌株、多因素诱变育种（如UV、DES、Co-γ射线、亚硝酸、离子注入以及复合诱变）等方法进行高产菌株的筛选，诱变育种能使产量提高21.7%～140.26%，最高突变效价达到了55.5 g/L，连续传代在3次以上仍能进行稳定遗传（表11-2）。

表11-2 吸水链霉菌井冈变种诱变选育

出发菌	诱变技术	突变效价/(g/L)	提高率/%
25	亚硝酸处理6 min	55.5	140.26
F4	微波辐射80～160 s	28.3	21.70
UV-199	UV，15 W，30 cm，20 s	26.6	34.50
AN-1	N^+和Ti^+ 15 keV能量交替注入	21.5	54.40
SJ-6	UV，15 W，30 cm，25 s；亚硝酸30 min，复合诱变	15.9	84.40
AN-1	Ti注入，15 keV能量，15×10^{14} ion/cm^2	19.7	41.30
J1	UV，30 s，硫酸二乙酯0.2 h，2次诱变	30.6	53.00
KN-16	UV，20 W，30 cm，^{60}Coγ射线辐照；0.025 mol/L亚硝酸5 min，复合诱变	23.9	33.50
7005	N^+诱变，10 keV能量，15×10^{13} ion/cm^2	31.8	33.50
k-121-5	UV，20 W，30 cm，15 s	26.4	26.90
SHJ001	N^+诱变，10 keV能量，$8\times2.6\times10^{13}$ ion/cm^2	24.8	13.00

注：UV＝253.7 nm。

因此，诱变育种在抗生素工业生产上的作用是无可比拟的，几乎所有的抗生素产生菌都离不开诱变育种的方法。

【任务实施】

以复合诱变育种，平板菌落初筛，摇瓶发酵复筛进行井冈霉素高产菌株的筛选为例对其具体操作进行阐述。诱变育种的操作流程如图11-2所示。

一、原种特性考察

选择井冈霉素生产常用菌种吸水链霉菌井冈变种KN-16冷冻管菌种作为出发菌株，将其在无菌操作环境下接种到斜面培养基于37℃下培养3 d进行活化，然后涂布于在平板培养基上37℃下培养5 d，观察平板单菌落及结晶紫染色后的菌丝及孢子形态。

1. 菌落形态

在平板培养基上菌落呈圆形，中间突起，边缘呈丝状，菌落表面颜色由黄→白→灰，反面由黄→褐色，前期干燥，后期菌落中心吸水（图11-3）。

2. 井冈霉素产生菌的菌丝及孢子形态

井冈霉素产生菌在天冬素葡萄糖培养基上培养48 h后开始产孢子，培养3～4 d后产生大量孢子。井冈霉素产生菌菌丝分枝较发达，有螺旋卷曲状。所产生的孢子呈椭圆形或卵形，大小不匀，菌丝和孢子用草酸铵结晶紫染色后的形态见图11-4。

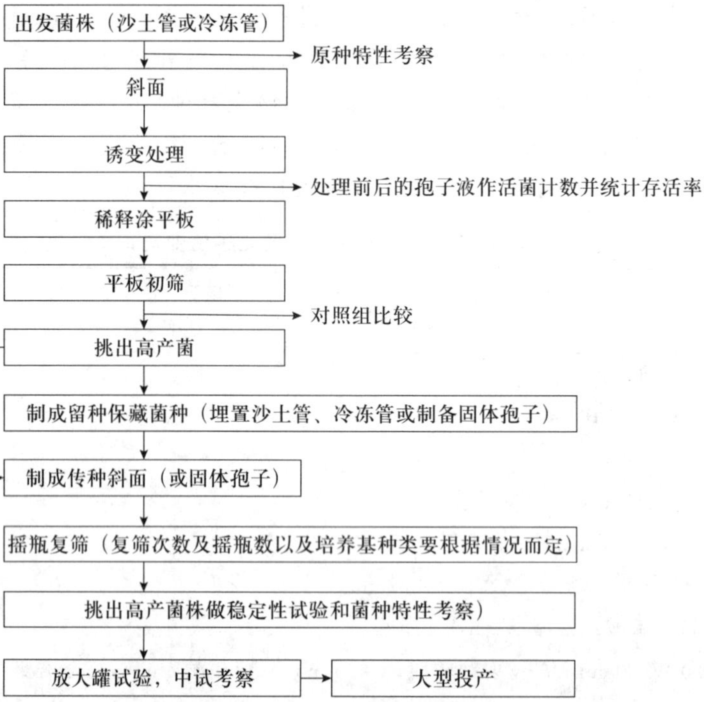

图 11-2　诱变育种的操作流程图

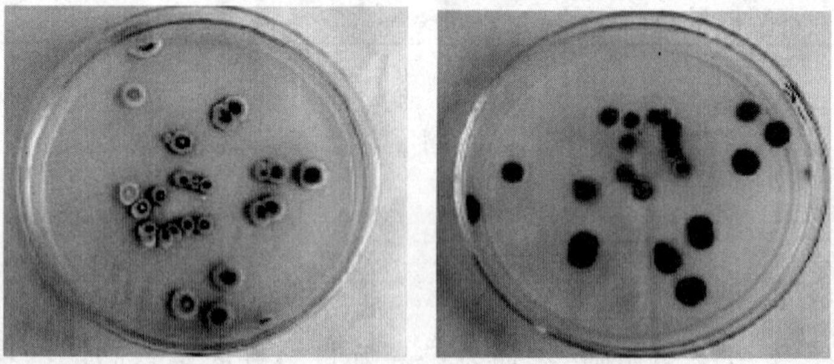

图 11-3　菌落平板正面(左)、反面(右)

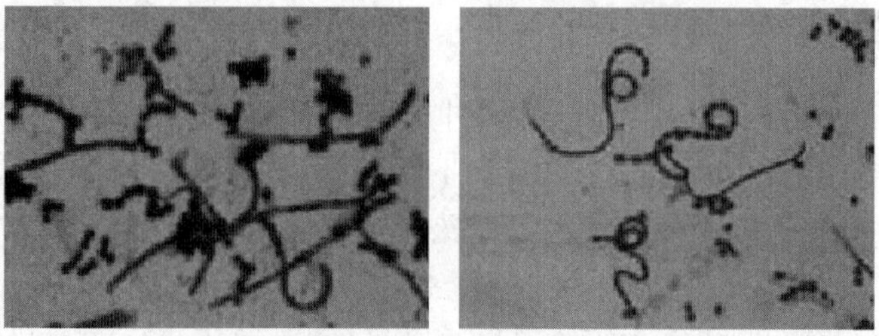

图 11-4　菌丝和孢子形态(×1 000)

斜面、平板培养基配方：葡萄糖 10 g、L-天冬素 0.5 g、磷酸氢二钾 0.5、琼脂 16 g、水 1 000 mL，pH 7.2。

二、单孢子悬液的制备

用生理盐水从成熟的孢子斜面上洗下孢子，倒入装有玻璃珠的三角瓶中，置摇床上振荡打散 30 min，经四层无菌擦镜纸过滤，得单孢子悬液。

三、诱变处理

1. 紫外诱变

紫外线是一种使用最早、沿用最久最广泛、效果最明显的微生物诱变剂，其诱变频率高而且不易回复。紫外线可以引起微生物菌体的 DNA 突变，形成嘧啶二聚体。光照会断开嘧啶二聚体，所以紫外线诱变时要在避光条件下进行。以前认为致死率在 90%～99.9%效果好。但是目前的报道认为致死率在 70%～80%有利于正突变型的产生，且筛选的菌株遗传稳定性好。对出发菌株 KN-16 进行紫外线照射 0 s、4 s、8 s、12 s、16 s 和 20 s 的处理。

取孢子悬浮液 5 mL，置于 90 mm 无菌平皿中，打开皿盖，在磁力搅拌状态下用紫外灯(波长 253.7 nm，功率 20 W，照射距离 30 cm)照射，时间分别为 0 s、4 s、8 s、12 s、16 s 和 20 s，取不同照射剂量的处理液 0.1 mL 适当稀释涂平板，37℃避光培养 5 d，待菌落长出，进行活菌计数。以未经过诱变孢子悬浮液的活菌数为基准，然后以照射时间为横坐标，致死率为纵坐标，绘制致死率曲线。

任何诱变剂都同时具有致死和诱变的双重效应。照射不同的时间出发菌株的突变率不同。随着照射时间的增加，正突变率(以井冈霉素 A 产量的增加定义为正突变)逐渐减小。有文献报道高剂量诱变，突变率高，致死率大，负突变也相应高。因此，根据致死率曲线选择最佳照射时间的处理，按照与致死率测定相同的办法，将孢子悬液照射一定时间后，取 0.1 mL 诱变处理适当液稀释涂平板，37℃避光培养 5 d，产生的单菌落经摇瓶发酵筛选出井冈霉素 A 产量增加的正突变菌株若干。

由于紫外线引起突变是由于嘧啶二聚体的形成，微生物体内存在许多修复嘧啶二聚体的酶。另外光照也可以修复嘧啶二聚体，这样使得突变株在传代过程中逐渐被修复，最后回复成原始菌株的状态，甚至出现错误修复导致效价比出发菌株还要低。因此，将参加复筛的若干菌株接斜面进行传代，每个菌株传 3 代后测定第三代菌株的效价。每次做三个平行求平均值。选择产量提高相对稳定的菌株 UX 作为下一轮诱变的出发菌株。

2. 亚硝酸-紫外复合诱变

采用多因子复合处理，可以取长补短，动摇 DNA 分子上多种基因的遗传稳定性，以弥补某种不亲和性或热点饱和现象，容易得到更多突变类型。因此，采用亚硝酸-紫外复合诱变的方法。在化学因子和物理因子交替处理时，诱变剂量宜适中或偏低。

以上一轮紫外诱变筛选菌株 UX 为出发菌株，取其孢子悬液 1 mL，pH 4.5 醋酸缓冲液 2 mL，及 0.1 mol/L 亚硝酸钠溶液 1 mL(亚硝酸的最终浓度为 0.025 mol/L)于试管中，摇匀，置 27℃水浴中保温 5 min，吸取 2 mL 于 10 mL 0.07 mol/L pH 8.6 的磷酸氢二钠溶液中终止反应。

吸取 5 mL 上述亚硝酸诱变后的孢子液于直径为 90 mm 无菌平皿中，20 W 紫外灯 30 cm 处照射 0 s、3 s、6 s、9 s、12 s、15 s、18 s。取 0.1 ml 适当稀释液涂布于平板上，37℃避光培养 3～4 d，对各剂量组活菌计数，计算亚硝酸-紫外复合诱变致死率。

综合致死率和正突变率，确定复合诱变的条件，即为孢子经亚硝酸处理 5 min 后，在紫外线下照射的最佳时间，并将在此诱变处理下孢子液的涂平板。长出的菌落进行摇瓶发酵试验，即将上述菌株接斜面进行传代，每个菌株传 3 代后测定第三代菌株的效价。每次做三个平行求平均值，最后得到发酵产量较稳定的菌株 FX。

1 mol/L pH 4.5 的醋酸缓冲液的配制：称取冰醋酸 6.12 g，加蒸馏水定容 100 mL。称取醋酸钠 8.2 g，加蒸馏水定容至 100 mL。将醋酸钠溶液缓缓加入醋酸溶液中，搅拌均匀，调 pH 至 4.5。两者之比大约为 1∶1。

0.1 mol/L 亚硝酸钠的配制：称取亚硝酸钠 0.69 g，加蒸馏水定容至 100 mL。

0.07 mol/L pH 8.6 的磷酸氢二钠的配制：称取磷酸氢二钠（$Na_2HPO_4 \cdot 2H_2O$）1.246 g，加水定容 100 mL。

四、初筛和复筛

1. *初筛*

挑取上述诱变处理后平板上产孢子快，中心吸水型的单菌落接试管斜面，37℃培养 3 d，对比出发菌株 KN-16 的菌种特性，考察菌落的生长情况。

2. *复筛*

选在斜面上产孢子快，菌苔较厚，表面无白点，吸水菌株进行摇瓶发酵。具体操作是刮一环斜面上的孢子到装液量为 60 mL 的 500 mL 三角瓶（带挡板）中，37℃，110 r/min，发酵 110 h 测发酵液中井冈霉素 A 组分含量。

3. *井冈霉素 A 组分含量的检测*

采用液相色谱法进行井冈霉素 A 组分含量的检测，将发酵后的摇瓶取下，称重，用自来水补充水分至发酵前的原始重量。用灭菌竹签刮下三角瓶壁上的菌体并搅拌均匀，过滤。滤液适当稀释，0.45 μm 微孔滤膜过滤后用 HPLC 测样，得发酵液中井冈霉素 A 组分含量。

井冈霉素 A 标准品的配制：准确称取 0.05 g 井冈霉素 A 标准品，用去离子水定容至 100 mL，于 4℃ 冰箱保存。以该溶液为标准储备液，用去离子水配制成 25、50、75、100、125 μg/mL 浓度的标准品溶液。

流动相 $C(Na_2HPO_4)=0.005$ mol/L 磷酸氢二钠-磷酸（pH＝7）缓冲液的配制：称取 0.71 g Na_2HPO_4 于 1 000 mL 容量瓶中，加蒸馏水使溶解并稀释至刻度，摇匀。并以磷酸调节至 pH 7 备用。

发酵培养基：主要成分为大米粉 100 g、花生粕 10 g、豆粕 10 g、KH_2PO_4 3 g、水 1 000 mL，pH 7.2。

五、耐自身产物突变株选育

微生物控制初级代谢产物的反馈机制是相当严格的。对次级代谢产物，如抗生素，反馈调节机制也起主要作用，要使这些产物适量生产，必须绕过这一调节机制。耐自身代谢产物在工业发酵中十分重要。大多数抗生素合成的水平，往往受抗生素本身的反馈调节，特别是氨基糖苷类抗生素的产生菌。一个菌株的生产能力与耐自身抗生素的浓度是成正相关的。真正的高产菌株必须具备很强的对自身产物的耐受性，因此，抗自身产物能力是高产菌株的特性之一。为了提高抗生素发酵水平，除了增强对发酵条件耐受性外，主要是选育对自身抗生素敏感性，钝化酶活性高的突变株。抗性突变株在高浓度自身抗生素存在下，不仅菌体生长繁殖不受影响，而且抗生素产量也能不断累积。井冈霉素是氨基糖苷类农用抗生素，因此筛选耐自身产物突变株来提高井冈霉素 A 的产量是一种有效的方法。

将经过两轮诱变筛选出的 FX 孢子悬液稀释后分别涂布于浓度为 0%、1%、2%、3%、4% 的井冈霉素 A 抗性平板培养基上，37℃培养 7 d，长出的菌落即为井冈霉素 A 耐受性菌株。

再将筛选到的井冈霉素 A 耐受性菌株接斜面培养，淘汰斜面吸水、孢子变色较早或较晚以及菌丝较少、无孢子的菌株。其余的菌株，将其孢子涂布于含井冈霉素 A 的抗性平板上进行再次筛选，37℃培养 10 d，观察其菌落生长情况。并将其在茄子瓶斜面上传代 4 次后，进行摇瓶发酵试验，测试其井冈霉素 A 的产量。

综合其在抗性平板上的菌落生长情况和传代 4 次后的井冈霉素 A 产量表现，筛选出发酵效价较高，遗传性状较稳定的耐井冈霉素抗性的菌株 KX。

六、正突变菌株传代稳定性比较

通过紫外线诱变和亚硝酸-紫外复合诱变等一系列方法对出发菌株 KN-16 进行逐级选育，将所得到的的高产菌株 UX、FX、KX 与出发菌株 KN-16 进行传代稳定性比较，比较其传代 3 次的终产量和相对稳定率，最终筛选出性状稳定的高产菌株，进行放大罐试验，中试考察后，即可作为生产菌种进行大型投产。

任务 11.1.2 菌种检测

【相关知识】

放线菌的经典分类是以形态和培养特征为主，以生理生化为辅的，相关的专著主要有 1961 年 S. A. Waksman 和 1970 年 N. A. Krasilnikov《关于放线菌相关问题的问世》以及 1972 年《国际链霉菌计划》(ISP)中最后一批研究结果的发表，以及中国科学院微生物所放线菌分类组的《链霉菌鉴定手册》出版。分类依据主要有：

一、形态特征

主要包括基内菌丝体的发育程度，是否断裂，有无气生菌丝体和孢子、孢囊、菌核以及其他结构，此外还要说明孢子链、孢子、孢囊、孢囊孢子的形状、大小、数目等。

二、培养特征

放线菌分类中基丝和生孢子气丝的颜色一向受到重视，中科院微生物所编著的《链霉菌鉴定手册》一书中主要就是根据这二者分群的。20 世纪 60 年代后期到 70 年代初发表的《国际链霉菌计划》(ISP)试验结果也是以生孢子气丝颜色为主，基丝和可溶色素的颜色为辅。新增加的色素对酸碱度是否敏感的方法，极具鉴别价值。

三、生化特征

所测定的生化指标集中在几个酶的活性上，如明胶液化、牛奶凝固和胨化、淀粉水解、纤维素分解或在其上生长、硝酸盐还原等。在链霉菌属各个种的鉴定中，对于其是否能够在有机培养基内产生黑色素越来越受重视。《国际链霉菌计划》规定用胰胨酵母精培养液测定产生类黑色素的能力。用酪氨酸琼脂测定是否产生酪氨酸酶。用蛋白胨酵母精铁琼脂测定是否产生硫化氢，但这三者的反应并非总是一致的。除此之外，对于各种碳源的利用则逐渐成为必不可少的测定项目。

四、生态条件

主要是好气与嫌气、腐生与寄生、中温与嗜热（少数嗜低温）以及对酸碱度（pH）的要求等。绝大部分放线菌都是中温、好气、腐生的，其中几种链霉菌能够寄生在植物上。而弗兰克氏菌必须与高等植物共生。从白蚁肠道分离出来的嫌气的丙酸小单孢菌（*Mi cromonaspora propionica*）也可能是与昆虫共生的微生物。

【任务实施】

井冈霉素产生菌的鉴定主要根据中国科学院微生物研究所放线菌分类组，以形态和培养特征为主，生化特征为辅的原则进行初步鉴定。

一、形态特征观察

在黄豆饼粉琼脂培养基上涂待测菌株，并插入灭菌的盖玻片，28℃培养 7～10 d，用光学显微镜观察气生菌丝、基内菌丝、色素的有无和颜色以及孢子形状。

井冈霉素产生菌的孢子丝大部分呈紧密螺旋形，少数柔曲至圈卷。井冈霉素产生菌的孢子呈椭圆形和卵形，大小不匀，孢子表面光滑。

黄豆饼粉琼脂培养基配方：黄豆饼粉浸液 1% 1 000 mL、葡萄糖 10 g、NaCl 2.5 g、$CaCO_3$ 2 g、蛋白胨 3 g、琼脂 20 g，pH 7.2～7.4。

二、生理生化特征

测定待测菌株是否产生与以下四种现象有关的酶：

1. 明胶液化测试

将培养基分装试管后灭菌、接种，并设两支未接种的空白对照。在 20℃的培养箱中培养，2、7、10、14 d 和 30 d。在 20℃以下的室温观察生长情况和明胶是否液化。如待测菌株生长，明胶表面无凹陷且为稳定的凝块，则为明胶液化水解阴性。如明胶凝块部分或全部在 20℃以下变为可流动的液体，则明胶水解为阳性。

明胶液化培养基配方：蛋白胨 5 g、葡萄糖 20 g、明胶 200 g、水 1 000 mL，明胶灭菌 10 min，115℃。其他成分 121℃，灭菌 20 min。

2. 牛奶凝固和胨化测试

将 2.5%石蕊水溶液和脱脂牛奶混合分装试管后灭菌，28℃下接菌，1、3、5、7、14 d 和 30 d 观察酸碱反应、酸凝、酶凝、胨化、还原等：还原—石蕊变红；产碱—变蓝；产酸—变红；酸凝—变红和凝固；胨化—牛奶变清；酶凝—不变色或蓝色，牛奶结块、凝固。

牛奶凝固与胨化培养基配方：脱脂牛奶 115℃，灭菌 10 min。

3. 淀粉水解测试

将培养基火菌、冷却至50℃左右，倒成平板，凝固后接菌3～5处，培养2～5 d，在平板上滴加碘液呈蓝黑色，菌落周围如有不变色透明圈，表示淀粉水解阳性；仍呈蓝黑色为阴性。

淀粉水解培养基配方：可溶性淀粉10 g、$MgSO_4$ 1 g、K_2HPO_4 0.3 g、NaCl 0.5 g、KNO_3 1 g、琼脂7.5 g、蒸馏水1 000 mL。

4. 产纤维素酶能力测试

将培养基分装试管放入滤纸条，灭菌，常温下接种，设2个不接种的对照。28℃培养1～4周，期间不断观察。能将滤纸条分解成一团纤维或将滤纸条折断或变薄者为阳性，滤纸条无变化者为阴性。

纤维素水解培养基配方：$MgSO_4 \cdot 7H_2O$ 0.5 g、K_2HPO_4 0.5 g、NaCl 0.5 g、KNO_3 1 g、蒸馏水1 000 mL，滤纸条5 cm×0.8 cm。

井冈霉素产生菌在15～45℃条件下生长良好，在pH 5～10条件下均能生长，最适范围为pH 6～7。该菌分解液化明胶的速度缓慢，但水解淀粉的能力较强，水解范围直径/菌落直径=20 mm/5 mm。另外该菌不分解纤维素、不产生色素。该菌可使牛奶胨化、凝结。该菌发酵液中的产物为井冈霉素及其他抗真菌抗生素。

三、发酵液抗菌谱鉴定

抑菌测定采用管碟法：用打孔器取被测试菌两块，用20 ml无菌水混合打碎。然后取1 mL与10 mL PDA培养基混合，在正中央放自制小杯，其内径58 mm，外径60 mm，高80 mm。向其中加入60 μL 5倍浓缩液，每一处理两个重复，5 d后观察并测量抑菌圈直径。

井冈霉素产生菌对一些植物致病菌、酵母菌、细菌有抑制作用(表11-3)。

表11-3　井冈霉素产生菌发酵液抗菌谱的测定

指示菌	拮抗性	指示菌	拮抗性
蜡状芽孢杆菌	－	蚕豆立枯病菌	＋
枯草芽孢杆菌IRC-S	－	稻小褐球核病菌	－
枯草芽孢杆菌6633	－	稻小球菌核病菌	＋
红酵母	－	油菜菌核病菌	－
酵母菌A	－	烟草赤星病菌	－
酵母菌SaK	－	稻小黑菌核病菌	＋
水稻白叶枯病菌	－	毛竹枯梢病菌	＋
梨轮纹病菌	＋	油茶炭疽病菌	＋
苹果黑腐病菌	＋	棉花枯萎病菌	－
玉米大斑病菌	＋	黑曲霉	－
小麦赤霉病菌	－	西瓜炭疽病菌	－

注："＋"表示有抗性，"－"表示无抗性。

【知识拓展】

井冈霉素被视为低毒的抗菌剂，目前井冈霉素效价测定方法主要有以下几种：

一、生物测定法

井冈霉素可以使水稻纹枯病原菌的菌丝产生异常的分支，从而使其生长受到抑制，并且水稻纹枯病原菌菌落直径的大小与样品中井冈霉素含量的多少成反比。因此，井冈霉素的效价测定，可以通过以下抗菌活性法完成，即井冈霉素在琼脂平板上进行的普通体外抑菌试验：未知效价的井冈霉素，通过稀释达到与 0.01 μg/mL 井冈霉素同样效果时，稀释倍数乘以 0.01 即为它的效价。0.01 μg/mL 的井冈霉素的效果是可以使水稻纹枯病原菌产生分支，且菌丝可以长到 85 mm 的培养基边缘时。由于井冈霉素 A 组分对水稻纹枯病有很好的防治作用，因此测定井冈霉素的生物效价实际上是测定 A 组分的含量。该方法结果比较真实的反映井冈霉素有效成份的含量，能有效的控制产品的质量，但由于这种测定方法不易掌握，有时误差较大，加上测定所需时间较长，需 40 h 后才能观察结果，因而不能满足生产需要。

二、化学测定法(即比色法)

井冈霉素的定性分析可以用比色法分析。它可产生的颜色反应如下：井冈霉素的各个组份都能使高锰酸钾迅速退色、与蒽酮硫酸等糖类显色剂等，呈阳性反应。井冈霉素发酵液经阳离子交换树脂后，井冈霉素即交换到树脂上，用大量蒸馏水洗涤树脂，洗去剩留在树脂上的糖类物质，再用盐酸解吸，解吸液定量收集。由于井冈霉素分子中含有葡萄糖，能和浓硫酸作用生成羟甲基糠醛，此化合物能和苯酚缩合成红色物质，比色测定颜色的深浅即能定量测出井冈霉素的含量。由于所用菌种和发酵条件的变化，井冈霉素各组分的含量经常发生变化，甚至产生不是井冈霉素的碱性含糖物质，因此这种测定方法不能完全反映出井冈霉素的质量。

三、液相色谱法

根据化工部批准的国家标准 GB-T 9553—1993《井冈霉素水剂》，以主要有效成分井冈霉素 A 的含量来衡量产品质量，并规定井冈霉素 A 采用液相色谱法测定，使用 ODS-C_{18} 色谱柱，紫外检测器，对井冈霉素进行分离，以外标峰高法定量。井冈霉素 A 的液相色谱分析法简单、快速、准确、效果好，是一种比较理想的井冈霉素 A 定性和定量的测定方法。

井冈霉素在作物、农产品和土壤中的残留定量分析，经常通过液相或气相色谱法来完成，为了提高检测的准确性还可以通过色谱与质谱联用的方法进行分析。在进行定量分析前，要对样品中的井冈霉素进行提取和简单的纯化分离。井冈霉素的提取，可以通过甲醇与水(9∶1)溶剂提取，也可以通过 10%氨水溶液提取。井冈霉素的初步提取液，可以通过固相萃取柱进行纯化。井冈霉素的定量法最低检出量可以达到 0.4 ng，平均回收率都超过了 70%，相对标准偏差(RSD)在 1.1%～13.6%。

另外，还有层析电泳法、气相色谱法、薄层-荧光法、反相高效液相色谱法等分析井冈霉素 A 含量的报道。

任务 11.2 生产工艺

【任务要求】

通过本次任务的学习，能根据井冈霉素生产菌株的营养和环境条件需求进行发酵生产井冈霉素，并根据国家标准进行产品检验。

【相关知识】

自 1976 年，我国开始大量生产和应用井冈霉素。井冈霉素是我国自主研发并实现大规模产业化生产的第一个农用抗生素，主要由吸水链霉菌井冈变种产生。它对水稻三大主要病害之一的水稻纹枯病有特效，亚洲的水稻产区需求量巨大。目前我国现有 30 多个工厂生产井冈霉素，年产量稳定在 6 万～7 万 t，一些生产厂家已成为我国生产农用抗生素的龙头企业。在我国曾经家喻户晓的农用抗生素，如今已走出国门，享誉亚洲农业国家。

一、发酵培养基的研究

发酵培养基是兼有供菌丝生长以及合成抗生素的两种作用，对它的要求是营养要适当丰富和完备，菌丝能迅速生长，浓密而健壮有力；在整个代谢过程中 pH 适当而稳定；适当的碳氮比，碳氮的代谢能完全符合高单位罐批的要求。抗生素分子中的碳骨架主要来源于葡萄糖代谢，而井冈霉素是属于氨基糖苷化合物，分子结构本身具有葡萄糖分子，因而葡萄糖显然是井冈霉素发酵培养基中应有的碳源。对于井冈霉素的发酵，传统的做法是选用葡萄糖培养基或大米粉培养基。但葡萄糖价格相对较贵，不适合用于生产。大米粉培养基的黏度太大，会在发酵过程中消耗大量能量，并且后处理过滤阻力较大，因此也不适合用于生产。

氮源的选择要注意其对促进生长、维持生命活动和生物合成的关系。井冈霉素分子结构中含有-NH-基，因而井冈霉素发酵中的氮源兼有促进生长、维持生命活动以及生物合成的两种作用。

为了找到最适合井冈霉素发酵的碳源和氮源，任灏翔等利用大米液化液代替大米粉和葡萄糖培养基研究发现：在一定的大米液化液或糖化液浓度下，井冈霉素 A 的摇瓶和上罐发酵效价与葡萄糖培养基或大米粉培养基发酵能力相差无几。钟世华等通过培养基配方优化试验发现：最适碳源为大米淀粉，最适氮源为黄豆饼粉和花生饼粉。汪世山等通过对吸水链霉菌井冈变种 7-11 产井冈霉素培养基中所需的碳氮比进行优化，使井冈霉素效价达到 2.8％。

表 11-4 列出了一些有关培养基组分优化的研究。井冈霉素发酵的良好碳源有葡萄糖、玉米淀粉、蚕蛹粉、酵母粉与大米淀粉。优质氮源有米浆、米蛋白粉、蚕蛹粉、豆饼粉。碳氮比 1∶(0.45～0.57)时最佳，此外，还需加入适量的无机盐，如氯化铵、氯化钠、碳酸钙与磷酸二氢钾等。

表 11-4　井冈霉素培养基组分与条件

碳源与氮源	其他组分与条件	产量/(g/L)
12%可溶性淀粉、4%酵母粉	0.05%磷酸二氢钾、0.15%氯化钠，初始pH7.2，温度37℃	30.61
7%大米淀粉、1%～2%黄豆饼粉、1%～2%花生饼粉	0.05%磷酸二氢钾、0.05%硫酸镁、0.5%氯化钠，初始pH7.0～7.2，温度37℃	24.00
2%葡萄糖、4%玉米淀粉、2%玉米浆、4%玉米蛋白粉	0.5%氯化铵、1.5%氯化钠、1.5%碳酸钙	0.62
4%玉米淀粉、3%葡萄糖、2%蚕蛹粉、1%酵母粉、0.5%玉米浆	0.1%氯化钠、0.015%磷酸二氢钾、0.7%碳酸钙	3.00
2%甘薯淀粉、7%玉米粉、2%酵母粉、2%黄豆饼粉	未提及	25.03
1%黄豆饼粉、1.2%酵母粉、0.3%蚕蛹粉、1.2%蛋白胨	未提及	28.33

二、发酵条件研究

1. 温度

在发酵温度方面，高温发酵井冈霉素的产量更高。井冈霉素合成基因整体表达存在一个阀值，当温度达到35～37℃时，可以激活下游启动子的启动和转录。在3个供试发酵温度下，最优的为40℃，42℃略低，37℃最低。通过高温发酵(40℃及以上)可以缩短生产周期、抑制杂菌生长，同时降低了生产能耗。

2. pH

pH对井冈霉素的发酵生产也非常重要。和大多数放线菌一样，井冈霉素的积累会伴随着pH的升高，这是由于氮源在代谢中被转化为氨。而碳源一般情况下在代谢过程中产生丙酮酸、醋酸等有机酸，从而使培养基的pH下降。如果发酵过程中发现pH下降，说明发酵过程异常，可能是通气量不足，杂菌污染，致碳源转化成有机酸，最终使产量降低。此外，发酵条件的不同亦可影响代谢过程的pH，如通气量的不足使氧化速度减慢，引起培养基中有机酸的积累，导致pH下降。

3. 氧气

井冈霉素产生菌是好氧菌，相关产物的形成、菌丝的生长情况和目的产物形成过程均与溶氧情况密切相关。

在其他发酵参数不变的情况下，研究人员将发酵罐搅拌形式由圆盘涡轮浆型改为轴向流浆型之后，发酵效价基本和正常水平相同，甚至比正常水平略高。这一发现间接说明了搅拌形式改变后发酵罐中的溶氧水平并没有降低，同时可以克服区域化现象，增加循环比。若发酵工艺能进一步匹配起来，井冈霉素的产量应该可以更进一步提高。郑裕国等将外循环气升式生物反应器与机械搅拌生物反应器进行了比较，发现两者发酵井冈霉素效价差别不大。若能用气升式反应器代替机械搅拌发酵罐，必将能降低生产成本。

通气量也是影响井冈霉素生产的要素之一。沈赤发现其最适通气量为 1 mL/(mL·min)(2.3 t 罐),1.25 mL/(mL·min)(7 t 罐),1.25~1.67 mL/(mL·min)(10 t 罐)。陈少莲等发现发酵装量与容器空间的比例为 1∶10 时,有较高的发酵产量。

4. 泡沫

抗生素发酵工业中,泡沫的多少一方面与通气、搅拌的剧烈程度有关,而且搅拌所起的泡沫比通气来得大,另一方面与培养基所用的原材料的性质有关。蛋白质原材料如蛋白胨、玉米浆、花生饼粉、黄豆饼粉、酵母粉等是主要的起泡因素,其起泡能力随品种、产地、贮藏加工条件而不同,还与配比有关。碳源中糖类物质本身起泡能力很差,但在丰富培养基中,浓度较高的糖类物质增加了培养基的黏度,从而使泡沫稳定。井冈霉素在发酵过程中采用大米粉作为碳源,黏度太大,泡沫较高。

5. 补料添加方面

通过流加法,补氨水,调控 pH;与在剩余糖量为 3.5%时,补加 2%的淀粉液化糖,都能有效地提高产量。另外研究发现,在井冈霉素发酵过程中加入 H_2O_2,对细胞生长无显著影响,但却能提高井冈霉素产量。H_2O_2 的最适添加量为 25 μmol/L,在发酵第 4 天时加入,井冈霉素产量可提高 40%。

三、井冈霉素的提炼工艺研究

传统的井冈霉素提炼常采用将发酵液经过浓缩、喷雾干燥或真空烘烤粉碎制成粉剂,但这样获得的井冈霉素含量较低,混杂了糖与蛋白等杂质。薄膜浓缩法工艺简单、周期短,无三废处理,且浓缩设备容易制造,成本极为低廉,但产品处理不当时质量不够稳定,杂质很多,运输不方便。滚筒干燥法提炼的产品,质量还比较稳定,成本亦低,但是产品成分比浓缩液更杂,而且蒸发水汽四逸,工作效率太低。喷雾干燥法产品是可溶性干粉,质量稳定,而且包装和使用较为方便,无三废问题,但干品易吸潮。

目前获得高含量的井冈霉素产品主要是采用离子交换树脂法。此法是将发酵液用强酸型阳离子交换树脂或弱酸树脂吸附,经去离子水洗涤后,加入氨水或乙醇等解吸附剂洗脱,活性炭脱色,然后浓缩,这样可以明显提高井冈霉素的含量,有效去除无机盐、糖和蛋白等大部分杂质,产品质量好,保存期长。除成本较高外,此法是生产碱性水溶性抗生素的理想提炼工艺。

【任务实施】

井冈霉素传统的生产过程包括孢子的制备、种子扩大培养、发酵、分离纯化和制剂工艺。国内外多个研究对井冈霉素发酵过程中的菌种选育、培养基配方、补料添加、发酵条件与分离工艺进行了优化,使井冈霉素的工业产量在 30g/L 左右。它的生产工艺可分为以下几个阶段:

孢子制备→种子制备→发酵→发酵液预处理→提取和精制→成品检验→成品包装

一、孢子制备

孢子制备是发酵工序的开端,是一个主要的环节。抗生素的产量和成品质量同菌种性能以及孢子和种子制备有密切关系。生产用的孢子需经过纯种和生产能力的检验,符合规定的孢子才能用来制备种子。

制备孢子时，一般是将保藏的处于休眠状态的孢子，通过严格的无菌操作将其接种到灭菌的固体斜面培养基上，在37℃下培养3～6 d。这样培养出来的孢子数量还是有限的，为了获得数量更多的孢子以供生产需要，可进一步继续采用有较大表面积的固体培养基（如小米或麸皮）进行扩大培养。

二、种子制备

种子制备这一过程的目的是使孢子发芽、繁殖和获得足够数量的菌丝，以便接种到发酵罐中去。种子制备有的从摇瓶培养开始，再接入种子罐进行逐级扩大培养。有的直接从种子罐开始进行逐级扩大培养。扩大级数、菌种性质、生产规模、工艺特点等都决定是否需要摇瓶培养过程。种子制备一般在种子罐中进行，扩大培养级数通常为二级，直接始于种子罐的扩大培养在生产中也较为常见。

摇瓶培养是在锥形瓶内装入一定数量的液体培养基，灭菌后用无菌操作接入孢子，放在摇床上恒温培养。种子罐培养时，在接种前对阀门、管道的相关设备和培养基都必须经过严格灭菌。孢子接入一级种子罐的方法是制成孢子悬浮液，通过微孔差压法（也可采用火焰保护法）接种，如用孢子悬浮液接种，为1～2个茄子瓶，具体视茄子瓶内孢子丰富程度和种子罐的大小而定。如用菌丝接种，也是酌情接入1～3瓶，相当于0.1%～2.0%（接种量＝接种量体积/罐内发酵液体积，下同）。二级种子罐接种量一般为5%～20%，培养温度一般为37℃。在罐内培养过程中，严格按照菌种的特性调节罐内温度和罐内与罐外的压力差，需通入无菌空气同时辅以搅拌。适时取样用于镜检观察，作无菌试验，观察菌丝形态和进行生化分析等，确保在移入下一级发酵罐前的种子质量。

三、发酵

发酵，这一过程的目的主要是为了促使微生物完成自身的生长，进而使微生物分泌大量的抗生素。在种子移入发酵罐之前，有关设备和培养基必须先经过灭菌，后接入种子。井冈霉素接种量一般为5%，发酵周期约为40 h。在整个过程中，需要不断通入无菌空气并同时伴以搅拌来维持罐内的DO，按照工艺标准调节罐内培养温度和罐内外压力差，并定时定量取样进行无菌试验和生化参数测定分析，观察有无杂菌污染、物料代谢变化及抗生素产生情况。

每种抗生素发酵都有它自己的控制点和最合适的参数进行控制。所谓各种参数的最合适值是指在其他条件都保持不变的情况下的数值，如果其他条件改变就不一定为最适值。影响发酵的因素是错综复杂的，各种因素相互影响，相互制约。因此抗生素发酵要得到预期的效果，需要各方面密切配合和严格操作。

井冈霉素是次级代谢的产物，目前在生产过程中主要有菌丝浓度、菌丝形态、残糖含量、氨基氮、溶解氧浓度、pH和抗生素含量等参数可供分析。发酵过程中主要控制罐内温度、通气量、搅拌转速以及添加酸、碱、消泡剂。

井冈霉素的生物合成过程较为复杂，影响因素比较多，因此控制生产往往要凭经验。随着对微生物遗传工程和发酵代谢工程的方法的不断研究发展，对井冈霉素的合成机理、代谢调节与控制的深入，辅以之前的生产经验，大大促进了井冈霉素产业的壮大。目前部分院校与企业已经联手利用基因工程来改良吸水链霉菌井冈变种，相信不久的将来势必带来井冈霉素行业的革新。

四、发酵液预处理

井冈霉素提取前首先就是对发酵液进行预处理和过滤操作，即将菌丝和滤液分开。菌体在发酵罐中进入衰亡期，到达发酵终点。如抗生素分泌在液体中，则需将滤液进行预处理，以利于以后的提取，如抗生素分泌在菌丝中，则通常先用有机溶剂萃取，井冈霉素属于前者。

发酵液的过滤和预处理是抗生素提炼的第一步操作。过滤和预处理的目的不仅在于分离菌丝，还着眼于将一些杂质除去和改变滤液性质，以利于后续各步的操作。当发酵终了时，抗生素可能在溶液中，也可能在菌丝内部或两相中同时存在。预处理时应尽可能使抗生素转入便于以后处理的相中(多数是液相中)。通常可用调节 pH 至酸性或碱性的方法来达到。

五、提取和精制

发酵液预处理后，发酵液即送去提取和精制，利用一些物理和化学方法将抗生素提纯为合乎标准规定的成品。目前井冈霉素提取方法是采用真空浓缩的办法，将发酵液直接浓缩到一定的浓度，经检验合格后进入包装工艺，或将浓缩到一定浓度的发酵液采用真空喷雾干燥或真空烘烤经粉碎过筛后制成粉剂，检验合格后进入包装工艺。

六、成品检验和成品包装

成品检验和成品包装必须遵从国家标准或各企业的标准(表 11-5)。

表 11-5 我国已发布的井冈霉素产品质量标准

名称	标准号	类别
井冈霉素水剂	GB/ T9553—2017	国家标准
井冈霉素可溶性粉剂	GB/ T34154—2017	国家标准
井冈霉素原药	GB/ T34155—2017	国家标准

任务 11.3 应用技术及效果

【任务要求】

通过本次任务的学习，能根据井冈霉素应用特点和生产实际情况合理应用井冈霉素，并能正确的使用井冈霉素进行生物防治。

【相关知识】

井冈霉素解决了水稻主要多发病水稻纹枯病的防治，每年防治面积约 6 700 亿 m^2，为我国水稻的高产稳产做出了重要的贡献，为目前农药中无法替代的优良药剂，在推广应用 40 多年间取得了很好的社会、经济和生态效应。

一、井冈霉素的应用特点

1. 高效性

应用井冈霉素防治水稻纹枯病菌，每亩用药量只需 3～5 g(有效成分 20%计)，防治效果可达 90%左右，增产效果显著，而且能提高稻米的品质。

2. 持效长

井冈霉素药效一般可维持 20～30 d，比一般化学农药药效长，如果适期喷药，整个生育期只须喷一次药，就能控制病害的发展。

3. 耐雨水冲刷

井冈霉素喷药 2 h 后受雨水冲刷，药效基本上不受影响。

4. 无药害、无毒性、无残留

井冈霉素的无公害特性表现在下述几方面：

(1)极低毒性　井冈霉素对小白鼠急性口服 LD_{50} 大于 20 000 mg/kg。对皮肤及眼睛无刺激作用。

(2)无药害　在作物的任何生长时期喷药都不会出现药害，即使误喷到水稻以外的其他植物上，也不会产生药害。

(3)无残留　研究中没有在糙米和稻壳中检验出残留药剂，由此可以证明没有残留毒性。落在地上的井冈霉素可以被土壤微生物分解，不会污染土壤和水。

(4)体内代谢和对皮肤刺激情况　口服井冈霉素，由动物肠内细菌分解为葡萄糖和井冈霉亚基胺，井冈霉亚基胺不为肠道吸收，所以可从粪便中排泄出来。在静脉注射时，井冈霉素在动物体内不被分解，因此以原来状态从尿中排出。如果用 50%纯品水溶液直接涂擦皮肤和滴入眼内，均无刺激作用。

(5)不易产生抗性　病菌是否会产生抗药性一直是人们关注的问题，井冈霉素应用 40 多年以来从未出现抗药性问题。究其原因，目前认为主要有以下两点：①从靶标生物的角度，丝核菌一般不产生孢子，病菌是通过菌丝和菌核完成其生活史，菌丝不易突变产生抗性菌株；②就药物而言，井冈霉素不是杀死病菌，而是使菌丝产生不正常分枝而难以侵入稻株为害，因此没有淘汰敏感菌株的选择压力，即使有抗性菌株产生也难以发展成为优势群体。

二、井冈霉素的田间应用

井冈霉素具有较强的内吸性，易被菌体细胞吸收并在其内迅速传导，干扰和抑制菌体细胞生长和发育，进而起治疗效果。井冈霉素的生物活性主要表现为广谱的抗真菌活性。研究发现，井冈霉素能够抑制 61 株常见土壤真菌，并且具有一定的选择性：其中对担子菌，尤其是立枯丝核菌的抗菌活性最强；对一些子囊菌和毛霉菌的活性较弱；对卵菌抑菌活性最差，如对终极腐霉在 200 μg/mL 浓度下未表现出明显抑菌活性。井冈霉素 A～H 对立枯丝核菌的最小抑菌浓度(minimal inhibition concentration，MIC)为 0.01～25 μg/mL，其中井冈霉素 A、E、F 的 MIC 都接近 0.01 μg/mL，所以井冈霉素经常被用来防治由立枯丝核菌造成的农作病害。

井冈霉素除了对水稻纹枯病有特效外，对玉米纹枯病和棉花立枯病、黄瓜立枯病、豆类立枯病、人参立枯病以及蔬菜的根腐病、白绢病等也有很好的防治作用。表 11-6 展示了井冈霉素田间防治植物病害的方法与效果。

表 11-6 井冈霉素对作物病害的防效情况

病害类型	使用方法	防效%
水稻纹枯病	10%水剂 1.5 L/hm^2	81.8
水稻稻曲病	20%井冈霉素粉剂 600 g/hm^2，水稻孕穗后期和破口期施药 2 次	61.8
小麦纹枯病	1%井冈霉素粉剂 7.5 kg(稀释 200 倍)/hm^2	74.9
玉米穗腐病	20%井冈霉素制成药土，点心叶，300 kg/hm^2，大喇叭口期施用	81.2～92.8
玉米纹枯病	20%可湿性粉剂 3 kg 拌无菌细土，300 kg/hm^2，“药土法”点玉米喇叭口处	85.8
柑枯脚腐病	5%水剂原液，均匀涂满病部组织	90.34～100

井冈霉素的成功开发，使它取代了对人畜与环境影响大的有机砷农药，成为了当今产量和使用面积最大的农用抗生素。四十多年来的使用，为中国的数百万亩面积水稻稳产增量做出重大贡献。到目前为止，我国市场 80%以上农用抗生素依旧是井冈霉素，可见其地位无法替代。

三、井冈霉素的剂型及质量标准

1. 剂型

井冈霉素的剂型主要有以下几种：

(1)3%、5%井冈霉素水剂；

(2)2%、3%、4%、5%、12%、15%、17%井冈霉素水溶性粉剂；

(3)0.33%井冈霉素粉剂；

(4)10%、20%水溶性粉剂；

(5)10%、20%可溶性粉剂；

(6)10%水剂；

(7)2.5%高渗水剂。

2. 质量标准

(1)3%、5%井冈霉素由有效成分、防腐剂和水等组成。外观为棕色透明液体，无臭味。pH 为 2～4，密度大于 1，无微生物生长，无气体产生，有效期两年。

(2)2%、3%、4%、12%、15%、17%井冈霉素水溶性粉剂由有效成分和填料组成。外观为棕黄色或以疏松粉末，pH 为 5.5～6.5。质量保证期为 2 年。3%井冈霉素水溶性小鼠急性经口 LD_{50}＞10 g/kg，15%水溶性粉剂雄性小鼠急性经口 LD_{50}＞5 g/kg。

(3)0.33%井冈霉素粉剂由有效成分和载体等组成。外观为褐色疏松粉末，细度(通过 200 目筛)≥95%，水分含量≤3.5%，pH 为 4～7，贮存较稳定。

【任务实施】

一、防治对象及使用方法

1. 水稻纹枯病的防治

从发病率达 20%左右开始施药，视气候与病情变化而定。一般间隔 10 d 左右喷 1 次，通常喷药两次，每次用 5%井冈霉素可溶性粉 1.5～2.25 kg/hm^2 或 5%水剂 1.5～2.25 kg/hm^2(其他剂型按此类推)，兑水 1 125～1 500 kg，喷于水稻中下部。亦可兑水 6 000 kg 进行泼浇。

或每次用0.33%井冈霉素粉22.5～37.5 kg/hm² 用机动喷雾粉。采用泼浇施药时，田里保持3～5 cm水层。

2. 水稻稻曲病的防治

孕穗期用5%水剂1.5～2.25 kg/hm²，兑水750～125 kg喷雾。

3. 麦类纹枯病的防治

采用拌种法，100 kg麦种用5%水剂600～800 mL，兑少量的水，用喷雾器均匀喷在麦种上，边喷边拌，拌完后堆闷几小时再播种。采用药剂包裹种子法，用5%水剂2.25 L/hm²，与一定量的黏质泥浆均匀混和，将麦种倒入泥浆内混和，然后撒入干细土，边撒边搓，待麦粒搓成赤豆粒大小晾干后播种。井冈霉素包裹种子可以减轻因纹枯病引起的烂芽，提高出苗率。3月下旬，田间麦纹枯病病株率达到30%左右，病株明显增多时，用5%水剂1.5～2.25 L/hm²，兑水900～1 125 kg喷雾，重病田隔15～20 d再喷1次。药液应喷于植株茎部。

4. 棉花和瓜类立枯病的防治

(1)棉花立枯病　在棉花播种后用5%水剂500～1 000倍液灌根，每平方米苗床用药液3 L。

(2)黄瓜立枯病　黄瓜播种后用5%水剂1 000～2 000倍液浇灌苗床，每平方米用药液3～4 L。

5. 其他作物病害的防治

可用10%水溶性粉剂加水1 000～2 000倍药液浇灌土壤，防治棉花、蔬菜、豆类、人参、柑橘苗的立枯病。

二、注意事项

(1)井冈霉素制剂可与多种杀虫剂混用，安全间隔期14 d。

(2)施药时应保持稻田水深3～6 cm。

(3)粉剂在晴朗的天气可早晚两头趁露水未干时喷粉，夜间喷粉效果尤佳，阴雨天可全天喷粉。风力大于3级时不宜喷粉。粉剂及水溶性粉剂都必须存放于干燥的仓库中，严禁受潮。

(4)井冈霉素虽属低毒杀菌剂，配药和施药人员仍需注意防止污染手、脸和皮肤。如有中毒事故发生，无特效解毒剂，可采用对症处理。

(5)本剂属抗菌素类农药，虽加有防腐剂，还需存放于阴凉、干燥的仓库中并注意防霉、防腐、防冻。运输和贮存应有专门的仓库和车皮，不得与食物及日用品一起运输和贮存。

(6)施药后4h降雨不会影响药效。

(7)制剂有多种含量规格，配制药液时，要根据产品具体含量认真计算后进行稀释。

(8)长期大量使用病菌易产生抗药性，提倡隔年使用或与其他杀菌剂混用。与其他药剂的混用可与强碱性农药以外的大多数药剂混用。目前开发的复配制剂有以下几种：

①多-井复配剂(复方多菌灵)　它是井冈霉素和多菌灵的复合制剂，不仅可以兼治井冈霉素和多菌灵原来防治的病害，而且对多菌灵有明显的增效作用。加入50mg/L的井冈霉素，可使多菌灵的用量减少4/5，是我国目前应用最广的一种井冈霉素复合制剂。

②复方克瘟灵　它是井冈霉素和克瘟灵的复合制剂，可兼治水稻纹枯病和稻瘟病。

③虱纹灵　它是井冈霉素和稻虱净的复合制剂，可兼治水稻纹枯病和稻飞虱。

【思考与练习】

1. 简述井冈霉素的性质。

2. 简述木霉菌的生物学特性。

3. 井冈霉素生产菌种筛选的主要方法有哪些？

4. 简述井冈霉素的生产工艺。

5. 井冈霉素在使用过程中应注意哪些问题？

【参考文献】

[1]王远宏．024 放线菌及其所产抗生素的初步研究[D]．郑州：河南农业大学，2002.

[2]GB/T 9553—2017．井冈霉素水剂[S].

[3]GB/T 34154—2017．井冈霉素可溶性粉剂[S].

[4]GB/T 34155—2017．井冈霉素原药[S].

[5]丁艳．N^+ 注入诱变选育井冈霉素 A 高产菌及其发酵条件优化[D]．合肥：安徽农业大学，2012.

[6]周扬，刘元明，孙光忠，等．湖北省生物农药的研发与应用[J]．湖北植保，2017，(5)：52-54.

[7]袁锦南．几种井冈霉素复配剂防治水稻纹枯病田间药效试验[J]．农业科技通讯，2020，(7)：52-54.

[8]廖晓珣．井冈霉素产生菌的诱变选育及发酵条件优化[D]．成都：四川大学，2007.

[9]徐利剑，赵维，曹聪，等．井冈霉素的研究进展[J]．中国农学通报，2015，(22)：191-198.

[10]刘海民．井冈霉素防治水稻纹枯病作用机理研究[D]．福州：福建农林大学，2008.

[11]魏振华．井冈霉素发酵过程研究[D]．上南：华东理工大学，2012.

[12]张穗，温广月．井冈霉素研究进展与面临的挑战[J]．中国植物保护学会专题资料汇编，2005，(1)：683-687.

[13]张茜茜．井冈霉素高产菌株的诱变育种与发酵条件的研究[D]．武汉：湖北工业大学，2009.

[14]陈明兆．井冈霉素规模化生产工艺优化研究[D]．杭州：浙江工业大学，2015.

[15]钟世华．井冈霉素菌种选育和提取工艺研究[D]．长沙：湖南师范大学，2006.

附录 1　微生物肥料术语

微生物肥料产品类型、菌种、培养基、灭菌、生产和质量检验等方面的主要术语，适用于微生物肥料生产、质检、应用、科研和教学等领域。

一、产品类型

(1)微生物肥料 microbial fertilizer; biofertilizer　含有特定微生物活体的制品，应用于农业生产，通过其中所含微生物的生命活动，增加植物养分的供应量或促进植物生长，提高产量，改善农产品品质及农业生态环境。

注：目前，微生物肥料包括微生物接种剂、复合微生物肥料和生物有机肥。

(2)微生物接种剂 microbial inoculant(微生物菌剂)　一种或一种以上的目的微生物经工业化生产增殖后直接使用，或经浓缩或经载体吸附而制成的活菌制品。

①单一菌剂(single secies inoculant)　由一种微生物菌种制成的微生物接种剂。

②复合菌剂(multiple species inoculant)　由两种或两种以上且互不拮抗的微生物菌种制成的微生物接种剂。

③细菌菌剂(bacterial inoculant)　以细菌为生产菌种制成的微生物接种剂。

④放线菌菌剂(actinomycetic inoculant)　以放线菌为生产菌种制成的微生物接种剂。

⑤真菌菌剂(fungal inoculant)　以真菌为生产菌种制成的微生物接种剂。

⑥固氮菌菌剂(azotobacteria inoculant)　以自生固氮菌和/或联合固氮菌为生产菌种制成的微生物接种剂。

⑦根瘤菌菌剂(rhizobia inoculant)　以根瘤菌为生产菌种制成的微生物接种剂。

⑧硅酸盐细菌菌剂(silicate bacteria inoculant)　以硅酸盐细菌为生产菌种制成的微生物接种剂。

⑨溶磷微生物菌剂(inoculant of phosphate-solubilizing microorganism)　以溶磷微生物为生产菌种制成的微生物接种剂。

⑩光合细菌菌剂(inoculant of photosynthetic bacteria)　以光合细菌为生产菌种制成的微生物接种剂)。

⑪菌根菌剂(mycorrhizal fungi inoculant)　以菌根真菌为生产菌种制成的微生物接种剂。

⑫促生菌剂(inoculant of plant growth-promoting rhizosphere microorganism)　以植物促生根圈微生物为生产菌种制成的微生物接种剂。

⑬有机物料腐熟菌剂(organic matter-decomposing inoculant)　能加速各种有机物料(包括作物秸秆、畜禽粪便、生活垃圾及城市污泥等)分解、腐熟的微生物接种剂。

⑭生物修复菌剂(bioremediating inoculant)　能通过微生物的生长代谢活动，使环境中的有害物质浓度减少、毒性降低或无害化的微生物接种剂。

(3)复合微生物肥料 compound microbial ferilizer　目的微生物经工业化生产增殖后与营

养物质复合而成的活菌制品。

(4)生物有机肥 microbial organic fertilizer 目的微生物经工业化生产增殖后与主要以动植物残体(如畜禽粪便、农作物秸秆等)为来源并经无害化处理的有机物料复合而成的活菌制品。

二、菌种

(1)种 species 在微生物学中,由表型特征极其相似、具有稳定的遗传性状菌株组成,并与其他类群的菌株存在明显差异。

(2)菌株 strain 属于同一个种,但来源不同的单细胞或纯培养的后代。

(3)菌落 colony 微生物在固体基质上生长繁殖形成的肉眼可见的、具有一定形态特征的细胞聚集体。

(4)菌苔 lawn 大量微生物细胞密集地生长在固体培养基表面而形成的相互联接成片的培养物。

(5)分离 isolation 将微生物个体从含有微生物的样品中分离出来的技术。

(6)纯化 purification 从混杂的微生物群体中,分离获得同一种微生物个体的技术。

(7)筛选 screening 从微生物的群体中,采取相关的技术,选择出目的菌株的过程。

(8)鉴定 identification 对未知微生物菌株进行性状观察和测定,根据规范的参数或检索系统,用对比分析的方法确定该微生物分类地位的过程。

(9)退化 degeneration 菌株的特定性状逐代减退或消失的现象。

(10)复壮 rejuvenation 针对菌种退化而进行的恢复其原性状的过程。

(11)保藏 preservation of microorganism 使菌种保持其活力、固有的遗传和生理生化特性,以及形态特征的微生物学技术。

(12)生产菌种

①固氮菌(azotobacteria; nitrogen fixing bacteria) 具有生物固氮功能的各种细菌的通称。

②根瘤菌(rhizobia) 能与豆科植物共生,形成根瘤,并进行生物固氮的一类革兰氏阴性杆菌。

③硅酸盐细菌(silicate bacteria; silicate dissolving bacteria) 能分解硅铝酸盐类矿物、释放钾素营养的细菌。

注:目前用于生产菌种的主要是胶质芽孢杆菌(Bacilus mucilaginosus)和土壤芽孢杆菌(Bailus edaphicus)。

④溶磷微生物(phosphate solubilizing microorganism) 能分解有机磷化合物或溶解无机磷化合物的微生物总称。

⑤光合细菌(photosynthetic bacteria) 能利用光能进行细胞代谢活动的细菌。

⑥菌根真菌(mycorrhizal fungi) 能与植物根系共生形成菌根的真菌。

⑦丛枝菌根真菌(arbuscular mycorrhizal fungi) 能与植物根系形成丛枝菌根的真菌,简称 AM 真菌。

⑧植物促生根圈微生物(plant growth-promoting rhizosphere microorganism) 存在于植物根圈的一类能够产生植物生长物质,或是通过对有害微生物的抑制促进植物生长的微生

物的总称。包括植物促生根圈细菌(plant growth-promoting thizobeacterium，PGPR)和植物促生根圈真菌(plant growth- promoting thizosphere fungus,PGPF)。

三、培养基

(1)培养基 medium;culture medium　由人工配制的适合微生物生长、代谢、繁殖和保存的营养基质。

(2)种子培养基 seed medium　为获得微生物接种物而制备的培养基。

(3)发酵培养基 fermentation medium　为获得微生物发酵终产物(菌体和代谢产物)而制备的培养基。

(4)天然培养基 natural medium　用动植物组织或微生物细胞及其提取物、粗消化产物制成的培养基,其营养丰富但不知确切成分。

(5)合成培养基 defined medium　由成分和含量都已知的化学试剂配制成的培养基。

(6)半合成培养基 semi-defined medium　既含有天然成分又含有化学试剂的培养基。

(7)选择培养基 selected medium　根据某种微生物的特殊营养要求或其对某化学、物理因素的特性而设计的培养基,其功能是使混合菌群中的某一种菌成为优势菌群。

(8)鉴别培养基 differential medium　加有抑制剂或指示剂等用于区分不同微生物种类的培养基。

四、灭菌

(1)灭菌 sterilization　应用物理或化学方法杀灭或清除一切微生物的措施。

(2)高压蒸汽灭菌法 high-pressure steam sterilization　利用高压蒸汽进行灭菌的方法。

(3)间歇灭菌法 fractional sterilization　指间歇一定时间,采用常压蒸汽连续多次进行灭菌的方法。

(4)干热灭菌法 dry heat sterilization　利用加热的高温空气进行灭菌的方法。

(5)火焰灭菌法 flame sterilization　通过火焰高温灼烧进行灭菌的方法。

(6)电离辐射灭菌法 ionizing radiation sterilization　利用放射性同位素(如 Co 或 7Cs)产生的 γ 射线进行灭菌的方法。

(7)微波灭菌法 microwave sterilization　利用电磁波进行灭菌的方法。

(8)紫外线灭菌法 ultraviolet light sterilization　利用紫外线照射进行灭菌的方法。

(9)过滤除菌法 filtration sterilization　用机械阻留技术(如过滤、吸附)除去介质中微生物的方法。

(10)化学灭菌法 chemical sterilization　利用化学药剂进行灭菌的方法。

五、生产

(1)接种 inoculation　按无菌操作技术要求将目的微生物移接到培养基质中的过程。

(2)接种物 inoculum　种子微生物工业化生产中,用于开始一个新培养的微生物培养物。

(3)接种量 inoculum dose　接种物的量(体积或质量)与发酵物的量(体积或质量)之比。

(4)培养 cultivation　在适宜条件下,使目的微生物生长繁殖和产生代谢产物的方法和技术。

(5)培养物 culture 经接种和培养之后,在培养基中形成的特定类型微生物的生长物。

(6)纯培养 pure culture 只让一种微生物生长繁殖的培养过程。

(7)种子扩大培养 inoculum enlargement 将生产菌种经过一系列的步骤逐级扩大培养,获得一定数量和质量的培养物的技术和过程。

(8)发酵 fermentation 采用工业化生产方式培养微生物,获得终产物(菌体和代谢产物)的过程。

(9)载体 carrier 用于吸附目的微生物,并且适宜其存活,对人、动植物和环境安全的固体物料。

(10)浓缩 condensation 采用某种技术或方法减少发酵液水分,提高目的微生物的数量和代谢产物含量的过程。

(11)吸附 adsorption 将发酵液与载体混合,使目的微生物附着在载体上的过程。

(12)造粒 granulation 将微生物肥料制成颗粒剂型的过程。

六、质量检验

(1)外观 appearance 样品的外部形态。

(2)含水量 moisture percentage 样品在 105℃烘烤 4～6 h 所失去的质量,以质量百分数计。

(3)细度 particle size 样品通过规定标准试验筛的质量百分数。

(4)有机质含量 content of organic matter 以容量法测定的样品中有机物质的量,以质量百分数计。

注:容量法可参考 NY525—2002《有机肥料》。

(5)总养分 total primary nutrient 总氮、有效五氧化二磷和氧化钾含量之和,以质量百分数计。

(6)有效菌 functional microorganism; effective microorganism 样品中的目的微生物群体。

(7)有效(活)菌数 number of functional microorganism 每克或每毫升样品中有效菌的数量。

(8)杂菌 contaminating microorganism 样品中有效菌以外的其他菌。

(9)杂菌数 number of contaminating microorganism 每克或每毫升样品中杂菌的数量。

(10)杂菌率 percentage of contaminating microorganism 样品中杂菌数占有效菌数与杂菌数之和的百分数。

(11)粪大肠菌群 fecal coliforms 一群在 44.5℃±0.5℃条件下,能发酵乳糖、产酸产气、需氧或兼性厌氧的革兰氏阴性无芽孢杆菌。

(12)粪大肠菌群数 number of fecal coliforms 每克或每毫升样品中粪大肠菌群的最大可能数(MPN)。

(13)蛔虫卵死亡率 mortality of ascarid egg 样品中死亡蛔虫卵数占总蛔虫卵数的百分数。

(14)重金属含量 content of heavy metal 样品中含有的砷(As)、铅(Pb)、镉(Cd)、铬(Cr)、汞(Hg)化合物的总量。

(15)保质期 shelf-life　在标签标识注明的贮存条件下,保持微生物肥料质量的期限。

(16)微生物肥料效应 microbial fertilizer effect　微生物肥料对作物产量品质、抗病(虫)害和抗逆能力,以及对土壤肥力的效果。

附录2　常用检测培养基配方

一、营养琼脂培养基

(1)成分　蛋白胨 10 g、牛肉膏 3.0 g、氯化钠(NaCl)5.0 g、琼脂 18.0 g、蒸馏水 1 g000 mL,pH 7.2～7.5。

(2)配制要点　将各种成分溶解于蒸馏水中,调节 pH,再加琼脂,加热溶化后分装。121℃高压灭菌 30 gmin。

(3)用途　适用于一般细菌培养和保藏。

二、芽孢杆菌培养基

(1)成分　蛋白胨 5.0 g、牛肉膏 3.0 g、土壤浸出液 250 mL、蒸馏水 750 mL、琼脂 18.0 g。

(2)配制要点　先将土壤 50 g,加水 200 mL,121℃高压灭菌 1 h,滤补水至 250 mL,制备成土壤浸出液。再将各种成分溶解于蒸馏水中,调节 pH,再加琼脂,加热溶化后分装。121℃高压灭菌 30 min。

(3)用途　适用于芽孢杆菌的保藏。

三、阿须贝氏(Ashby)培养基

(1)成分　磷酸二氢钾(KH_2PO_4)0.2 g、硫酸镁($MgSO_4 \cdot 7H_2O$)0.2 g、氯化钠(NaCl)0.2 g、碳酸钙($CaCO_3$)5.0 g、甘露醇($C_6H_{14}O_6$)10.0 g、硫酸钙($CaSO_4 \cdot 2H_2O$)0.1 g、琼脂 18.0 g、蒸馏水 1 000 mL,pH 6.8～7.0。

(2)配制要点　其他同 1(2)。

(3)用途　用于固氮菌的培养。

四、根瘤菌培养基 YM

(1)成分　磷酸氢二钾($K_2HPO_4 \cdot 3H_2O$)0.5 g、硫酸镁($MgSO_4 \cdot 7H_2O$)0.2 g、氯化钠(NaCl)0.1 g、甘露醇($C_6H_{14}O_6$)10.0 g、酵母膏 1.0 g、0.5%刚果红溶液 5 mL、琼脂 18.0 g、蒸馏水 1 000 mL,pH 6.8～7.0。

(2)配制要点　将各种营养成分溶解于蒸馏水中,调节 pH 后,加入刚果红溶液。再加琼脂,加热溶化后分装。121℃高压灭菌 30 min。

(3)用途　适用于根瘤菌的培养。

五、根瘤菌培养基Ⅱ

(1)成分　酵母粉 1.0 g、甘露醇($C_6H_{14}O_6$)10.0 g、土壤浸出液 200 mL、琼脂 15.0 g、蒸馏水 800 mL,pH 7.2。

(2)配制要点　土壤浸出液:土壤 50 g,加水 200 mL,121℃灭菌 1h,过滤补水至 200 mL。

其他同1(2)。

(3)用途　适用于根瘤菌的保藏和培养。

六、硅酸盐细菌培养基

(1)成分　蔗糖($C_{12}H_{22}O_{12}$)5.0 g、磷酸氢二钠($Na_2HPO_4 \cdot 2H_2O$)2.0 g、硫酸镁($MgSO_4 \cdot 7H_2O$)0.5 g、碳酸钙($CaCO_3$)0.1 g、三氯化铁($FeCl_3 \cdot 6H_2O$)0.005 g、琼脂18.0 g、蒸馏水1 000 mL,pH 7.5～8.0。

(2)配制要点　先将三氯化铁配制成0.5%的溶液,按量加入,其他同1(2)。

(3)用途　适用于硅酸盐细菌的培养。

七、固氮(茎瘤)根瘤菌培养基

(1)成分　乳酸钠($C_3H_5O_3Na$)10.0 g、磷酸氢二钾($K_2HPO_4 \cdot 3H_2O$)1.67 g、磷酸二氢钾(KH_2PO_4)0.87 g、氯化钠(NaCl)0.05 g、氯化钙($CaCl_2$)0.04 g、三氯化铁($FeCl_3 \cdot 6H_2O$)0.004 g、硫酸镁($MgSO_4 \cdot 7H_2O$)0.1 g、酵母膏1.0 g、琼脂18.0 g、蒸馏水1 000 mL,pH 6.8～7.0。

(2)配制要点　先将三氯化铁配制成0.4%的溶液按量加入,其他同1(2)。

(3)用途　适用于(茎瘤)根瘤菌的培养。

八、马丁培养基

(1)成分　磷酸二氢钾(KH_2PO_4)1.0 g、葡萄糖($C_6H_{12}O_6 \cdot H_2O$)10.0 g、硫酸镁($MgSO_4 \cdot 7H_2O$)0.5 g、蛋白胨5.0 g、1%孟加拉红水溶液3.3 mL、氯霉素0.1 g、琼脂18.0 g、蒸馏水1 000 mL。

(2)配制要点　将营养成分用蒸馏水溶解后,按量加入1%孟加拉红水溶液,氯霉素先用少量乙醇溶解后加到培养基中,再加琼脂,加热溶化后分装。115℃高压灭菌20 min。

(3)用途　适用于真菌的培养。

九、高氏合成一号琼脂培养基

(1)成分　硝酸钾(KNO_3)1.0 g、磷酸氢二钾($K_2HPO_4 \cdot 3H_2O$)0.5 g、硫酸镁($MgSO_4 \cdot 7H_2O$)0.5 g、氯化钠(NaCl)0.5 g、硫酸亚铁($FeSO_4 \cdot 7H_2O$)0.01 g、可溶性淀粉($(C_6H_{10}O_5)n$)20.0 g、重铬酸钾($K_2Cr_2O_7$)0.1 g、琼脂18.0 g、蒸馏水1 000 mL,pH 7.2～7.4。

(2)配制要点　淀粉用少量冷水调成糊状,加热溶解后加入。再加琼脂,加热溶化后分装,121℃高压灭菌30 min。重铬酸钾配制成溶液,使用时再按量加入到培养基中。

(3)用途　适用于放线菌的培养。

十、联合固氮菌培养基

(1)成分　D-葡萄糖酸钠($C_6H_{11}NaO_7$)5.0 g、磷酸二氢钾(KH_2PO_4)0.4 g、磷酸氢二钾($K_2HPO_4 \cdot 3H_2O$)0.1 g、硫酸镁($MgSO_4 \cdot 7H_2O$)0.2 g、酵母膏1.0 g、氯化钠(NaCl)0.1 g、氯化钙($CaCl_2$)0.02 g、三氯化铁($FeCl_3 \cdot 6H_2O$)0.01 g、钼酸钠(Na_2MoO_4)0.002 g、琼脂18.0 g、蒸馏水1 000 mL,pH 6.8～7.0。

(2)配制要点　将氯化钙、钼酸钠分别配制成0.2%的溶液，按量加入，其他同1(2)。

(3)用途　适用于固氮螺菌的培养。

十一、马铃薯葡萄糖琼脂培养基(PDA)

(1)成分　马铃薯200 g、葡萄糖($C_6H_{12}O_6 \cdot H_2O$)20.0 g、琼脂18.0 g、蒸馏水1 000 mL。

(2)配制要点　称取去皮马铃薯200 g切块放入水中煮沸30 min，然后用双层纱布过滤取汁，再加葡萄糖和琼脂，溶化后补足水至1 000 mL，115℃灭菌20 min。

(3)用途　适用于酵母菌的培养。

十二、麦芽汁琼脂培养基

(1)成分　12 Brix麦芽汁1 000 mL、琼脂18.0 g，pH 5.4。

(2)配制要点　将麦芽汁调至12 Brix的糖度，调节pH，加入琼脂，加热溶化后分装。115℃高压灭菌20 min。

(3)用途　适用于酵母菌的培养和保藏。

十三、乳酸细菌培养基(MRS)

(1)成分　蛋白胨10.0 g、牛肉膏10.0 g、酵母膏5.0 g、柠檬酸氢二铵[$(NH_4)_2C_6H_6O_7$]2.0 g、葡萄糖($C_6H_{12}O_6 \cdot H_2O$)20.0 g、吐温-80 1.0 g、乙酸钠($CH_3COONa \cdot 3H_2O$)5.0 g、磷酸氢二钾($K_2HPO_4 \cdot 3H_2O$)2.0 g、硫酸镁($MgSO_4 \cdot 7H_2O$)0.58 g、硫酸锰($MnSO_4 \cdot H_2O$)0.25 g、琼脂18.0 g、蒸馏水1 000 mL，pH 6.2～6.6。

(2)配制要点　将各种成分溶解于蒸馏水内，调节pH，再加琼脂，加热溶化后分装。121℃高压灭菌20 min。

(3)用途　适用于乳酸菌的培养。

十四、光合细菌培养基Ⅰ

(1)成分　酵母粉3.0 g、蛋白胨3.0 g、硫酸镁($MgSO_4 \cdot 7H_2O$)0.5 g、氯化钙($CaCl_2$)0.3 g、蒸馏水1 000 mL，pH 6.8～7.0。

(2)配制要点　其他同1(2)。

(3)用途　适用于光合细菌的培养。

十五、光合细菌培养基Ⅱ

(1)成分　溶液Ⅰ：氯化钙($CaCl_2$)75 mg、乙酸钠(CH_3COONa)1.6 g、烟酸40 mg、氯化钠(NaCl)1.5 g、生物素40 mg、酵母膏2.0 g、硫胺素40 mg、氯化镁($MgCl_2$)200 mg、乙二胺四乙酸铁(EDTA-Fe)溶液5 mL、微量元素溶液1 mL、蒸馏水800 mL。

溶液Ⅱ：磷酸二氢钾(KH_2PO_4)600 mg、磷酸氢二钾($K_2HPO_4 \cdot 3H_2O$)1.18 g、蒸馏水200 mL。

将溶液Ⅰ、溶液Ⅱ分别于121℃高压灭菌15min，冷却后将溶液Ⅰ、溶液Ⅱ混匀。

微量元素溶液：乙二胺四乙酸二钠($C_{10}H_{14}N_2Na_2O_8 \cdot 2H_2O$)2.0 g、硼酸($HBO_3$)100 mg、氯化锌($ZnCl_2$)100 mg、高钼酸钠($Na_2MoO_4 \cdot 2H_2O$)20 mg、氯化铜($CuCl_2$)10 mg、硫酸亚铁

($FeSO_4 \cdot 7H_2O$)2.0 g、氯化钴($CoCl_2 \cdot 6H_2O$)100 mg、氯化锰($MnCl_2 \cdot 4H_2O$)100 mg、氯化镍($NiCl_2 \cdot 6H_2O$)20 mg、亚硒酸钠(Na_2SeO_3)1 mg、蒸馏水 1 000 mL。

乙二胺四乙酸铁(EDTA-Fe)溶液:乙二胺四乙酸钠(EDTA-Na_2)20.0 g、硫酸亚铁($FeSO_4 \cdot 7H_2O$)20.0 g、蒸馏水 1 000 mL。

(2)配制要点　乙二胺四乙酸铁(EDTA-Fe)溶液需要通气过夜,维生素类物质要过滤除菌后按量加入到培养基中。

(3)用途　适用于光合细菌的培养。

十六、乳糖胆盐发酵培养基(用于大肠菌群初步发酵)

(1)成分　蛋白胨 20.0 g、猪胆盐 5.0 g、乳糖 10.0 g、0.04%溴甲酚紫溶液 25.0 mL、蒸馏水 1 000 mL,pH 7.2~7.4。

(2)配制要点　将各种成分溶解于蒸馏水内,调节 pH,然后加入溴甲酚紫溶液,分装到试管中,并在试管中放入小倒管。115℃高压灭菌 15 min。

(3)用途　用于乳糖发酵实验。

十七、伊红美蓝琼脂培养基

(1)成分　蛋白胨 10.0 g、乳糖 10.0 g、磷酸氢二钾($K_2HPO_4 \cdot 3H_2O$)2.0 g、2%伊红水溶液 20.0 mL、0.65%美蓝水溶液 10.0 mL、琼脂 20.0 g、蒸馏水 1 000 mL,pH 7.2~7.4。

(2)配制要点　将蛋白胨、乳糖、磷酸盐溶解于蒸馏水内,调节 pH,加入琼脂,加热溶解,分装 115℃高压灭菌 15 min 备用。伊红和美蓝溶液分别在 121℃下高压灭菌 20 min。使用时加入已灭菌的伊红和美蓝溶液,摇匀,倾注平板。

(3)用途　用于大肠菌群的分离培养。

十八、乳糖发酵培养基

(1)成分　乳糖 10.0 g、0.04%溴甲酚紫溶液 25.0 mL、蒸馏水 1000 mL,pH 7.2~7.4。

(2)配制要点　将各种营养成分溶解于蒸馏水中,调节 pH,然后加入溴甲酚紫溶液,分装至试管中,并在试管中放入小倒管。115℃高压灭菌 15 min。

(3)用途　用于大肠菌群验证实验。

附录 3　常用染色剂

1. 革兰氏染色剂

(1)结晶紫染色液(Hucker 氏配方)

甲液:结晶紫(erystal violet)2.0 g、乙醇(95%)20.0 mL

乙液:草酸铵[$(NH_4)_2C_2O_4 \cdot H_2O$]0.8 g、蒸馏水 80.0 mL

甲、乙两液相混,过滤,棕色瓶保存。

(2)卢哥(Lugol)氏碘液　碘(I_2)片 1.0 g、碘化钾(KI)2.0 g、蒸馏水 300 mL

先溶碘化钾于少量蒸馏水中,再将碘溶于碘化钾溶液中,可稍加热,最后加足蒸馏水,棕色瓶保存。

(3)脱色液　95%的乙醇液。

(4)复染液[0.5%的番红水溶液(safranin O)]　2.5%的番红酒精溶液 20 mL,蒸馏水 80 mL

2. 芽孢染色液

(1)孔雀绿染色液(malachite green)　孔雀绿 5.0 g、蒸馏水 100 mL

(2)0.5%番红染色液

3. 石炭酸复红染色液

甲液:碱性复红(basic fuchsin)0.3 g、95%酒精 10.0 mL

乙液:石炭酸(phenoecrystals C. P)5.0 g、蒸馏水 95 mL

将甲、乙两液混合后即得石炭酸复红染色液原液。染色时,将原液稀释 5~10 倍使用。